U0334523

总主编 伍 江 副总主编 雷星晖

谢壮宁 顾 明 著

典型群体超高层建筑
风致干扰效应研究

Wind-induced Interference Effects on
Typical Tall Buildings

同济大学 出版社
TONGJI UNIVERSITY PRESS

内 容 提 要

本书采用高频底座天平测力技术和电子扫描测压技术,详细研究了在不同地貌下不同宽度比和高度比的两个超高层建筑在不同间距下的干扰效应;进一步系统研究了三个超高层建筑间的静力、动力干扰效应和结构典型位置处的风压系数在受扰后的变化规律;最后总结并提出了两个和三个超高层建筑间干扰效应的一系列实用条款,供规范修订、补充时参考。

本书适合土木工程及其相关专业人员阅读参考使用。

图书在版编目(CIP)数据

典型群体超高层建筑风致干扰效应研究 / 谢壮宁,顾明著. —上海:同济大学出版社,2018.10
(同济博士论丛 / 伍江总主编)
ISBN 978 - 7 - 5608 - 6981 - 0

Ⅰ. ①典… Ⅱ. ①谢… ②顾… Ⅲ. ①超高层建筑-风致振动-研究 Ⅳ. ①TU973.3

中国版本图书馆 CIP 数据核字(2017)第 093521 号

典型群体超高层建筑风致干扰效应研究

谢壮宁 顾 明 著

出 品 人	华春荣	责任编辑	葛永霞 卢元姗
责任校对	谢卫奋	封面设计	陈益平

出版发行　同济大学出版社　　www.tongjipress.com.cn
　　　　　　(地址:上海市四平路 1239 号　邮编:200092　电话:021 - 65985622)
经　　销　全国各地新华书店
排版制作　南京展望文化发展有限公司
印　　刷　浙江广育爱多印务有限公司
开　　本　787 mm×1092 mm　　1/16
印　　张　18.5
字　　数　370000
版　　次　2018 年 10 月第 1 版　　2018 年 10 月第 1 次印刷
书　　号　ISBN 978 - 7 - 5608 - 6981 - 0

定　　价　86.00 元

"同济博士论丛"编写领导小组

袁万城　莫天伟　夏四清　顾　明　顾祥林　钱梦騄

徐　政　徐　鉴　徐立鸿　徐亚伟　凌建明　高乃云

郭忠印　唐子来　阎耀保　黄一如　黄宏伟　黄茂松

戚正武　彭正龙　葛耀君　董德存　蒋昌俊　韩传峰

童小华　曾国荪　楼梦麟　路秉杰　蔡永洁　蔡克峰

薛　雷　霍佳震

秘书组成员： 谢永生　赵泽毓　熊磊丽　胡晗欣　卢元姗　蒋卓文

总 序

在同济大学 110 周年华诞之际，喜闻"同济博士论丛"将正式出版发行，倍感欣慰。记得在 100 周年校庆时，我曾以《百年同济，大学对社会的承诺》为题作了演讲，如今看到付梓的"同济博士论丛"，我想这就是大学对社会承诺的一种体现。这 110 部学术著作不仅包含了同济大学近 10 年 100 多位优秀博士研究生的学术科研成果，也展现了同济大学围绕国家战略开展学科建设、发展自我特色，向建设世界一流大学的目标迈出的坚实步伐。

坐落于东海之滨的同济大学，历经 110 年历史风云，承古续今、汇聚东西，秉持"与祖国同行、以科教济世"的理念，发扬自强不息、追求卓越的精神，在复兴中华的征程中同舟共济、砥砺前行，谱写了一幅幅辉煌壮美的篇章。创校至今，同济大学培养了数十万工作在祖国各条战线上的人才，包括人们常提到的贝时璋、李国豪、裘法祖、吴孟超等一批著名教授。正是这些专家学者培养了一代又一代的博士研究生，薪火相传，将同济大学的科学研究和学科建设一步步推向高峰。

大学有其社会责任，她的社会责任就是融入国家的创新体系之中，成为国家创新战略的实践者。党的十八大以来，以习近平同志为核心的党中央高度重视科技创新，对实施创新驱动发展战略作出一系列重大决策部署。党的十八届五中全会把创新发展作为五大发展理念之首，强调创新是引领发展的第一动力，要求充分发挥科技创新在全面创新中的引领作用。要把创新驱动发展作为国家的优先战略，以科技创新为核心带动全面创新，以体制机制改革激发创新活力,以高效率的创新体系支撑高水平的创新型国家建设。作为人才培养和科技创新的重要平台,大学是国家创新体系的重要组成部分。同济大学理当围绕国家战略目标的实现,作出更大的贡献。

大学的根本任务是培养人才,同济大学走出了一条特色鲜明的道路。无论是本科教育、研究生教育,还是这些年摸索总结出的导师制、人才培养特区,"卓越人才培养"的做法取得了很好的成绩。聚焦创新驱动转型发展战略,同济大学推进科研管理体系改革和重大科研基地平台建设。以贯穿人才培养全过程的一流创新创业教育助力创新驱动发展战略,实现创新创业教育的全覆盖,培养具有一流创新力、组织力和行动力的卓越人才。"同济博士论丛"的出版不仅是对同济大学人才培养成果的集中展示,更将进一步推动同济大学围绕国家战略开展学科建设、发展自我特色、明确大学定位、培养创新人才。

面对新形势、新任务、新挑战,我们必须增强忧患意识,扎根中国大地,朝着建设世界一流大学的目标,深化改革,勠力前行!

万　钢

2017 年 5 月

论丛前言

　　承古续今，汇聚东西，百年同济秉持"与祖国同行、以科教济世"的理念，注重人才培养、科学研究、社会服务、文化传承创新和国际合作交流，自强不息，追求卓越。特别是近20年来，同济大学坚持把论文写在祖国的大地上，各学科都培养了一大批博士优秀人才，发表了数以千计的学术研究论文。这些论文不但反映了同济大学培养人才能力和学术研究的水平，而且也促进了学科的发展和国家的建设。多年来，我一直希望能有机会将我们同济大学的优秀博士论文集中整理，分类出版，让更多的读者获得分享。值此同济大学110周年校庆之际，在学校的支持下，"同济博士论丛"得以顺利出版。

　　"同济博士论丛"的出版组织工作启动于2016年9月，计划在同济大学110周年校庆之际出版110部同济大学的优秀博士论文。我们在数千篇博士论文中，聚焦于2005—2016年十多年间的优秀博士学位论文430余篇，经各院系征询，导师和博士积极响应并同意，遴选出近170篇，涵盖了同济的大部分学科：土木工程、城乡规划学（含建筑、风景园林）、海洋科学、交通运输工程、车辆工程、环境科学与工程、数学、材料工程、测绘科学与工程、机械工程、计算机科学与技术、医学、工程管理、哲学等。作为"同济博士论丛"出版工程的开端，在校庆之际首批集中出版110余部，其余也将陆续出版。

　　博士学位论文是反映博士研究生培养质量的重要方面。同济大学一直将立德树人作为根本任务，把培养高素质人才摆在首位，认真探索全面提高博士研究生质量的有效途径和机制。因此，"同济博士论丛"的出版集中展示同济大学博士研究生培养与科研成果,体现对同济大学学术文化的传承。

"同济博士论丛"作为重要的科研文献资源,系统、全面、具体地反映了同济大学各学科专业前沿领域的科研成果和发展状况。它的出版是扩大传播同济科研成果和学术影响力的重要途径。博士论文的研究对象中不少是"国家自然科学基金"等科研基金资助的项目,具有明确的创新性和学术性,具有极高的学术价值,对我国的经济、文化、社会发展具有一定的理论和实践指导意义。

"同济博士论丛"的出版,将会调动同济广大科研人员的积极性,促进多学科学术交流、加速人才的发掘和人才的成长,有助于提高同济在国内外的竞争力,为实现同济大学扎根中国大地,建设世界一流大学的目标愿景做好基础性工作。

虽然同济已经发展成为一所特色鲜明、具有国际影响力的综合性、研究型大学,但与世界一流大学之间仍然存在着一定差距。"同济博士论丛"所反映的学术水平需要不断提高,同时在很短的时间内编辑出版 110 余部著作,必然存在一些不足之处,恳请广大学者,特别是有关专家提出批评,为提高同济人才培养质量和同济的学科建设提供宝贵意见。

最后感谢研究生院、出版社以及各院系的协作与支持。希望"同济博士论丛"能持续出版,并借助新媒体以电子书、知识库等多种方式呈现,以期成为展现同济学术成果、服务社会的一个可持续的出版品牌。为继续扎根中国大地,培育卓越英才,建设世界一流大学服务。

伍　江

2017 年 5 月

前　言

　　群体超高层建筑风致干扰效应的研究具有很重要的理论和实用价值。目前大部分研究均集中在两个超高层建筑间的干扰效应上,国内外罕有三个建筑物间干扰效应的研究报道。即使有对两个建筑间的相互干扰的研究,因试验量巨大和海量结果,已有研究多采用定性的方法,分析比较不同参数(如施扰建筑的宽度、高度、地貌类型和建筑间相对位置等)对干扰因子(IF,定义为建筑受扰后的静力荷载或响应和其在孤立时的相应值之比)分布的影响,导致不同参数影响的潜在规律难以得到很好的定量总结,研究结果也难以被建筑荷载规范所采纳。同时,不断进行的试验所得到数据的堆积及多变量使这一问题变得更加复杂而难以表述。

　　本书采用高频底座天平测力技术和电子扫描阀测压技术,提出数据分析和结果表述新方法,更为详细地研究了在不同地貌下不同宽度比和高度比的两个建筑在不同间距下的干扰效应;进一步系统研究了三个超高层建筑间的静力、动力干扰效应和结构典型位置处的风压系数在受扰后的变化规律;最后总结并提出了两个和三个超高层建筑间干扰效应的一系列实用条款,供规范修订、补充时参考。整个试验(不包括前期的准备工作),历时6个月,导致总共测试分析了7 518种工况,共采集了12 GB的试验数据。这是迄今为止国际上相关研究中最大规模的试验,所获得的试验数据也最为丰富。

　　全书主要包括以下内容:

　　首先,在测试方法上,针对脉动测压中存在的信号畸变问题,利用流体管道耗散模型,建立可用于计算复杂传压管路动态特性的方法和通用计算程序,并用于脉动风压测量的畸变信号的修正。书中对传压管路的优化设计问题也进行了一些建设性的讨论。对于采用高频底座天平进行动态力测试,书中对天平模型系统动态响应所引起的测量误差进行了定量分析和修正。采用这些措施后,在测试中可以拓宽被测信号频谱的有效带宽,使得在风洞试验时可以适当提高试验风速,以提高信噪比,从而提高测量的精度。

在试验实施上,设计了一套可大大提高试验效率的施扰模型移动轨道系统。此外,针对研究所遇到大量试验工况和需处理的海量实验数据问题,开发了一个集成神经网络建模、统计分析、谱分析、相关分析和进行测压管路动态信号畸变修正等功能的专用程序,数据库技术也被用于对试验分析结果的存储和管理。

在进行试验研究时,首先,对两个正方形截面建筑间的干扰特性和国际上已有的一些结果作了对比试验,以确保本书研究结果的可靠性。在此基础上,对两个和三个建筑物间的相互干扰特性进行了系统研究。本书首次采用相关和回归方法对 IF 分布进行分析,提出了有效的定量表示方法来描述三个建筑间干扰效应的分布,解决了三个建筑间干扰效应 IF 分布难以表示的难点,得到了一系列反映两个和三个群体超高层建筑间风致干扰特性的新结论。得到的若干定量结果便于为规范修改时所采用。

由于问题的复杂性,书中有关干扰效应研究结果的讨论和分析分为顺风向静力、顺风向动力、横风向动力以及结构表面极值风压的干扰效应等几个主要部分进行。

对于静力顺风向倾覆弯矩的影响而言,衡量结构受扰程度的 IF 值基本都小于 1,呈现遮挡效应。而且,总的说来,更多的施扰建筑的遮挡效应也越显著。书中也强调狭管效应,当受扰建筑和施扰建筑并列布置时,由于狭管效应会产生较为显著的静力放大作用,某些配置下的 IF 值可高达 1.20。静态狭管效应应引起足够的关注。

对于动力干扰效应的分析则显示上游建筑的尾流将引起受扰结构顺风向和横风向动力响应增大。当受扰建筑位于上游施扰建筑的尾流边界时,会产生较大的动力荷载和响应,并且,两个施扰建筑的干扰作用比一个施扰建筑的干扰作用更强。研究结果表明,在 B 类地貌下,在两个施扰建筑的联合作用下,受扰建筑在典型折算风速时的动力干扰因子比单个施扰建筑的高出80%以上。在分析尾流涡激共振响应特性的基础上,总结出不同结构之间尾流涡激共振的临界折算风速的变化规律。

对于受扰建筑结构表面典型位置风压的分析显示,B 类地貌下单个上游建筑的影响所产生的 IF 值高达 1.9,相应两个施扰建筑的联合作用结果所产生的 IF 值则高达 2.2。应引起足够的关注。

本书首次采用相关分析方法对不同高度比、宽度比配置和不同地貌下的干扰因子分布进行了分析,并由回归得到若干描述不同影响参数间 IF 分布关系的定量结果。此项工作突破了长期以来该领域研究在分析不同参数影响时多采用定性而非定量分析方法的局面,它大大简化了群体超高层建筑干扰研究结果描述的繁杂性,使得受扰建筑结构的风荷载取值变得简洁和合理,为本书研究结果的应用推广创造了条件。

本书的系统性研究也澄清了已有文献中提出的一些片面和错误的结论。全书最后总结并提出了两个和三个建筑间干扰效应的一系列条款,供规范修订、补充时参考。

目 录

第**1**章

绪　论

随着经济建设的发展，近年来，我国沿海经济发达地区城市涌现了大量的高层和超高层建筑，由于其结构的高度柔性、低阻尼、轻质量，在强风作用下易产生较大的振动响应而引起居住者的不舒适性，因此其风致振动问题是结构设计者所关注的重要问题。在设计中所采用的源于各类标准和规范的风荷载数据以及经验公式大多都出自单体建筑的风洞试验结果，由于它未计及邻近建筑的干扰影响而在风载荷的估算上可能会造成很大的偏差。Stathopoulos 对一个附近有大型高层建筑存在的低矮建筑的风荷载的研究结果和加拿大国家建筑规范（National Building Code of Canada）以及美国 ANSI 规范（ANSI Standard）相比较，结果显示对风荷载的估计，规范的建议值不是过低（达 46%），就是过高（达525%）。这表明规范建议值可能过低而导致不安全，或者过高而导致过于保守、不经济。因此，研究建筑群体之间的风致干扰效应机理、正确地估计邻近建筑对风荷载的影响具有非常重要的理论和实用价值。

1.1　研究现状

1.1.1　干扰问题的产生及历史回顾

在土木工程设计中，计算作用于建筑上的风荷载的主要依据是各种荷载规范和标准。然而，这些规范和标准一般是出自开阔地貌中对孤立建筑模型的风洞实验结果。在实际应用中，除了极少数情况下，所讨论的建筑总是处在建筑群中，风荷载对建筑的作用必然要受到周围环境的影响。很多相关研究表明实际环境中的建筑上作用的风荷载与孤立建筑上所测定的结果并不相同。邻近建筑的存在，以其几何形状、平面位置、高度、相对来流的朝向以及上游地貌环境的不同等各种因素,对建筑上作用的风致作用力产生影响。这种作用就是普遍认为的干扰作用,它远远超出了可忽略的范围,必须得到正确的评估。

建筑间的风致干扰效应研究可以追溯到 20 世纪 30 年代。Harris 通过深入的风洞实验发现,如果在两个街区附近再建两个建筑群,则纽约帝国大厦上风荷载扭矩会增加一倍。大概 10 年后,Bailey 和 Vincent 在试图确定斜面、平顶、梯级建筑上风速和风压分布的一般关系的实验中,都是在开阔地貌和有邻近建筑存在的条件下进行的。这些工作拓展了当时该领域的研究范围,例如地形对风速分布的影响。建筑上的风力,以及边界层的概念,尤其是考虑了邻近建筑对结构风荷载的影响。但在接下来的 20 年,关于结构风效应的研究全部局限在"单一建筑"内。

图 1-1 坍塌的渡桥电厂冷却塔群

风致干扰效应研究的复兴开始于 70 年代初期,起因是 1965 年英格兰渡桥(Ferrybridge)热电厂的 8 座冷却塔群后排三塔的倒塌事故(图 1-1)。研究者认为是干扰效应导致了后排三塔受到了显著增强的风荷载而倒塌(Armitt,1980)。而后的研究始于一系列简单的探查性的试验。研究人员用两个刚性的矩形建筑模型进行试验,一个为受干扰的建筑,另一个作为邻近的施扰建筑,在模拟的开阔地貌下,研究在简单的串列和并列布置时受扰建筑的平均压力变化。结果已经足以说明风致干扰效应的严重性。此后,研究者开始以气动弹性模型进行干扰试验测定动态力矩,结果发现风致干扰问题的最重要的方面是受扰建筑扭矩的显著增大,最高可比孤立状态下的相应扭矩大三倍以上。随后,研究者在模拟的郊区以及城市环境中进行试验,结果显示干扰效应随地貌的平坦化而变得更加显著。

从 80 年代直到现在的一段时期,是干扰效应研究的繁荣时期。这一阶段工作集中于针对当时的荷载规范的研究上。比如,采用研究成果,澳大利亚的结构最小设计荷载规范(Minimum Design Loads on Structures)规定了详尽的抖振因子等值分布曲线,为结构设计提供指导。同时,研究人员对干扰条件下的扰流模式等方面也有深入的研究;群体低矮建筑导致的干扰效应也引起了相当的注意。这期间,测量工作更加细致,试验模型也更加丰富,研究的内容包括平均及脉动的风压力、力矩、结构的响应以及荷载功率谱密度等。

目前,群体建筑的干扰效应仍是建筑结构抗风研究的热点方向之一。新的和创新性的研究方向包括以统计方法对干扰效应的研究,采用安全系数考虑干扰效应导致局部构件应力的增大,偏心高层建筑在受扰情况下的扭转响应,使用人工神经网络方法模拟预测干扰效应,以及采用 CFD 方法。

对于建筑的风致干扰研究,大多是集中在两个高层建筑之间的干扰问题上,近期国际上风工程权威杂志上发表的有关高层建筑干扰效应的文献仍然是考虑两个建筑间的相互干扰影响(见 Thepmongkorn,2002)。

在国内,群体风致干扰效应的研究始于 80 年代末。孙天风和顾志福以冷却塔群的风致干扰问题为背景,对双圆柱截面和矩形截面以及冷却塔群体做了比较系统的研究工作;张相庭曾研究两个正方形截面高层建筑的相互干扰问题并初步涉及三个建筑的干扰效应问题。对于双建筑间的干扰问题,黄鹏(2001)做了细致的研究。国内更多的研究是针对具体工程问题,通过风洞试验考虑周围建筑物对研究对象的影响。顾明在研究上海金茂大厦的风振响应时,就发现待建的环球金融中心会对金茂大厦产生严重的干扰效应。结合工程开展这项工作的其他研究还有陈钦豪(1998)、黄鹏(1999)、楼文娟(1995)、谢壮宁(1999)、徐有恒(1998)、叶倩和徐有恒(1998),还有陈颖钊等(1997)考虑邻近高楼对大跨低矮屋盖的影响。

1.1.2　基本干扰机理

影响建筑间干扰效应的主要因素包括建筑形状和尺寸、风速和方向、地貌类型,最重要的是邻近建筑的位置。通过对上游建筑的尾流、干扰效应导致的流动方式的改变及基本压力分布的变化等的研究,可以获得对干扰机理的初步认识。

为简化起见,考虑一孤立状态情况下正方形截面建筑的风压变化,用无因次的风压系数形式表示为

$$\overline{C}_p = \frac{\overline{p} - p_0}{\frac{1}{2}\rho U^2} \tag{1-1}$$

式中,ρ 为空气密度;U 为建筑顶部的平均风速;$\overline{p}$ 为结构表面局部平均风压;p_0

为静压。图1-2所示为0°风向(来流垂直作用于建筑表面)结构的绕流模式和3/4高度处截面的平均风压系数分布。

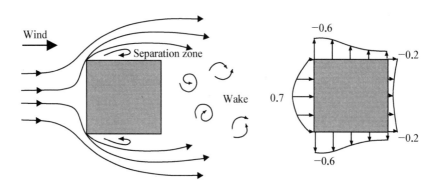

图1-2 孤立建筑的流动模式及风压分布

当附近存在其他建筑时,由于风场为干扰建筑所改变,受扰建筑的风荷载会产生相当复杂的变化。根据它们的几何形状、相对位置以及来流的特征和上游的地形情况,建筑上的风荷载可能增大,也有可能减小。图1-3所示表示的是因邻近建筑存在而使流线改变的情况和因此而导致的在建筑底部截面上的压力分布改变的情况。

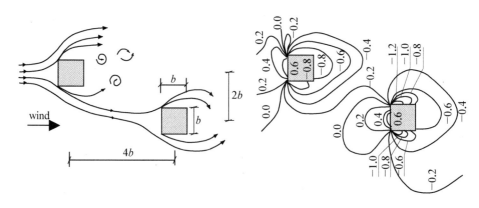

图1-3 相邻建筑的风荷载及近地风压分布特性

下游结构的存在干扰了上游结构的尾流特性,最终使得其压力系数分布有较大的变化。有不少文献采用流场显示的方法对干扰机理进行了研究。Gowda和Sitheeq研究了串列布置的两个矩形建筑的情况,当其净距很小时,下游建筑的都被源于上游建筑的剪切层所包围,导致在其所有表面上都承受高负压;两建筑的前后净距增大时,这种效应会逐渐减弱;当净距进一步增大时,尾流效应会逐渐减弱至无,建筑的力学行为也趋向于孤立建筑的情况。

一般情况下,邻近建筑的存在会使所研究建筑的风荷载产生扰变,干扰的程度受诸多因素影响制约:受扰建筑上的平均风荷载因遮挡作用而减小;但脉动荷载因流场的扰变而增加。此外,流场的被改变还产生附加的倾覆力矩和沿竖直轴的扭矩,导致结构的危险振动,危及结构的安全和使用寿命。同时,过量的振动会使居住者感到不舒适。

干扰效应的量化一般用干扰因子(Interference Factor,*IF*,也称抖振因子Buffeting Factor,*BF* 表示,定义如下:

$$IF(或 BF) = \frac{干扰存在时结构上的测量或推算结果}{孤立状态下结构上的测量或推算结果} \qquad (1-2)$$

式中,被测量或推算结果根据试验手段和方法以及感兴趣的目标可以是平均或脉动弯矩、扭矩、结构顶部位移或加速度、基底弯矩响应、结构局部的平均和脉动风压系数,以及反映干扰机理的脉动风荷载谱的峰值频率等。在本书研究中,对于干扰因子的分析包括以上列出的所有内容,分析结果采用数据库方式进行有序的分类管理。

1.1.3　干扰影响因素

1.1.3.1　地貌的影响

地貌的粗糙度对结构的风荷载有很大的影响。随周围障碍物的增加,作用于结构上的平均风力减小,但脉动风力增加。与之类似邻近建筑导致的风荷载的增加量也受到地形的影响。Bailey 和 Kwok(1985)、Kwok(1989)、Blessmann(1985)等研究了多种模拟的地貌条件下,包括开阔乡村地貌,到城市郊区和城市的风致干扰效果,得到的结论是开阔地貌条件下的干扰效果最显著。由于和开阔乡村地貌情况相对应的湍流度相对较低,上游建筑(干扰建筑)尾流中脉动部分有较强的相关性,因此引起下游建筑上风荷载的增大。另一方面,湍流度高的城市环境下,对同样的上游建筑的尾流有阻滞效果,因此,减小了下游建筑上的动力干扰效应,当然流场的高湍流度也对结构的旋涡形成和尾流结构有很大的影响。在更深入的风洞实验的基础上,Taniike(1991)发现了城市地貌高湍流度湍流下相邻的高层建筑之间的互干扰效应,互干扰效果随湍流度的增大而呈指数率减小,直至当湍流度增大到大约 17%～18% 时,互干扰效果消失。但 Kwok(1989)对高宽比达 9 的正方形建筑物在比 Taniike(1991)建议的湍流度更高的地貌下的干扰效应进行研究,发现顺、横风向的动力响应仍有 35％ 和 41％ 的增加。

以上研究结果表明,通过改变上游地貌条件,从开阔乡村地貌到城市郊区,上游建筑引起的下游建筑上的顺风及横风向荷载可减小到开阔地貌值的60％～80％。根据建筑几何形状以及其不同的相对位置,从开阔地貌到城市地貌,扭矩的值可能有 50％ 的减小。因此,在沿海区域、开阔地貌、城市中心边缘的小群建筑对风致干扰效应更加敏感。

1.1.3.2　施扰建筑高度的影响

Sanuder 和 Melbourne(1980)、English(1990)和 Sykes(1983)等研究了不同上游建筑的高度对下游建筑上风荷载的影响,研究发现随上游建筑高度的增加,下游建筑上的顺风荷载因遮挡作用而减小,然而动力荷载却增加了。在实验结果的基础上,Melbourne 和 Sharp 得到的结论是当上游建筑的高度减小到下游建筑高度的 2/3 时,其干扰效应会显著减小。Sanuder 和 Melbourne(1980)发现在折算风速为 2 时,等高的上游建筑使下游建筑上的顺风向倾覆弯矩比孤立状态下增加 70％ 以上,上游建筑再增高 50％,则此值增大到 90％。同样,横风向上的动力荷载也因建筑的高度增大而增加,这主要是因为随着上游建筑高度的增加,加大了上游结构脱落的尾涡结构的相关性。Stathopoulos 和 陈颖钊(1997)研究了邻近高层建筑和低矮建筑间的干扰效应,发现在特定的配置条件下低矮建筑屋顶上吸力系数会显著放大。

1.1.3.3　施扰建筑截面尺寸的影响

针对不同的建筑横截面尺寸和形状,也有一定数量的研究。结果表明上游建筑的尺寸和形状既影响下游建筑的平均力又影响其脉动力。Taniike 等(1988,1992)研究等高不同截面尺寸的正方形建筑在低湍流度环境干扰效应,发现由于遮挡效应,受扰建筑的顺风向平均荷载有随上游施扰建筑尺寸的增大而减少的趋势。

Taniike 的研究还表明对于顺风向动力响应,则有随着施扰建筑尺寸增大而加大的趋势,并认为这是由大尺寸的上游建筑上脱落下更大的旋涡,并由此增大了流动的脉动速度所引起的,但此结论与其观察到的小尺度结构在低折算风速的剧烈干扰效应的特殊现象存在矛盾。Taniike 根据试验建议,对于小的干扰建筑(40％受扰建筑宽度),顺风向脉动阻力的干扰因子可取为 1.5;对于相同的施扰建筑,则取为 2.0;对于大(250%受扰建筑宽度)施扰建筑,最大干扰因子增加到 3.0,且这些均发生在两个建筑相距较近的情况。

在横风向上,增大上游建筑尺寸导致作用于下游建筑动力风荷载呈减小趋势。Taniike 的研究结果显示位于 $(3b, 0)$ 位置上的宽度比为 0.4 的"小"施扰建筑在低湍流度地貌下($\alpha = 0.14$,折算风速为 5~6)可使受扰建筑的顺风向和横风向的动力响应分别提高 10 倍和 20 倍。

1.1.3.4 结构外形的影响

截面形状的不同也会引起干扰效应的变化。Peterka 和 Cermak(1976)的实验观察了 4 个八边形建筑对中央的圆形建筑的圆周上受力的效应,发现依建筑间相对位置的不同可出现不利的效应。

Bailey 和 Kwok(1984,1985)通过研究圆柱形建筑和正方形建筑对正方形受扰建筑的干扰效应时,发现圆柱形施扰建筑和正方形施扰建筑相比,顺、横风向的干扰因子均增加 80%,其中圆柱形施扰建筑和方形受扰建筑之间的干扰因子可高达 3.23,其干扰因子分布和方形施扰建筑对方形受扰建筑的干扰因子有很大差别,两种配置的显著干扰位置也各不相同。

Thoroddsen 等(1985)研究了由方形上游建筑所引起的作用于下游的矩形、平行四边形和三角形截面的受扰建筑上的平均及脉动力矩的变化规律。实测的结果表明不论受扰建筑的形状如何,其受扰后的干扰因子似乎有相同的变化趋势。顺风向的干扰因子在相对近的距离 $1.5b$(b 为受扰建筑的宽度)得到最大值随间距的增大有减小的趋势;横风向力干扰因子正相反,随间距的增大有增大的趋势,在约 $4.5b$ 处最大。

黄鹏(2001)考虑了受扰建筑为正方形凹角和切角情况的干扰因子的变化情况,结果显示其干扰因子要比结构截面为正方形时的大,这可能与凹角和切角体型结构在单体情况本身的响应偏小有关。

还有许多文献涉及圆建筑之间的干扰效应,它们主要是以冷却塔和缆索作为主要的研究背景,本书对此没有涉及。

1.1.3.5 风向角和建筑方位角的影响

风效应不仅与风速有关,还和风向角有密切关系。通常的风洞试验是以 10°~22.5°为间隔进行,并从中测出最不利风向角。由于在实际情况下,风向的不确定性,研究风向对干扰效应的影响也具有较大的应用价值。以正方形截面的建筑物为例,在孤立的情况下,最大平阻力在0°攻角对最大,而最大平均扭矩,则发生在75°的风向左右。当其邻近存在施扰建筑时,情形会有些变化。

Sykes(1983)发现将两个方形模型以30°偏角摆放时,其干扰结果比其他条件大致相似时的0°风向要小一些。Saunders、Melbourne(1980)和Pathak等(1989)的工作也涉及考虑不同风向对干扰效应的影响。黄鹏(2001)仔细研究了双建筑在不同风向情况下的干扰特性,并和0°风向比较,发现在某些施扰建筑位置,干扰因子有很大的增加,可达3.0以上,但在大部分位置,仍没超过0°风向情况。

1.1.3.6 相对位置的影响

邻近建筑间的空间距离和它们的相对位置是风致干扰效应中最重要的参数,几乎所有风致干扰的文献都涉及相对位置的影响因素。一般的观点认为,两建筑间的干扰效应随它们分离距离的加大而逐渐减小。因此,当超过某个距离后,建筑的行为应该和孤立情况下相同。

Sakamoto和Haniu(1988)和Taniike(1992)通过试验,均发现两个建筑物越近、遮挡效应越明显。在串列布置,当顺风向间距大约为3倍建筑宽度时,下游建筑的平均阻力几乎为零;间距更小时,下游建筑上的平均阻力为负;而当间距达13倍建筑宽度时,遮挡效应仍十分明显,遮挡因子仍有0.7。在并列位置,横风向间距在超过3倍建筑宽度时,平均升力接近于0(相当于孤立情况),而在更小的间距,由于狭管效应作用,会产生指向施扰建筑的风力。

English(1990)比较和分析了前期在不同地貌类型下得出的数据,给出了描述两建筑干扰情况下顺风平均荷载遮挡因子 SF 的回归方程:

$$SF = -0.05 + 0.65x + 0.29x^2 - 0.24x^3 \tag{1-3}$$

式中,$x = \log[S(h+b)/hb]$;S 是两建筑的净距;b 是建筑宽度;h 是建筑的高度。

Sauders和Melbourne(1980)研究了在[0~20b, 0~4b]范围内的施扰建筑对高宽比为4的方形建筑的顺风向和横风向动力弯矩的干扰影响,得出的结论是在空旷地貌下,受扰建筑前方[2b~8b, 0~2b]范围内有同样或更高的建筑时,下游建筑的动力响应将有较为显著的增加。

Bailey和Kwok(1985)和Kwok(1989)研究了在[-4b~10b, 0~4b]范围内在不同地貌类型、高宽比为9的相同双建筑间的顺、横风向动力干扰效应,给出了不同折算风速下的顺横风向的动力弯矩的干扰因子等值分布曲线;研究发现当受扰建筑位于上游建筑尾流边界上时,动力干扰因子均较大;研究首次涉及下游建筑对上游建筑的干扰影响。

Blessman(1985)研究了均匀流场和湍流流场、高宽比为 4.3 的双方柱间的顺风向和横风向动力响应,对于顺风向响应,显著的干扰位置区域是 $[2b\sim4b,$ $0.5b\sim1b]$,而在 $[2b,0]$ 横风向的干扰响应最大。

Yahyai 等(1992)研究了在城市地貌流场,矩形截面建筑受到 $[-8b-24b,$ $0\sim4.5b]$ 范围内同样大小建筑干扰下的静力、顺风向和横风向动力响应,发现静态效应一般表现为遮挡效应,动力效应则不同,当受扰建筑位于上游建筑产生的尾涡边缘时干扰效应最为明显,这和文献的结论是一致的,实验测得的顺风向动力干扰效应最大可达 2.25;而施扰建筑在顺风向间距为 $[2.5b\sim6b]$ 时,横风向响应较大,干扰因子可达 2.61。

Taniike(1988,1991,1992)在 $[0\sim16b,0\sim7b]$ 范围内,研究了两类流场、高宽比为 4.5 的方形建筑受到同样高度、不同截面大小的施扰建筑的干扰影响,观察到最不利的施扰建筑位置随施扰建筑截面尺寸和流场的不同而发生变化。

位于下游的施扰建筑一般对上游的受扰建筑只有较小的影响,只是在一些相距较近的区域,影响才有显著的增加。Yahyai 等(1992)位于受扰建筑下游顺风向间距为 $[2b\sim3b]$ 的施扰建筑可以对其响应产生较大的干扰,横顺风向的干扰因子达 1.52 和 1.67,但这个结果也远没有施扰建筑位于上游时的大。施扰建筑位于受扰建筑下游的某些特殊位置,由于两个建筑间复杂的空气动力学作用,使得上游建筑的响应大大增加。

Saunders(1979)的研究中涉及两个建筑的干扰作用,结果显示存在两个位于 220 m 远的上游建筑可以使下游建筑的动力载荷增加 125%,即使相距 1 km 的上游建筑对下游建筑的抖振的影响仍然十分明显。Bailey 和 Kwok(1985)在空旷地貌流场观察到当施扰建筑位于 $[-1.5b,1.22b]$ 时的顺风向和横风向干扰因子高达 4.36 和 1.73,前者比位于上游的施扰建筑情况高出 140%。但在城市地貌下,下游建筑对上游建筑的影响将大大降低。

1.1.3.7 折算风速的影响

折算风速定义为

$$V_r = \frac{V_h}{f_0 b} \tag{1-4}$$

式中,V_h 为模型顶部风速;f_0 为结构折算到模型的频率;b 为模型的迎风宽度,也可按照结构原型的相应参数计算折算风速。很显然,结构动力响应都和折算风速有关,对于衡量干扰效应地干扰因子而言,折算风速对其也有很大的影响,折算风速不同,相应的干扰因子分布也不相同。Saunders 和 Melbourne(1980)、Bailey 和 Kwok(1985)、Kwok(1989)、Kareem(1987)的研究均考虑了不同折算风速下的干扰因子值的变化情况。

Bailey 和 Kwok(1985)在研究方形建筑受上游圆形建筑干扰时发现,在折算风速为 6.8 的情况下,受扰建筑的动力响应显著增大,顺横风向的干扰因子可高达 3.2。Taniike(1988)的试验发现,0.4 倍受扰建筑宽度的施扰建筑位于 [$3b$, 0],在开阔地貌和折算风速在 5~6 之间会产生一个较大的共振抖振效应,顺、横风向的动力响应分别是其孤立时的 10 倍和 20 倍。

Kareem(1987)指出抖振因子有随折算风速增加而降低的趋势,认为这主要是在较低折算风速时,结构孤立状态的响应较低,这时对应的干扰因子就会较大;反之,在较高折算风速时,结构单体状态的响应较高,受扰后的影响增加不够显著,故干扰因子较低。但此条结论显然对有些情况是不合适的,如它和以上Taniike(1988)的观测结果矛盾,事实上折算风速的影响还要受其他多种因素的制约,不能一概而论。

1.1.3.8 两个上游施扰建筑的影响

由于试验工作量的原因,目前大部分研究均局限在两个建筑间的干扰效应的研究上,只有较少部分的文献在简化工况的情况下考虑了三个建筑物间的干扰问题。

Saunders 和 Melbourne(1979)研究了两个上游建筑在不同位置对下游建筑的影响,发现对称排列的两个上游建筑位于 [$8b$, $\pm 3b$] 时比在同样位置的一个对一个情况的干扰因子高出 80%。蒋洪平(1994,1995)也研究了两个上游建筑对下游建筑的动力干扰效应,发现比单个情况有一定增加,干扰因子值增加最高可达 50%。但 Kareem(1987)对在四个特定位置([$12b$, $\pm 2b$]、[$12b$, $2b$] 和 [$6b$, $-2b$]、[$12b$, $-2b$] 和 [$6b$, $-b$]、[$12b$, $4b$] 和 [$6b$, $-2b$])的干扰效应进行了研究,发现结果和单个上游建筑情况近似。可能是试验的干扰位置太少的缘故,导致 Kareem(1987)得出了看来是片面的试验结论。

从已有很少的这些试验结果看,两个上游建筑的干扰效应的确应该予以重视。但由于完全试验法工况太多、工作量巨大导致考虑两个上游施扰建筑物的干扰影响的试验研究偏少。

详细研究两个施扰建筑的干扰影响是本书研究的重点。

1.1.3.9　三个以上的施扰建筑群体的干扰影响

考虑三个以上施扰建筑的干扰影响需要更多的组合工况,几乎没有研究三个以上的施扰建筑群体的干扰效应,多数这方面的研究报道都是针对某些具体工程的研究结果。

1.2　已有的相关规范条文

经过近 30 年国内外风工程研究技术人员的努力,在建筑群体的风致干扰方面已取得许多的研究成果,尤其是在考虑一个施扰建筑影响方面,作了很多的研究工作并取得了大量的试验数据,有的结果还被编入有些国家的荷载规范中。

1.2.1　ECCS 规范中的有关内容

欧洲钢结构规范 ECCS“风对结构作用的建议”中,在“风的基本数据”一节中第 5.6 条“高层建筑的影响”指出了高层建筑对周围结构的影响即每个高层建筑显著地改变了周围的气流方式,导致周围风速的局部增加。

大部分情况下对靠近一个比周围结构物的平均高度高一半以上的高层建筑的结构物的影响见图 1-4 所示。

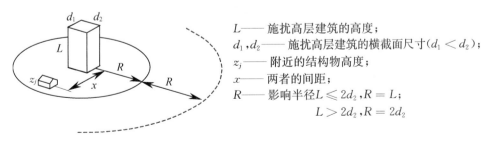

L——施扰高层建筑的高度;
d_1,d_2——施扰高层建筑的横截面尺寸($d_1 < d_2$);
z_j——附近的结构物高度;
x——两者的间距;
R——影响半径 $L \leqslant 2d_2$,$R = L$;
$L > 2d_2$,$R = 2d_2$

图 1-4　高层建筑对周围结构物的影响

对于高度为 z_j 的受扰建筑,在计算以下局部风效应的基本风速和动压时,应采用以下的高度代替：

$$z_j < L/2: \qquad x \leqslant R,\ z = \frac{R}{2}$$

$$R < x < 2R,\ z = \frac{R - \left(1 - 2\dfrac{z_j}{R}\right)(x - R)}{2} \qquad (1 - 5)$$

$$x \geqslant 2R,\ z = z_j$$

$$z_j \geqslant L/2: \qquad z = z_j$$

在特别不利的情况，必须进行边界层风洞试验和专家咨询。以上规定实际上是通过受扰建筑的计算高度，从而提高设计风速而体现干扰效应的影响。

1.2.2 澳大利亚规范中的有关内容

1.2.2.1 静力分析部分

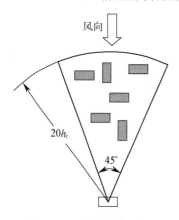

图 1 - 5 遮挡建筑示意图

澳大利亚规范《结构最小设计荷载》对于静力分析部分，在计算阵风风速时采用遮挡因子 M_s 来考虑干扰效应的影响见表 1 - 1。遮挡建筑示意见图 1 - 5。没有遮挡则取 $M_s = 1$。

其中：$D = l_s / \sqrt{h_s b_s}$，$l_s = h_t (10/n_s + 5)$ 为遮挡建筑的平均间距；h_s 为遮挡建筑的平均高度；b_s 为遮挡建筑垂直于气流的平均宽度；h_t 为被遮挡结构的顶部高度；n_s 为在遮挡半径为 $20h_t$ 的 45°扇形内高度 $h \geqslant z$ 的迎风遮挡建筑的数目；z 为要计算其阵风风速的局部部件的高度，单位为 m。

表 1 - 1 遮 挡 因 子

建筑间隔参数 D	遮挡因子 M_s	建筑间隔参数 D	遮挡因子 M_s
$\leqslant 1.5$	0.7	6.0	0.9
3.0	0.8	$\geqslant 12.0$	1.0

注意，在每个被考虑的风向内应先评估半径为 $20h_t$ 的 45°扇形内的遮挡建筑，遮挡建筑是指该区域内高度 $h \geqslant z$ 的上游建筑。

1.2.2.2　动力分析部分

在澳大利亚规范《结构最小设计荷载》的动力分析部分提供了关于风致干扰的简单提示条款："一个结构物的风致动力响应和局部压力可能由于处于上游或下游的其他结构的出现而有显著的增加。处于群体中的结构物受到的影响最大，例如烟囱群、多管道运输线和高层建筑群。当结构间的距离小于$10b$(b是结构迎风面的宽度)时干扰效应是显著的，应参考已有的结果在结构动力分析中考虑，或通过风洞试验来确定。"

该附录还列出高宽比为4的正方形截面建筑在同样大小干扰建筑干扰下的横风向动力响应抖振因子等值分布图(第三类地貌，相当我国的C类地貌，折算风速为6)。

1.2.3　ENV规范中的有关内容

在欧洲规范ENV1《设计基础和对结构的作用》的第2.4节"风作用"中，有关设计干扰效应的内容为：

① 在第6.10.4条计算边界墙、栅栏和标牌时，根据上游墙和栅栏的实际密实率和两者间的间距比x/h，给出了遮挡因子的等值分布图，值在0.3~1之间。

② 在附录6.B.5"尾流抖振"中，考虑了尾流抖振引起的干扰效应。

对斜列和群体布置的建筑，尾流抖振效应可增加风的作用。

对于简单的高层建筑情况，风荷载的增加可采用表1-2提供的干扰因子$K_{ib,x}$和$K_{ib,\ddot{x}}$来粗略估计。对于更详细的信息和其他情况，建议进行风洞试验和专家咨询。

表1-2　斜列布置和群体布置的高层建筑的干扰因子K_{ib}(中间值可内插)

	a/b	y/b	顺风向位移响应	顺风向加速度响应
			$K_{ib,x}$	$K_{ib,\ddot{x}}$
	≤15		1.5	3.0
		≈1.2		
	≥25		1.0	1.0

	a/b	y/b	顺风向位移响应 $K_{ib,x}$	顺风向加速度响应 $K_{ib,\ddot{x}}$
	≤15	≈0.3	1.3	2.5
	≥25		1.0	1.0
	≤15	$y_1/b≈1.5$	1.4	3.0
	≥25	$y_2/b≈1$	1.0	1.0

③ 在附录 6. C. 3. 2"横风向驰振的干扰效应"中,对于成排布置和群体布置的 $h/b≥8$ 的柔性圆柱结构,通过修正气动激振力系数和斯脱洛哈数来考虑干扰效应对涡激共振的影响,同时考虑了圆柱由于干扰效应可能产生的干扰驰振和经典驰振。

1. 2. 4　美国 ASCE 规范的规定

在美国 ASCE 规范 7－98《房屋和其他结构的最小设计荷载》风荷载计算的分析程序部分中,对有规则形状的房屋和结构,在考虑阵风引起的结构顺风向荷载增大效应时,指出虽然其他房屋和结构以及地形提供了明显的遮挡,对速度压力也不应折减。在其解释条文中指出,对于处于上游障碍物导致的狭管效应或尾流中的房屋和结构,风效应应参考文献或做风洞试验来确定。狭管效应可由地形(如狭管)或建筑(如高层建筑群体)导致。尾流影响可由小山(高地)或房屋与其他结构产生。

1. 2. 5　我国"建筑结构荷载规范"的规定

在我国的"建筑结构荷载规范"中计算风压体型系数时,提供群体风压体型系数来参考干扰效应的影响。

当多个单体建筑靠得较近时,由于尾流的作用,产生风压相互干扰而对建筑产生动力增大效应。对于布置不规则的群体,应通过风洞试验确定;对于布置规则、高度差不超过30%的等高型高层建筑群,可将单体体型系数上乘以增大系数;增大系数可根据L/B(L为相邻建筑之间的间距,B为建筑迎风面的宽度)之值按下列规定确定:

当$L/B \geqslant 7.5$时,增大系数取1;

当$L/B \leqslant 7.5$时,顺风向增大系数按表1-3确定。

表1-3 相互干扰增大系数

风向	L/B	$\|\theta\|$ 风场	10°	20°	30°	40°	50°	60°	70°	80°	90°
顺风向	≤3.5	A,B	1.35	1.45	1.5~1.8	1.45~1.75	1.4	1.4	1.3	1.25	1.15
		C,D	1.15	1.25	1.3~1.55	1.25~1.5	1.2	1.2	1.1	1.1	1.1
	≥7.5	A,B,C,D	1.00								
横风向	≤2.25	A,B	1.30~1.50								
		C,D	1.10~1.30								
	≥7.5	A,B,C,D	1.00								

表中,θ为风向与相邻建筑平面形心之间连线的夹角;L/B为上表中间值,可用插值法。表中同一表格有两个数,低值适用于所考虑范围内有两个建筑,高值适用两个以上。

1.3 已有工作存在的主要不足

虽然国内外研究人员在两个建筑的相互干扰方面已进行了大量工作,但由于实验参数(包括建筑数量、形状、尺寸、相对位置、风场、风向等)太多,实验工作量太大,很难得到较为全面的数据,整体上仍存在不少问题,主要体现在以下几个方面。

1. 数据的离散性偏大

不同文献的研究由于采用不同的试验方法、数据分析方法,以及风场模拟的差异、各国规范的差异等，导致试验结果存在较大的离散性。一个典型的例子就是在考虑流场湍流度的对干扰效应影响的量化上不同文献所存在的差别。对于湍流度对干扰效应的影响，从定性上讲，干扰效应随湍流度的增加而减少，这已达成共识，但定量结论则有很大差别。Taniike 建议当 2/3 结构高度处的湍流度达到 17%～18% 时，可以略去上游建筑的干扰影响。但由 Kwok 所作的试验却显示即使流场湍流度远大于 Taniike 的建议值，由干扰所引起的响应增量仍可达到 25%～40%。

2. 不同研究结论存在矛盾之处

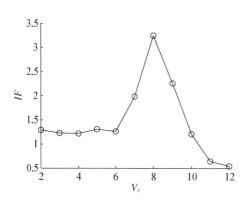

图 1-6　特定工况的干扰因子
随折算风速的变化

已有研究的结论存在一些矛盾之处。如 Kareem(1987)指出抖振因子有随折算风速增加而降低的趋势。该结论对于该文献中的对象和所考虑的折算风速范围可能是对的，但这并不具有普遍性。因为很明显，如果所考虑的施扰建筑在常规折算风速范围内存在共振的折算风速，那么，一般说来，在该临界的折算风速以前，干扰因子应该是随折算风速的增加而增加，过了临界折算风速后，情况则相反。图 1-6 所示为本书研究得到的某一配置的顺风向干扰因子 IF 随折算风速 V_r 的变化关系。其他情况可参见本书的图 6-26 和图 6-28。

即使同样一篇文献所给出的结论也有些问题。如 Taniike(1988)根据其研究认为，对于顺风向动力响应随着施扰建筑尺寸增大而加大的趋势，并认为这是因为大尺寸的上游建筑上脱落下更大的旋涡，并由此增大了流动的脉动速度所引起的。但此条结论恰恰和他在文中观察到的小尺度结构在低折算风速的剧烈的涡激共振干扰效应的特殊现象自相矛盾，在其试验中小宽度比的施扰建筑在折算风速为 5～6 时，观测到的顺风向动力干扰因子可高达 10 以上(开阔地貌)，这个结果很显然要比更大的施扰建筑测得的干扰因子为 4 要大得多，尽管前者只是发生在一个较为狭小的区域内。但由于该文献采用气弹模型技术，没有在所有可能的折算风速下对所有的施扰建筑位置的干扰效应进行分析，所以其总结出的结论尽管不能完全否定，但至少也是片面的。

况且，在考虑截面大小变化的影响上，Taniike 的研究中只考虑了三种情况，这从分析其研究规律的角度上讲还是少了些。

3. 只考虑两个建筑间的干扰影响

至今现有研究主要集中在双建筑间的干扰影响,对于系统考虑两个施扰建筑的协同干扰影响的研究则显得非常不够。

本书在第1.1.3.8节中已追溯了考虑两个以上建筑的影响的文献,尽管很少的一些研究得出的结论不一,但总的看来,两个施扰建筑的施扰作用会比单个施扰建筑的施扰作用大。问题是按常规做法要得到两个以上建筑影响的全面数据所需的试验工况太多,也正是因为这样,已有的少量研究无一不是在简化的基础上进行研究的,这也就使得他们得出的结论不可避免地存在一定的片面性。

4. 定量分析不足

对于分析不同的干扰因素的影响,已有文献主要是采用定性的分析方法,在定量的分析对比上则显得十分欠缺。当然,这源于问题的复杂性、可用做数据分析的试验数据的严重缺乏和以上提及的不同研究间的数据离散性。

由于采用定性的分析方法不能有效地简化复杂的研究数据而极容易造成试验数据的堆积,并进一步会影响到研究结果的应用和推广。即使是已有的一些定量分析也存在一些问题,如English针对串列的两个建筑间的静态遮挡效应问题,由已有的大量风洞试验结果归纳得出一个针对所有地貌类型的遮挡因子的回归关系式,但由于它取自所有地貌的数据,自身又没考虑地貌的变化因素,用一个统一的结果涵盖所有地貌情况,其最终会产生的必然问题就是:该结果对某些地貌会显得偏于保守,但对有些地貌,则会偏于不安全。

在以上的诸多问题中,最为主要的是针对三个建筑间的相互干扰效应的研究还很不够,除了需要进行进一步的大量试验之外,采用有效的描述方法对三个建筑物间的干扰效应进行直观的描述也需要较好地给予解决。

1.4 本书的工作

本书分析比较了目前该领域的研究现状,在采用一些提高试验效率措施的基础上,详细分析了两个上游施扰建筑对下游建筑的干扰问题,分析比较了各种因素的影响,得出一系列有关群体风致干扰效应的新结论。研究结果对于更加全面地了解群体高层建筑间的风致干扰特性具有较为重要的价值,通过细致分析研究也澄清了已有研究中提出的一些片面甚至是错误的结论。本研究的试验工作和所得结果比目前国内外已有试验量和结果要丰富得多。

首先,在边界层风洞中模拟出试验所需的 B、D 两类地貌,并做了 CAARC 标模试验,以确保试验测试方法的可靠性。

针对本书试验中所用的动态脉动测压和高频底座测力方法中出现的动态信号畸变问题,利用流体管道耗散模型,对于用于常规动态测压试验的简单测压管路和用于动态气动平均测压试验的复杂管路给出了一个统一的修正计算方法,同时对于管路的优化设计问题也进行了一些具有建设性的分析和讨论。和国外的相关文献比较,使用本书方法可以更加灵活地处理更为复杂的管路情况。对于高频底座力天平的应用,定量分析了天平模型系统动态响应所引起的测量误差,给出了一种简易的修正方法。这样处理后可以拓宽被测信号频谱的有效带宽,它使得在风洞试验时可以适当提高试验风速以提高信噪比,从而提高了试验的精度。

本书试验工况繁多、试验工作量以及后续的数据处理工作量巨大,整个试验工作历时数月,共做了 7 400 多种工况,采集并刻录了 22 张光盘的数据。除了在硬件上采取了一些提高试验效率的措施外,在软件方面花费更多的时间编写了针对本书试验研究数据分析的专用程序,实现了对试验结果的快速高效的处理和分析,同时采用数据库技术对分析结果进行归类有序的存储和管理以便于进行对数据的进一步快速分析和总结。在此基础上采用神经网络方法对初步分析的数据进行精细化处理和分析。开发该系统过程中充分利用操作系统的特性和资源优势,发挥了各种不同语言的功能,完成了常规干扰因子等值分布曲线的绘制和输出,可以方便地进行用于机理分析的各种被测时变物理量的功率谱密度的分析和比较乃至使用动画技术快速分析影响干扰特性的主要因素和工况等。所开发的软件系统在完成本书研究的过程中起着非常关键的作用。

本书试验共实施分析了五种宽度比和五种高度比的施扰建筑的影响,试验同时在 B、D 两类地貌下实行。为了突出重点对方案和工况进行分类,分基本配置(指施扰建筑和受扰建筑大小一致)和非基本配置,基本地貌(指 B 类地貌)和其他的非基本地貌(主要指 D 类地貌)情况,为了进一步比较地貌对干扰效应的影响,部分试验还在均匀流场下进行。

本书主要采用高频底座天平技术和脉动测压方法研究了动、静态干扰效应。根据试验结果进行分析处理得到各种不同配置的顺风向静力干扰因子、顺风向和横风向动力干扰因子以及结构表面风压系数的干扰因子等等。对于三建筑间的干扰问题,结合神经网络的分析建模结果进行精细化分析,给出了显著干扰因子分布区域,这种表示也解决了三建筑间干扰因子分布难以直观表示的难点,更主要的是可以为三建筑配置的干扰特性提供快速参考。

本书还对干扰机理进行了分析研究,对不同配置下的干扰机理有了更加深刻的认识。在对静力干扰效应的分析上,除了对一般遮挡效应的讨论,也强调并讨论了狭管效应所造成的静力放大问题。对于动力干扰效应,通过对受扰建筑基底弯矩功率谱以及不同配置干扰因子随折算风速的变化的分析比较,总结了上游施扰建筑的旋涡脱落和高强度脉动尾流对受扰建筑所产生影响的机理。对于结构物表面脉动风压的受扰机理也进行了较为细致的分析和讨论。

本书的另一个较大的创新之处是在专门开发的功能强大的软件分析平台的支持下,首次采用相关分析和回归分析方法分析和总结了不同参数配置间干扰因子以及同样配置在不同地貌下干扰因子的相互关系,提出了用得到的回归结果由基本配置在基本地貌下的干扰因子数据推测其他配置和地貌干扰因子的简化方法。此项工作突破了长期以来该领域研究在分析不同参数影响时多采用定性而非定量的分析方法,它大大地简化了最终的试验分析结果,为本书研究结果的应用推广创造了条件,并且这种分析方法在相关研究中具有较为广泛的参考价值。

基于本书的大量试验和详细的数据分析得到了一系列关于群体高层建筑干扰效应的系统性结论,总结并提出了两个和三个建筑间干扰效应的一些建议条款,可供规范修订、补充时参考。

最后对全书已做的工作进行了总结,指出研究中存在的一些不足之处,提出了未来工作的展望。

第2章

相关的风洞实验技术与试验工况

2.1 主要实验设备

2.1.1 风洞

　　风洞试验的主要设备是风洞。本试验主要在汕头大学风洞实验室的 STDX-1 风洞进行。STDX-1 是一座具有串置双试验段的全钢结构的闭口回流低速工业风洞,见图 2-1。其中主试验段宽 3 m、高 2 m、长 20 m。风速连续可调,最大风速可达 45 m/s。

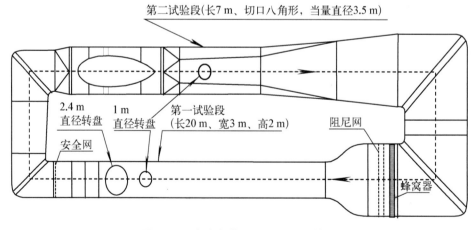

第二试验段(长7 m、切口八角形,当量直径3.5 m)

2.4 m
直径转盘

1 m
直径转盘

第一试验段
(长20 m、宽3 m、高2 m)

阻尼网

安全网

蜂窝器

图 2-1　汕头大学 STDX-1 风洞简图

2.1.2 主要测试设备

　　本试验涉及测压、测力和风速的测量工作,所采用的主要仪器设备及其性能指标如下。

1. 测压系统

测压系统采用美国 Scanivalve 公司的 HyScan－1000 电子扫描阀测压系统，该系统所用测压模块为 Zoc33，其精度包括线性度、迟滞性、重复性分别为 $\pm 0.20\%$F. S.、$\pm 0.15\%$F. S.、$\pm 0.08\%$F. S.。该系统的数据采集软件经改写可以适应瞬态信号测量的需要。总的采集系统关系见图 2－2。

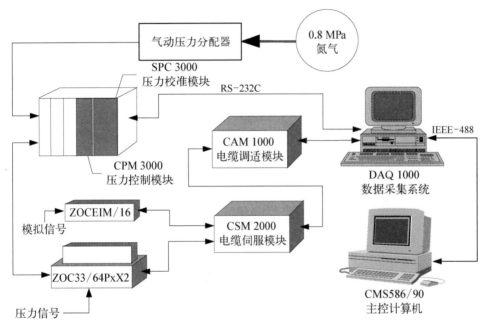

图 2－2　HyScan－1000 电子扫描阀测压系统组成示意图

2. 测力天平

测力所用天平为日本 JR3 的六分量天平和相应的信号调制放大系统，天平本身的主要性能指标见表 2－1。

表 2－1　JR3 UFS—4515A100 的主要性能

	量　程	误　差	分　辨　率
Fx、Fy	0～440 N	线性：0.2%F. S. 迟滞：0.2%F. S.	1/2 000F. S.
Fz	0～880 N		
Mx、My、Mz	0～51 N · m		

由于结构模态力和倾覆弯矩直接相关,倾覆弯矩是最重要的测试量,故天平量程的选定主要根据倾覆弯矩而定。该系统的模拟信号经调制放大并作抗混滤波后输入图 2-2 HyScan-1000 系统中的模拟量输入模块(Zoc EIM/16)和模型上的风压信号由 HyScan-1000 的采集软件一起同步采集。表 2-1 中的分辨率是原设备中 12 位 AD 所能达到的能力,而在 HyScan-1000 中是采用 16 位的模数转换器,故在接入 HyScan-1000 的信号采集系统后,实际的分辨率要高于 1/2 000F. S.。天平本身各分量的固有频率都很高,装上试验所用轻质模型后其最低阶频率可在 112 Hz 以上。

2.2 风洞试验模拟技术

在边界层风洞中正确复现大气边界层流动特征,是试验结果可信的必要条件,为此,根据国家规范,在试验前先在此风洞中分别模拟了 B 类和 D 类地貌流场。

2.2.1 边界层流场特性

1. 平均风速剖面

在梯度风高度以下,由于地表摩擦的结果,使接近地表的风速随着离地面高度的减小而降低。描述平均风速随高度变化的规律的曲线称为风速剖面。根据实测结果分析,Davenport 等提出,平均风速随高度变化的规律可用指数函数来描述,即

$$U(z) = U_s \left(\frac{z}{z_s} \right)^\alpha \qquad (2-1)$$

式中,$U(z)$、z 为任一点的平均风速和高度;U_s、z_s 为标准高度处的平均风速和高度;α 为地面粗糙度系数,随不同地形而变化。我国建筑结构荷载规范将地貌类别分成 A、B、C、D 四类,它们的风剖面指数分别为 0.12、0.16、0.22 和 0.30。

2. 湍流度随高度变化

高度 z 处的湍流强度定义为

$$I_z = \sigma_u(z)/U(z) \qquad (2-2)$$

其中：$\sigma_u(z)$ 是高度 z 处的风速方差；$U(z)$ 是高度 z 处的平均风速；I_z 是高度 z 处的湍流密度，也称湍流强度和湍流度，是一个无量纲的量。

湍流度与地面粗糙度和测量点的高度有关。实测结果表明，湍流度随高度增加而减小，靠近地面一般可达 20%～30%。目前各国有关文件中关于湍流度分布的内容不尽相同，我国建筑荷载规范中对此并未明确表示。

2.2.1.3　顺风向脉动风功率谱密度函数

脉动风功率谱包括顺风向和横风向的功率谱。横风向谱值比顺风向谱小，对于高层建筑和高耸结构，通常只考虑顺风向谱的影响，横风向振动机理则比较复杂，其响应和脉动风速功率谱之间无明确的关系。目前常用的顺风向的脉动风功率谱有 Davenport 谱、Kaimal 谱、修正 Karman 谱和 Harris 谱。

1. Davenport 谱

$$\frac{nS_u(n)}{\sigma_u^2}=\frac{4x^2}{6(1+x^2)^{4/3}} \qquad (2-3)$$

式中，$x=\dfrac{nL_u}{U_{10}}$；n 为频率；$S_u(n)$ 为脉动风功率谱；σ_u 为脉动风速根方差；L_u 为湍流积分尺度；U_{10} 为 10 m 高度处的平均风速。Davenport 谱假定湍流积分尺度沿高度不变，并近似取 $L_u=1\,200$ m，因此该谱不随高度变化。

2. Kaimal 谱

$$\frac{nS_u(n)}{\sigma_u^2}=\frac{200x}{6(1+50x)^{5/3}} \qquad (2-4)$$

式中，$x=\dfrac{zn}{U(z)}$。

3. 修正 Karman 谱

$$\frac{nS_u(n)}{\sigma_u^2}=\frac{4x}{(1+70.8x^2)^{5/6}} \qquad (2-5)$$

式中，$x=\dfrac{nL_u(z)}{U(z)}$；$L_u(z)=100\left(\dfrac{z}{30}\right)^{0.5}$；$L_u(z)$ 为湍流尺度。这里应该指出的是，有不少文献将 Karman 谱误写为

$$\frac{nS_u(n)}{\sigma_u^2} = \frac{4\chi}{6.677(1+70.8\chi^2)^{5/6}} \tag{2-6}$$

事实上,由于以上谱已作无因次化处理,而不论是何种形式的谱,均应满足

$$\int_0^{+\infty} \frac{S_u(n)}{\sigma_u^2}\mathrm{d}n = 1 \tag{2-7}$$

以 Karman 谱为例:

$$\int_0^{+\infty} \frac{S_u(n)}{\sigma_u^2}\mathrm{d}n = \int_0^{+\infty} \frac{nS_u(n)}{\sigma_u^2}\frac{\mathrm{d}n}{n} = \int_0^{+\infty} \frac{4\chi}{(1+70.8\chi^2)^{5/6}}\frac{\mathrm{d}\chi}{\chi}$$
$$= \int_0^{+\infty} \frac{4}{(1+70.8\chi^2)^{5/6}}\mathrm{d}\chi = 0.999\ 8$$

结果接近于 1,如果分母还有 6.677 的话,其结果肯定是错误的。

4. Harris 谱

$$\frac{nS_u(n)}{\sigma_u^2} = \frac{4x}{6.677(2+x^2)^{5/6}} \tag{2-8}$$

式中

$$x = \frac{1\ 800n}{U_{10}}$$

试验中将测量模拟流场得到的脉动风功率谱与以上经验值相比较,横坐标统一取为 $\dfrac{nz}{U(z)}$,纵坐标统一取为 $\dfrac{nS_u(n)}{\sigma_u^2}$。

4. 湍流积分尺度

湍流积分尺度又称紊流长度尺度。通过某一点气流中的速度脉动,可以认为是由平均风所输运的一些理想涡旋叠加而引起的,若定义涡旋的波长就是旋涡大小的量度,湍流积分尺度则是气流中湍流涡旋平均尺寸的量度。相对一定尺寸的建筑而言,涡旋的大小对作用于建筑上的风荷载有较大的影响。

湍流积分尺度 L_u^x 在数学上定义为

$$L_u^x = \frac{1}{\sigma_u^2}\int_0^{\infty} R_{u_1 u_2}(x)\mathrm{d}x \tag{2-9}$$

若采用文献[66]的方法,假设气流的扰动以 $U(z)$ 速度迁移,根据台劳假说

(Taylor'hypothesis)，则方程(2-9)可改写为

$$L_u^x = \frac{U_z}{\sigma_u^2} \int_0^\infty R_u(\tau) \mathrm{d}\tau \qquad (2-10)$$

式中，$R_u(\tau)$ 为脉动风 $u(t)$ 的自协方差函数；L_u^x 的估算结果主要取决于估算分析所用记录的长度及记录的平稳程度，不同的实验及实测结果一般相差都非常大。对高度范围 $z = 10 \sim 240\ \mathrm{m}$，文献[66]中提供了以下经验公式：

$$L_u^x = C z^m \qquad (2-11)$$

式中，C 和 m 的值可由文献[66]查出；z 为高度；L_u^x 和 z 的单位均为 m。

2.2.2　流场模拟结果

研究采用被动模拟方法模拟流场，主要采用在风洞试验段入口加尖塔和沿风洞地板分布粗糙元方式，按国家有关荷载规范要求，分别模拟了 B 类和 D 类两类地貌流场。模型的几何缩尺比统取为 1∶400。以下为模拟结果。

1. B 类地貌

B 类地貌流场如图 2-3 所示。图 2-4 所示为风洞主模型区测得的 B 类地貌平均风剖面和湍流度剖面，图中 U_g 为该流场的梯度风高度。图 2-5 所示为测得高度52 cm，相当于实际208 m 高处的脉动风速功率谱密度函数和理论值的比较。

图 2-3　B 类地貌流场

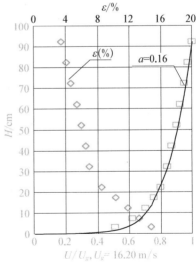

图 2-4　B 类地貌平均风速和湍流剖面

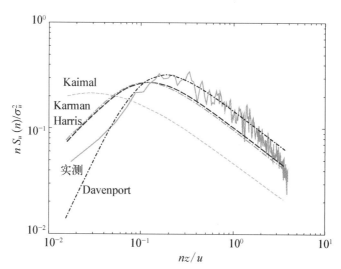

图 2-5 B 类地貌,高度 52 cm,相当于实际 208 m 高处的谱

2. D 类地貌

D 类地貌流场如图 2-6 所示。图 2-7 所示为风洞主模型区测得的 D 类地貌平均风剖面和湍流度剖面。图 2-8 所示为测得高度 52 cm,相当于实际208 m高处的脉动风速功率谱密度函数和理论值的比较。

本书研究部分在均匀流场中进行,空风洞中相应的均匀流场的湍流度小于 1%。

图 2-6 D 类地貌流场

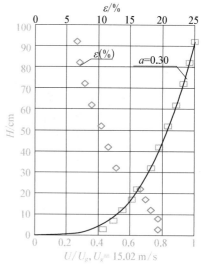

图 2-7 D 类地貌平均风速和湍流剖面

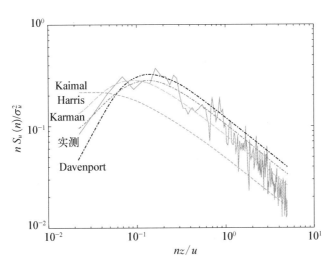

图 2-8 D 类地貌,高度 52 cm,相当于实际 208 m 高处的谱

2.2.3 相关的模型试验技术

在风洞试验中,建筑结构的模拟可分为刚性模型方法和弹性模型方法。刚性模型试验的模型是刚性的,它不模拟结构本身的动力特性,只模拟其气动外形,在风作用下的变形及位移可以忽略不计。这种方法利用静止的物理模型测量气动力,再采用数学模型计算动态响应和等效风荷载,自激力的影响通常用气动阻尼来在数学模型中加以考虑。研究主要采用刚性模型试验方法。根据数据采集及处理方法的不同,刚性模型试验又可以分为高频动态天平模型试验和测压气动模型试验。

1. 高频动态天平模型测力技术

高频动态天平(简称天平)模型试验是 20 世纪 70 年代随着高频动态天平设备及其支持理论的发展和完善而逐步发展起来的。假设高层建筑结构的动力响应主要来自一阶振型的贡献,以及结构的一阶振型为理想的线形振型,则其一阶广义力与基底倾覆力矩之间存在简单的线性关系,利用天平直接测出模型的倾覆弯矩就可获得一阶广义力,进一步计算出结构的风致动态响应。这种方法要求测力天平在有较高的自振频率的同时,还要保证要有较高灵敏度以确保足够的信噪比。这就要求模型的自重小,以使得模型和设备系统的频率足够高,从而避免所测得的广义动力荷载被放大(即信号发生畸变)而不能反映实际情况。

高频和高信噪比是一对相互制约的矛盾,在天平模型固有频率一定的情况下,为提高信噪比可以采用增加试验风速,但被测信号的卓越频率也跟着提高而更接近于测试系统的固有频率,这导致最终被测信号的进一步畸变而失真,可以考虑修正的方法解决此问题。

2. 测压气动模型试验技术

测压气动模型试验是利用分布在模型各表面的许多测压管,测出在风的作用下模型表面风压随时空变化的情况,通过积分求出各个方向的力和力矩及其变化,从而可进一步求出结构的动态响应。这种方法在理论上不存在困难,但试验要求的大量测点的同步数据采集对试验设备有较高的要求。

常规测压试验仅仅是针对单独测压点的脉动风压测试,以求取结构模型表面平均和脉动风压分布,为结构的覆面层的设计提供风荷载依据。

测压的另一种方法就是气动平均方法,这种方法实际上已得到普遍应用,但在国内风工程界的应用却不多见。气动平均技术主要是应用集管器方法将分布在模型上的若干测压点的连接管路集中连入一集管器(多通),然后再接入测压传感器。这种方法的主要优点是用单一的一个测点就可以测出建筑表面某一区域风荷载的空间平均时程。以高层建筑为例,采用这种方法在精细设计布置测点的情况下,只要 2 个测压传感器(占用压力模块的 2 个通道)就可测出一个广义力;一般情况下只要 6 个测压传感器就可测出每一层的 3 个气动荷载,采用一般的电子扫描阀可以对所有压力信号作同步瞬态测试,且在这种情况下可以采用随机振动理论对结构的风致振动响应进行分析,同时可以考虑结构基阶振型不是线性的情况,并考虑多模态耦合情况。

应用过程中,测压方法面临要解决的一个技术问题是连接模型表面到压力模块的有限长度管路所引起的压力信号畸变问题,并且由于多管路并接,在采用气动平均方法所面临的畸变会比常规方法严重。在仔细分析传压管路特性后,可以考虑采用频域修正方法解决此问题。

本书在后续章节中将对以上两类信号测试中的畸变问题的分析进行详细的讨论,并推荐有效的修正处理方法。

2.2.4　CAARC 标模试验

1969 年,首先由加拿大国家航空顾问委员会(Commonwealth Advisory Aeronautical Research Council,简称 CAARC)提出一个作风洞试验的高层建筑

标准模型,其全尺寸为 47.72 m×30.48 m×182.88 m(长×宽×高),外墙没有栏杆,也没有凹凸的窗户,屋顶也没有女儿墙,外墙和屋顶均为平整的高层建筑,如图 2-9 所示。

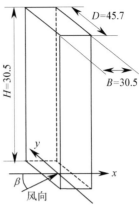

　　为确保动态测力数据的准确性,本研究做了一个 1/300 的测力模型,参考英国航海技术学院(British Maritime Technology,简称 BMT)风洞(Obasaju, E. D. 1992)的试验条件和相似的试验参数作了相应试验。图 2-10 和图 2-11 给出了 90°风向时顺风向和横风向倾覆弯矩功率谱密度函数和 BMT 风洞的

图 2-9　CAARC 标模

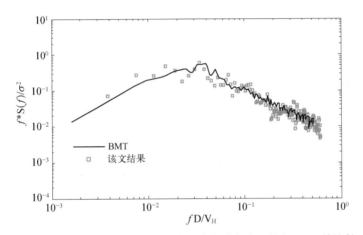

图 2-10　90°风向角顺风向倾覆弯矩功率谱密度函数和 BMT 的比较

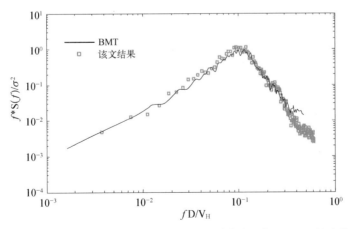

图 2-11　90°风向角横风向倾覆弯矩功率谱密度函数和 BMT 的比较

结果的比较。由图可见,在本风洞所作试验的结果与 BMT 风洞测得的结果吻合得非常好。

2.3 试验工况

1. 试验模型

本书试验主要采用高频底座天平技术,试验测试用的模型为一尺度为 $100 \text{ mm} \times 100 \text{ mm} \times 600 \text{ mm}$ 的正方形截面的高层建筑简化模型,如图 2-12 所示。它模拟一缩尺比为 1:400 的高层建筑,动力响应分析中假定其原型的基阶固有频率均为 0.17 Hz,相应的模态阻尼比取为 0.02,基阶振型沿高度线性分布。

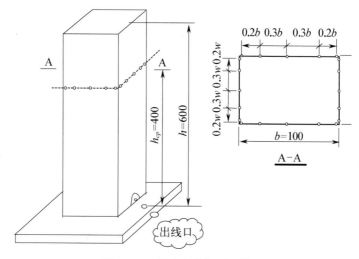

图 2-12 测力和常规测压模型

试验模型和天平安装在一起后的最低阶固有频率为 112 Hz,符合试验要求。数据处理中同时对信号进行修正处理。

为了考察群体干扰效应对局部风压的影响,特在模型的 2/3 高度上安装了一层测压点,试验时同步采集力天平的输出信号和典型截面上风压测点的压力信号。

作为试验方法的考虑,研究的初步计划曾考虑采用气动平均方法作为主要的测试方法,但后来考虑到数据采集量相比依然偏大,在设备到位后,还是决定采用高频底座测力天平方法,而动态测压模型作为一种辅助比较方法。

研究仿被测高频底座天平模型的外形制作了一个动态气动平均测压模型,共布置9层测压孔,每层4条边,每条边9个测压孔。如图2-13所示,对于每条边的9个测压孔,相邻三个测压点连入一四通,三个四通再并入另一四通,最后集成一路管路输出,其他三边也如此。每层按上述排管,最终是集成4路输出,故9层共36路最后接入电子扫描阀进行同步采集。

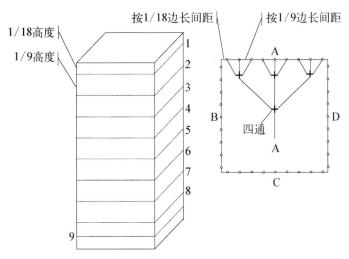

图2-13　气动平均测力模型

2. 导轨系统

完成本书研究的工作量是巨大的,为此专门设计制作了一套对流场影响甚少的移动轨道系统,在风洞地板上铺设10条高度为24 mm的导轨构成所需的9条工字形轨道(用有机玻璃制作,并固定在风洞地板上)并将其和其他的模拟流场的元件放在一起进行流场调试(图2-14),以确保铺设的轨道对流场没有附加的不良影响。

图2-14　安装于风洞内的测力模型、导轨和施扰模型

根据不同的试验要求,不同施扰模型被安装在轨道上可移动的小车上,小车则通过4个用轴承制成的轮子较紧地卡在工字形的导轨槽内。通过滑轮和风洞的大转盘构成一拖动系统,试验时,在风洞外转动转盘即可控制模型沿 x 方向的移动,大大地提高试验的效率。该系统是顺利完成本研究试验工作的重要保证。图 2-14 所示为安装在风洞内的试验测力模型以及施扰模型和移动施扰模型的导轨。

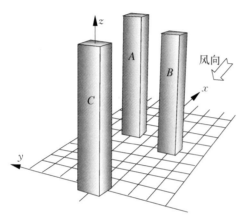

图 2-15 试验坐标系

3. 试验的坐标系统及移动网格图

图 2-15 和图 2-16 分别为试验的风洞坐标系和施扰模型的移动网格图。图中模型 A、B 表示施扰建筑,C 为受扰建筑。根据不同试验沿图中的网格移动变化,其位置分别用其各自的 (x, y) 坐标描述。该坐标值同时也表示该施扰建筑和受扰建筑 C 的中心间距,受扰建筑 C 被固定在坐标原点上。

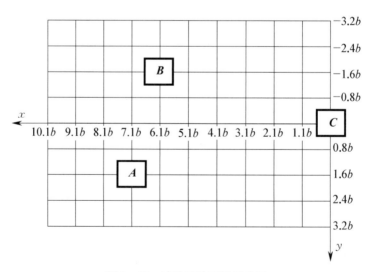

图 2-16 试验移动网格划分图

有些情况下,也采用 (Ax, Ay) 和 (Bx, By) 来专门表示施扰建筑 A、B 的位置。

4. 试验数据采集安排和采集参数

本研究的大部分试验主要是针对图2-12的测力测压模型,考虑最终的试验数据的采集量,太多的测点信号会大大地增加每次采集的数据量,同时还会影响信号采集频率,因为 HyScan-1000 的通道间隔有限制,更多的测点意味着需要更大的帧间隔,也即采样间隔增大。

根据图1-2所示的正方形截面柱形结构的风压分布特征和高层建筑结构的覆面层设计通常为负压控制的特点,本书研究在试验时取负压最大的部位4个测压点(测点位置见图2-17)进行测量。这样,整个测量的信号通道为4个风压信号、天平的六分量信号和比托管测试参考风压的两路信号共12个通道的信号,用 HyScan-1000 的采集系统统一采集。

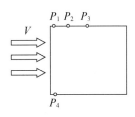

图 2-17 风压测点安排

采样时,通道间隔取为 55 μs,采样样本长度为 32 768 点/每通道,最终实际采样间隔 $\Delta t = 12 \times 55\ \mu$s = 0.66 ms,得采样频率 1.515 kHz,采样时间 21.6 s。

5. 试验工况

本研究共考虑了5种施扰体断面大小($2b$、$1.5b$、$1b$、$0.75b$、$0.5b$)和5种施扰体高度($1.5h$、$1.25h$、$1h$、$0.75h$、$0.5h$)在B、D两种地貌下对受扰建筑的影响,对于基本配置情况(指大小一样的干扰建筑和受扰建筑)还在均匀流场下做了试验,具体工况见表2-2。

表 2-2 试验工况表

地 貌	施扰建筑模型 个 数	宽 度	高 度	网 格	位置工况数
B	1	$2b$	$1h$	5×11	54
		$1.5b$		5×11	54
		$1b$		5×11	54
		$0.75b$		5×11	54
		$0.5b$		5×11	54
		$1b$	$1.5h$	5×11	54
			$1.25h$	5×11	54
			$1h$	5×11	重复

地　貌	施扰建筑模型			网　格	位置工况数
	个　数	宽　度	高　度		
B	1	1b	0.75h	5×11	54
			0.5h	5×11	54
	2	2b	1h	5×6+2×11	227
		1.5b		5×6+2×11	240
		1b		9×11	2 308
		0.75b		5×6+2×11	240
		0.5b		5×6+2×11	240
		1b	1.5h	5×6+2×11	240
			1.25h	5×6+2×11	240
			1h	9×11	重复
			0.75h	5×6+2×11	240
			0.5h	5×6+2×11	240
D	1	2b	1h	5×11	54
		1.5b		5×11	54
		1b		5×11	54
		0.75b		5×11	54
		0.5b		5×11	54
		1b	1.5h	5×11	54
			1.25h	5×11	54
			1h	5×11	重复
			0.75h	5×11	54
			0.5h	5×11	54
	2	2b	1h	5×6+2×11	240
		1.5b		5×6+2×11	240
		1b		5×6+2×11	240
		0.75b		5×6+2×11	240

地　貌	施扰建筑模型			网　格	位置工况数
	个　数	宽　度	高　度		
D	2	0.5b	1h	5×6+2×11	240
		1b	1.5h	5×6+2×11	240
			1.25h	5×6+2×11	240
			1h	5×6+2×11	重复
			0.75h	5×6+2×11	240
			0.5h	5×6+2×11	240
均匀流场	1	1b	1h	5×11	54
	2	1b	1h	5×6+2×11	240

b、h 分别为受扰建筑模型的宽度和高度。考虑整个试验工作的工作量的承受能力和三建筑情况的组合情况较多,本书只对 B 类地貌情况标准配置方式做了 $9×11$ 网格的详细试验,其他情况采用较粗网格的 $5×6$ 方式同时外加 22 个细网格位置。参见移动网格图 2-16。

整个试验工作不包括前期的准备工作历时数月,总共测试分析了 7 400 多种工况,共采集了 12 GB 的试验数据,刻录了 20 多张光盘。

2.4　本 章 小 结

本章介绍了试验所用到的主要设备和装置的主要性能指标与技术参数,介绍了大气边界层的流场特征和模拟结果,给出了模拟出的 B 类和 D 类平均风速、湍流度剖面和脉动风的功率谱密度函数值并和有关理论公式比较。

介绍了用于试验的三种模型试验技术,指出应用中可能会遇到的一些问题。试验的工作量巨大,试验工况高达 7 400 多种。为了提高试验效率,采取了一些附加硬件装置以提高整个试验工作的效率。

最后介绍了所有试验工况。

第3章
常规风洞动态测试分析的信号畸变分析及修正方法

3.1 概　　述

常规脉动风压测量中,影响测量精度的因素之一是连接测压孔到压力模块的有限长度管路所引起的信号畸变问题,采用集管器方法进行结构表面气动荷载的空间平均(即气动平均)方法连接管路所致的信号畸变问题要比单点的脉动风压测量严重。多数文献采用加阻尼器的方法改变整个管路系统的频响特性以消除或减少信号的畸变程度,也有文献采用试验方法测量频响函数然后对被测信号进行修正,Holmes的工作介绍了以上两种测压过程所用管路的理论和试验分析方法及一些典型管路的优化设计配置方案。

本章利用高精度的流体管道耗散模型,用传递矩阵方法建立起计算常规测压管路的频率响应特性的计算方法并做了试验验证。对于多点气动平均的复杂管路给出了一种简明的统一算法,并在此基础上针对管路的优化设计提出了设计的目标函数,分析了目标函数对各设计变量的变化灵敏度,并做了相应的优化设计分析。应用本方法可以精确分析测压管路的动态特性,并可应用于修正处理多路脉动风压测试中的信号畸变问题。

高频底座天平技术自 20 世纪 80 年代提出以来,因试验模型简单,费用低廉,便于工程应用,目前已成为超高层建筑抗风研究中最为广泛的一种方法。针对其只能适合于一阶振型为线性的高层建筑结构,有关文献提出了一些修正方法,使得该方法更为完善。但该方法也有其自身的固有弱点,天平本身的高频只是一个相对的概念,严格意义上讲,它代表的是一种对该设备的要求和期望。为了准确测出所需要的气动力,要求其测试系统本身要有足够的刚度,以提高天平模型的固有频率。但提高刚度将意味着系统灵敏度的降低,为了顾及系统的频率响应特性,风洞试验中不得不对试验风速进行限制,这意味着信噪比也会受到限制。为了在系统动态特性和输出信噪比之间寻求平衡,此类风洞试验不得不采用高缩尺比的试验模型,当然流场指标如湍流度也是一个重要的考虑因素。

目前多数的风洞实验大都采用直接滤波的方法滤掉由于天平模型系统弹性响应所引起的动力放大部分,但由于实际结构基阶频率通常仍处于旋涡脱落频率和滤波的截止频率之间,这样处理仍会产生比较大的分析误差。本章定量分析了由于测试系统动力放大所造成的误差,并提出了相应的简易修正处理方法。最后还分析了不同的系统参数的估计精度对修正精度的影响。

3.2　瞬态脉动风压测试

3.2.1　基本理论及其试验验证

考虑等截面圆管,在小扰动情况下,管内径远小于波长,压力波在管内传播可视为平面波;并不考虑管壁变形,且认为是等温管壁,则管内气体流动所满足的微分方程为

连续性方程

$$\frac{\partial \rho}{\partial t} + \rho_0 \frac{\partial u}{\partial x} = 0 \tag{3-1}$$

动量方程

$$\frac{\partial u}{\partial t} + \frac{1}{\rho_0} \frac{\partial p}{\partial x} = \nu_0 \left[\frac{1}{r} \frac{\partial}{\partial r} \left(r \frac{\partial u}{\partial r} \right) \right] \tag{3-2}$$

能量方程

$$\frac{\partial T}{\partial t} = \frac{T_0 (\gamma - 1)}{\rho_0} \frac{\partial \rho}{\partial t} + \frac{\nu_0 \gamma}{\sigma_0} \left[\frac{1}{r} \frac{\partial}{\partial r} \left(r \frac{\partial T}{\partial r} \right) \right] \tag{3-3}$$

状态方程

$$\frac{\mathrm{d}p}{p_0} = \frac{\mathrm{d}\rho}{\rho_0} + \frac{\mathrm{d}T}{T_0} \tag{3-4}$$

式中,ρ 为流体密度;u 为流体速度;T 为温度;p 为流体压力;γ 为绝热指数;ν 为

运动黏度；σ 为普朗特数；下标 0 表示时间平均值。

上述方程同时考虑到黏性和热传递效应，被认为是进行管道流体动态特性分析的精确模型。上述方程经变换可求解得到

$$-\frac{\partial P(x,\,s)}{\partial x} = Z(s)Q(x,\,s) \tag{3-5}$$

$$-\frac{\partial Q(x,\,s)}{\partial x} = Y(s)P(x,\,s) \tag{3-6}$$

式中，

$$Z(s) = \frac{\rho_0 s}{A}\left[1 - \frac{2I_1\left[r_0\sqrt{\dfrac{s}{\nu_0}}\right]}{r_0\sqrt{\dfrac{s}{\nu_0}}\,I_0\left[r_0\sqrt{\dfrac{s}{\nu_0}}\right]}\right]^{-1} \tag{3-7}$$

$$Y(s) = \frac{A}{\rho_0 a_0^2}s\left[1 + \frac{2(\gamma-1)I_1\left[r_0\sqrt{\dfrac{\sigma_0 s}{\nu_0}}\right]}{r_0\sqrt{\dfrac{\sigma_0 s}{\nu_0}}\,I_0\left[r_0\sqrt{\dfrac{\sigma_0 s}{\nu_0}}\right]}\right] \tag{3-8}$$

其中，$P(x,\,s)$ 为 $p(x,\,t)$ 的拉氏变换；$Q(x,\,s)$ 为体积流量 $\int_0^{r_0} 2\pi r u\,dr$ 的拉氏变换；r_0 为管半径；A 为管道通流面积 πr_0^2；I_1、I_0 分别为一阶和零阶虚宗量贝塞尔函数。

由式(3-5)和式(3-6)可以得到流动所满足的波动方程：

$$\begin{cases} \dfrac{\partial^2 P(x,\,s)}{\partial x^2} = \left[\chi(s)\right]^2 P(x,\,s) \\[3mm] \dfrac{\partial^2 Q(x,\,s)}{\partial x^2} = \left[\chi(s)\right]^2 Q(x,\,s) \end{cases} \tag{3-9}$$

其中，$\chi(s) = \sqrt{Z(s)Y(s)}$ 称为传播常数，方程(3-9)的解为

$$P(x,\,s) = C_1 e^{-\chi(s)\,x} + C_2 e^{\chi(s)\,x} \tag{3-10}$$

式中，右端两项分别代表入射波和反射波，由式(3-5)得

$$Q(x,\,s) = \frac{\chi(s)}{Z(s)}\left[C_1 e^{-\chi(s)\,x} - C_2 e^{\chi(s)\,x}\right] \tag{3-11}$$

C_1、C_2 为积分常数,由边界条件决定。对于简单直管,在输入端,有

$$x = 0, \quad P(x, s) = P_1(s), \quad Q(x, s) = Q_1(s)$$

进而得到

$$C_1 = \frac{1}{2}\big[P_1(s) + Z_c(s)Q_1(s)\big]$$

$$C_2 = \frac{1}{2}\big[P_1(s) - Z_c(s)Q_1(s)\big]$$

设在输出端:$x = l$,$P(x, s) = P_2(s)$,$Q(x, s) = Q_2(s)$,则由式(3-10)和式(3-11)有

$$\begin{Bmatrix} P_2 \\ Q_2 \end{Bmatrix} = \begin{bmatrix} \operatorname{ch}\Gamma(s) & -Z_c(s)\operatorname{sh}\Gamma(s) \\ -\dfrac{1}{Z_c(s)}\operatorname{sh}\Gamma(s) & \operatorname{ch}\Gamma(s) \end{bmatrix} \begin{Bmatrix} P_1 \\ Q_1 \end{Bmatrix} \tag{3-12}$$

或写成

$$\begin{Bmatrix} P_1 \\ Q_1 \end{Bmatrix} = \begin{bmatrix} \operatorname{ch}\Gamma(s) & Z_c(s)\operatorname{sh}\Gamma(s) \\ \dfrac{1}{Z_c(s)}\operatorname{sh}\Gamma(s) & \operatorname{ch}\Gamma(s) \end{bmatrix} \begin{Bmatrix} P_2 \\ Q_2 \end{Bmatrix} \tag{3-13}$$

式中,$Z_c(s) = \sqrt{Z(s)/Y(s)}$ 称为特征阻抗;$\Gamma(s) = \chi(s)l$ 称为传播算子。

　　式(3-12)和式(3-13)给出了直管进出口参数的传递关系,式(3-13)中右端的矩阵称为传递矩阵,记:

$$M = \begin{bmatrix} \operatorname{ch}\Gamma(s) & Z_c(s)\operatorname{sh}\Gamma(s) \\ \dfrac{1}{Z_c(s)}\operatorname{sh}\Gamma(s) & \operatorname{ch}\Gamma(s) \end{bmatrix} \tag{3-14}$$

　　常规测压管路除了传压管路外根据需要还有其他一些接头等管路元件,即管系由不同管径的直管构成。图3-1是一脉动风压测试时所采用管路的示意图,它由安装在被测物体表面的钢管、导压的PVC软管、连接导压软管和压力模块输入软管的钢管、压力模块输入软管等四部分组成,这四部分管道的管内径和长度均不相同,其中,l 根据实际需要选定,按照以上可得1、5两点参数的传递关系为

$$\begin{Bmatrix} P_1 \\ Q_1 \end{Bmatrix} = M_{1,2}\begin{Bmatrix} P_2 \\ Q_2 \end{Bmatrix} = M_{1,2}M_{2,3}\begin{Bmatrix} P_3 \\ Q_3 \end{Bmatrix} = M_{1,2}\cdots M_{4,5}\begin{Bmatrix} P_5 \\ Q_5 \end{Bmatrix} \tag{3-15}$$

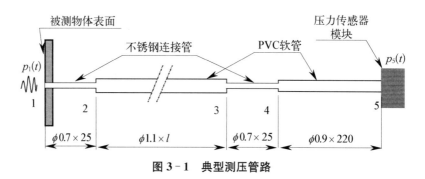

图 3-1　典型测压管路

式中，$M_{i,i+1}$ 为各等截面管段的传递矩阵，由式（3-14）给出，令

$$M = M_{1,2} \cdots M_{4,5} \qquad (3-16)$$

它表示整个管系始末段参数关系的传递矩阵，为 2×2 阶矩阵。管路末端 5 连接压力模块，可认为是闭端其流量为零，故有 $Q_5 = 0$，于是得管系始末端的压力关系为

$$P_1 = m_{11} P_5 \qquad (3-17)$$

m_{11} 为 M 矩阵的左上角元素，它是管路几何参数和介质特性以及复变数 s 的函数，取 $s = j\omega$，并令

$$H(\omega) = \frac{P_5(\omega)}{P_1(\omega)} = \frac{1}{m_{11}(\omega)} \qquad (3-18)$$

$H(\omega)$ 即为测压管系的频率响应函数。如果将整个管系简化成一个等截面管道处理，则其相应的频率响应函数为

$$H(\omega) = \frac{P_2(\omega)}{P_1(\omega)} = \frac{1}{\mathrm{ch}\ \Gamma(\omega)} \qquad (3-19)$$

在做动态压力测试时，根据实验在测出末端的压力后，可由式（3-20）在频域对被测信号进行修正，得到始端的压力信号的频谱：

$$P_1(\omega) = \frac{P_n(\omega)}{H(\omega)} \qquad (3-20)$$

在风洞试验时，通常是将风压值转换为无因次的风压系数 C_p，且由于风压信号是随机的，实际应用时，是采用压力系数的功率谱密度形式 $S_{Cpn}(\omega)$，相应始端的压力系数的功率谱密度为

$$S_{Cp1}(\omega) = \frac{S_{Cpn}(\omega)}{|H(\omega)|^2} \qquad\qquad (3-21)$$

为检验以上理论分析的正确性,本书采用试验实测的方法测试了图 3-1 所示管路系统在两种连接管长度($l=345$ mm 和 $l=945$ mm)时的频率响应函数并和计算结果比较。

试验采用信号发生器驱动扬声器发出压力波,在扬声器对面安装一木板并在其中心部位安装两个测压点,分别用图 3-1 所示的管路系统和一根非常短的短管同时连接到压力传感器模块上,如图 3-2 所示。试验时,剪去进入压力传感器模块的多余连接管路使短管的连接长度尽可能短,以使它在低频段有平坦的频率响应特性,可以认为它所测到的信号在低频段没有畸变就是被测物体表面的压力信号,同时由于两测压点离得很近,可以认为它们的压力是一样的,这样用短管测出的信号作为被测管路系统的输入信号,两个压力信号接入 Zoc33压力模块,用 HyScan-1 000 电子压力扫描阀测压系统进行压力校准和数据采集。试验时改变信号发生器的频率,对采集到的信号利用傅里叶变换在频域里作分析,即可得到所需的频响函数。

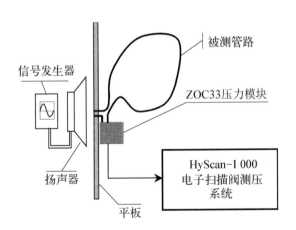

图 3-2　试验测量系统组成

本书共测试了两种连接管长度($l=345$ mm 和 $l=945$ mm)的管路系统的频率响应函数,它们对应的实际连接管长大致为 600~1 200 mm,覆盖了经常使用的测压管路长度。图 3-3 所示是计算结果与试验结果的比较。图中"×"和实线分别为 $l=345$ mm 的试验值和理论值,"○"和虚线分别为 $l=945$ mm 的试验值和理论值。由图 3-3 可见理论计算结果和试验结果吻合得非常好。

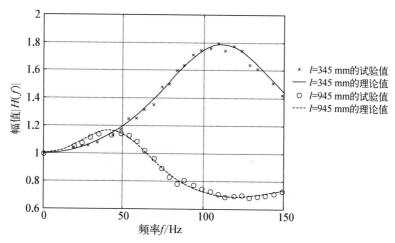

图 3‑3 计算结果和试验结果的比较

3.2.2 动态气动平均原理

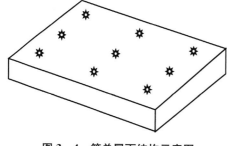

图 3‑4 简单屋面结构示意图

采用多管联通集管方式可以快速测试整个建筑表面(或某一区域)风荷载的总体时变合力。以图 3‑4 所示的矩形平屋顶为例,先不考虑内压的影响,即只考虑上表面的风压影响并在其上布置测压点,根据测点的风压数据,最终可以计算整体的总升力:

$$F_Z(t) = \int_\Omega p(t) n_z \mathrm{d}A$$

上式实际上适合于任意曲面形状屋盖的升力计算,其中,$p(t)$ 为屋顶风压;n_z 为法向单位矢量在 z 轴上的投影。由于试验只得到有限个测点上的压力信息,通过合理的测点布置,使得:

$$F_Z(t) = \int_\Omega p(t) n_z \mathrm{d}A = \sum_{i=1}^n \Delta A_{Z_i} p_i(t)$$
$$= \sum_{i=1}^n \frac{A_Z}{n} p_i(t) = \frac{A_Z}{n} \sum_{i=1}^n p_i(t) \qquad (3-22)$$

如果试验最终的目的只是要求出 $F_Z(t)$,则可以采用某种特殊的连接方式

直接测量 $\dfrac{1}{n}\displaystyle\sum_{i=1}^{n}p_i(t)$ 即可，而没有必要单独去对每个测压点进行测试再计算。采用所谓的气动平均技术（Pneumatic Averaging Technique）就可以实现这种想法。假设上述屋盖的总测点数为 9，采用图 3-5 所示的测压管路，从表面测点连接出来的 9 根管子经过用集管器（4 通）的两级缩减，最后形成一路信号进入压力传感器，由压力传感器测出其压力值。

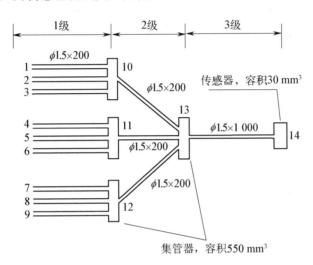

图 3-5　用于气动平均方法的测压管系

这种方法不但适合于静态荷载的测试，而且适合于动态荷载的测试。它最大的优点是可以大大减低试验所需要的压力传感器数目。与常规的测压方法一样，由于测压管路的存在不可避免地仍存在信号的畸变问题，必须采用有效的方法进行处理，畸变本身和整个传压管路的动态特性有关，这是本章要论述的主要问题。

3.2.3　测压管路脉动风压信号畸变的通用修正算法

用于气动平均方法的测压管路（图 3-5）的动态特性分析起来要比常规方法所用的测压管路（图 3-1）复杂，采用第 3.2.1 节中的矩阵传递方法处理不太方便。针对这两种不同的结构形式，以下仿照有限元方法给出一种通用的计算方法。

1. 等截面直管的刚度矩阵

由式（3-13）建立起来的等截面管段左、右截面流动参数的传递关系为

$$\begin{Bmatrix} P_1 \\ Q_1 \end{Bmatrix} = \begin{bmatrix} \mathrm{ch}\ \Gamma(s) & Z_c(s)\,\mathrm{sh}\ \Gamma(s) \\ \dfrac{1}{Z_c(s)}\mathrm{sh}\ \Gamma(s) & \mathrm{ch}\ \Gamma(s) \end{bmatrix} \begin{Bmatrix} P_2 \\ Q_2 \end{Bmatrix}$$

为了便于分析,并重新规定流入管段内部的流量为正,流出为负,对上式进行改写,有

$$\begin{Bmatrix} Q_1 \\ Q_2 \end{Bmatrix} = \frac{1}{Z_c(s)\sinh \Gamma(s)} \begin{bmatrix} \cosh \Gamma(s) & -1 \\ -1 & \cosh \Gamma(s) \end{bmatrix} \begin{Bmatrix} P_1 \\ P_2 \end{Bmatrix} \tag{3-23}$$

记:

$$K_p^e = \frac{1}{Z_c(s)\sinh \Gamma(s)} \begin{bmatrix} \cosh \Gamma(s) & -1 \\ -1 & \cosh \Gamma(s) \end{bmatrix} \tag{3-24}$$

它反映等截面管段两端压力和流量的关系,称之为等截面管段的刚度矩阵。计算时取 $s = j\omega$, $j = \sqrt{-1}$ 为虚数单位。

2. 复杂管路系统的总刚度矩阵

对于复杂管路系统,由以上得到的等截面管段的刚度矩阵式(3-24),仿结构有限元方法可以对其进行拼装,得到整个复杂测压管系的刚度矩阵 $\widetilde{K}$,且有

$$\widetilde{K}\overline{P} = \overline{Q} \tag{3-25}$$

其中,$\overline{P}$ 表示各连接结点的压力值;$\overline{Q}$ 的各分量表示管路外界流入对应结点的脉动流量,一般对于封闭的管路结点所对应的分量为 0。对于集管器结点或传感器内部的空腔容积可以采用这样的处理方式:设该结点的编号为 i,结点容积为 V,按式(3-25)的定义可知通过该空腔流入和其连接的各连接管段的总流量为 $\overline{q}_i$,对于空腔本身流动应满足连续性条件,有

$$\overline{q}_i = -\frac{V}{a^2} \cdot j \cdot \omega \cdot p_i \tag{3-26}$$

对式(3-25)作移项合并处理,并令

$$\widetilde{k}_{ii} = \widetilde{k}_{ii} + \frac{V}{a^2} \cdot j \cdot \omega \tag{3-27}$$

$\tilde{k}_{ii}$ 为 $\tilde{K}$ 矩阵的第 i 个对角元元素,这相当于将空腔容器并入系统内部。采用以上的这种处理方法,使得再复杂的管路系统处理起来也非常简单,且非常容易采用计算机编程。

3. 复杂多分支传压管路的频率响应函数

考虑有 n 个结点的管路系统,其中前 p 个为测压点,q 个管路内部结点,最后为传感器连接点并以此作为编号顺序。由以上方法组装得到总刚度阵并对结点进行处理后,在对系统总刚度矩阵进行分块,有:

$$\begin{bmatrix} K_{p\times p} & K_{p\times q} & K_{p\times 1} \\ K_{q\times p} & K_{q\times q} & K_{q\times 1} \\ K_{1\times p} & K_{1\times q} & K_{1\times 1} \end{bmatrix} \begin{Bmatrix} P_p \\ P_q \\ P_S \end{Bmatrix} = \begin{Bmatrix} Q_p \\ Q_q \\ Q_S \end{Bmatrix} \qquad (3-28)$$

式中,$K_{i\times j}$ 表示 $i\times j$ 阶矩阵;P_i 和 Q_i 为 i 维向量,分别表示结点的压力和流入结点的总流量;下标 S 特指压力传感器,显然,对于内部结点和传感器连接点的相应流量应为 0,故有

$$\begin{bmatrix} K_{p\times p} & K_{p\times q} & K_{p\times 1} \\ K_{q\times p} & K_{q\times q} & K_{q\times 1} \\ K_{1\times p} & K_{1\times q} & K_{1\times 1} \end{bmatrix} \begin{Bmatrix} P_p \\ P_q \\ P_S \end{Bmatrix} = \begin{Bmatrix} Q_p \\ 0 \\ 0 \end{Bmatrix} \qquad (3-29)$$

由式(3-29)展开可得以下两个有用的方程:

$$K_{q\times p}P_p + K_{q\times q}P_q + K_{q\times 1}P_S = 0 \qquad (3-30)$$

$$K_{1\times p}P_p + K_{1\times q}P_q + K_{1\times 1}P_S = 0 \qquad (3-31)$$

由式(3-30)得

$$P_q = -K_{q\times q}^{-1}(K_{q\times p}P_p + K_{q\times 1}P_S) \qquad (3-32)$$

代入式(3-31)得

$$K_{1\times p}P_p - K_{1\times q}K_{q\times q}^{-1}(K_{q\times p}P_p + K_{q\times 1}P_S) + K_{1\times 1}P_S = 0 \qquad (3-33)$$

即

$$(K_{1\times p} - K_{1\times q}K_{q\times q}^{-1}K_{q\times p})P_p + (K_{1\times 1} - K_{1\times q}K_{q\times q}^{-1}K_{q\times 1})P_S = 0 \quad (3-34)$$

得：

$$P_S = -(K_{1\times 1} - K_{1\times q}K_{q\times q}^{-1}K_{q\times 1})^{-1}(K_{1\times p} - K_{1\times q}K_{q\times q}^{-1}K_{q\times p})P_p \quad (3-35)$$

记：

$$H(\omega) = H_{1\times p}(\omega) = -(K_{1\times 1} - K_{1\times q}K_{q\times q}^{-1}K_{q\times 1})^{-1}(K_{1\times p} - K_{1\times q}K_{q\times q}^{-1}K_{q\times p})$$

$$(3-36)$$

得到的 $H(\omega)$ 为一 p 维的行向量。它实际上代表一 p 个输入、一个输出系统的频率响应函数。当系统的测压点变为一个时，管路退化为图 3-1 的链状管路。通常用于气动平均测量的传压管路都是平行对称的(指每一路连接测压孔到传感器的管路参数都一样)，在这种情况下式(3-36)中的各个元素都是一致的，设为 $h(\omega)/p$，则有：

$$P_S = \left[\frac{1}{p}h(\omega) \quad \frac{1}{p}h(\omega) \quad \cdots \quad \frac{1}{p}h(\omega)\right] = h(\omega)\frac{1}{p}[1 \quad 1 \quad \cdots \quad 1]P_p$$

$$(3-37)$$

而式中 $P_a(\omega) = \frac{1}{p}[1 \quad 1 \quad \cdots \quad]P_p$ 表示要测气动参数 $\frac{1}{p}\sum\limits_{i=1}^{p}p_i(t)$ 的傅里叶变换，它和传感器测出压力信号的傅里叶变换有直接的关系：

$$P_S(\omega) = h(\omega)P_a(\omega) \quad (3-38)$$

通过传感器测出压力信号可以得到待测的气动参数 $\frac{1}{p}\sum\limits_{i=1}^{p}p_i(t)$ 的傅里叶变换 $P_a(\omega)$，这也正是动态气动平均测试方法的理论依据，它同时也是静态气动平均测试方法的依据(当 $\omega = 0$ 时，$h(\omega) = 1$)。正是由于 $h(\omega)$ 的存在，会对待测的气动平均动态信号产生影响，故对于测到的压力信号应考虑采用以下公式进行修正：

$$P_a = \frac{P_S}{h(\omega)} \quad (3-39)$$

脉动风压一般为平稳的随机过程，只能计算其功率谱密度，相应地可对测到信号的功率谱密度进行修正。

$$S_{P_a}(\omega) = \frac{S_{P_S}(\omega)}{|h(\omega)|^2} \qquad (3-40)$$

问题的关键是求系统的 $h(\omega)$，当然可以考虑采用试验的方法直接测出管路系统的 $h(\omega)$，并且采用试验的方法作为一种验证理论计算是否正确也是非常重要的。

3.2.4　测压管路系统的优化设计分析

应该设法寻找一种这样的管路参数，它能使得在一定的低频范围内，使式 (3-40) 中的 $|h(\omega)|^2$ 接近常数且等于 1，这样测到的信号可以认为完全没有畸变就是所要的待测信号。

脉动风压测量中，要求在一定的低频范围内，传压管路的幅频曲线非常平坦，理想情况要求 $|h(\omega)| \equiv 1$，这时，压力信号的传递完全没有畸变。由以上分析可见，管路的频响特性直接取决于构成管路的各管段的管长和直径。

1. 目标函数

顾及函数的可微性，构造目标函数为

$$f(x) = \frac{1}{\omega_0} \int_0^{\omega_0} (|h(\omega)| - 1)^2 \, d\omega \qquad (3-41)$$

式 (3-41) 反映频响函数的幅频 $|h(\omega)|$ 偏离 1 的程度，它反映所选用传压管路的品质，其中 x 为设计变量，记：

$$x = [l_1, l_2, \cdots, l_n, d_1, d_2, \cdots, d_n]^{\mathrm{T}} \qquad (3-42)$$

其中，l_i 和 $d_i(i = 1, 2, \cdots, n)$ 分别为平行测压管路各级中管段的管段长度和内径；n 为构成传压管路的级数（$n \geqslant 2$）；$\omega_0 = 2\pi f_0$；f_0 为试验所关注脉动风压信号的最大频率。问题归结为求以下有约束的非线性规划问题：

$$\min f(l_1, l_2, \cdots, l_n, d_1, d_2, \cdots, d_n) \qquad (3-43a)$$

约束条件为

$$\begin{cases} l_i \geqslant 0 \\ l_1 + l_2 + \cdots + l_n = L \\ d_i^L \leqslant d_i \leqslant d_i^U \end{cases} \qquad (3-43b)$$

其中,L 为所需的传压管道的总长度;d_i^L 和 d_i^U 为第 i 个管段管径所允许的上下界。为了方便起见,计算中通常取下界为 0.01。也可单独取管段长度或管内径作为设计变量进行计算。按以上的要求并由式(3-41)可见,应该期望在式(3-43b)的约束下,使式(3-43a)尽可能接近于 0。

优化设计一般均采用灵敏度信息的优化算法,尤其在管路较为复杂的情况下,其效率在很大程度上直接取决于灵敏度分析的计算效率和精度,在理想情况下期望能得到目标函数对各设计变量灵敏度的解析表达式。

2. 灵敏度分析

1) 目标函数对设计变量的导数

由目标函数的定义,有

$$\frac{\partial f(x)}{\partial x_i} = \frac{1}{\omega_0} \int_0^{\omega_0} \frac{1}{|h(\omega)|} (|h(\omega)| - 1) \left(\frac{\partial h(\omega)}{\partial x_i} h^*(\omega) + h(\omega) \left(\frac{\partial h(\omega)}{\partial x_i} \right)^* \right)$$

(3-44)

而对于平行的测压管路,有

$$h(\omega) = H(\omega) \begin{bmatrix} 1 & 1 & \cdots & 1 \end{bmatrix}^T$$

(3-45)

故

$$\frac{\partial h(\omega)}{\partial x_i} = \frac{\partial H(\omega)}{\partial x_i} \begin{bmatrix} 1 & 1 & \cdots & 1 \end{bmatrix}^T$$

(3-46)

由以上分析,令

$$X = K_{1 \times 1} - K_{1 \times q} K_{q \times q}^{-1} K_{q \times 1}$$

(3-47)

$$Y = K_{1 \times p} - K_{1 \times q} K_{q \times q}^{-1} K_{q \times p}$$

(3-48)

则

$$H(\omega) = -\frac{Y}{X}$$

(3-49)

注意 X 只是一代数量,不是矩阵,故有

$$\frac{\partial H(\omega)}{\partial x_i} = \frac{\frac{\partial X}{\partial x_i} Y - X \frac{\partial Y}{\partial x_i}}{X^2}$$

(3-50)

为了简化,以下推导过程略去 x_i 的下标,其中

$$\frac{\partial X}{\partial x} = \frac{\partial K_{1\times 1}}{\partial x} - \frac{\partial}{\partial x}\big[K_{1\times q}K_{q\times q}^{-1}K_{q\times 1}\big]$$

$$= \frac{\partial K_{1\times 1}}{\partial x} - \left(\frac{\partial K_{1\times q}}{\partial x}K_{q\times q}^{-1}K_{q\times 1} + K_{1\times q}\frac{\partial K_{q\times q}^{-1}}{\partial x}K_{q\times 1} + K_{1\times q}K_{q\times q}^{-1}\frac{\partial K_{q\times 1}}{\partial x}\right)$$

$$= \frac{\partial K_{1\times 1}}{\partial x} - \left(\frac{\partial K_{1\times q}}{\partial x}K_{q\times q}^{-1}K_{q\times 1} - K_{1\times q}K_{q\times q}^{-1}\frac{\partial K_{q\times q}}{\partial x}K_{q\times q}^{-1}K_{q\times 1} + K_{1\times q}K_{q\times q}^{-1}\frac{\partial K_{q\times 1}}{\partial x}\right)$$

$$(3-51)$$

$$\frac{\partial Y}{\partial x} = \frac{\partial K_{1\times p}}{\partial x} - \frac{\partial}{\partial x}\big[K_{1\times q}K_{q\times q}^{-1}K_{q\times p}\big]$$

$$= \frac{\partial K_{1\times p}}{\partial x} - \left(\frac{\partial K_{1\times q}}{\partial x}K_{q\times q}^{-1}K_{q\times p} - K_{1\times q}K_{q\times q}^{-1}\frac{\partial K_{q\times q}}{\partial x}K_{q\times q}^{-1}K_{q\times p} + K_{1\times q}K_{q\times q}^{-1}\frac{\partial K_{q\times p}}{\partial x}\right)$$

$$(3-52)$$

记总刚度阵对 x 的导数为 L,即

$$L = \frac{\partial \widetilde{K}}{\partial x} \qquad (3-53)$$

则有

$$\frac{\partial X}{\partial x} = L_{1\times 1} - (L_{1\times q}K_{q\times q}^{-1}K_{q\times 1} - K_{1\times q}K_{q\times q}^{-1}L_{q\times q}K_{q\times q}^{-1}K_{q\times 1} + K_{1\times q}K_{q\times q}^{-1}L_{q\times 1})$$

$$(3-54)$$

$$\frac{\partial Y}{\partial x} = L_{1\times p} - (L_{1\times q}K_{q\times q}^{-1}K_{q\times p} - K_{1\times q}K_{q\times q}^{-1}L_{q\times q}K_{q\times q}^{-1}K_{q\times p} + K_{1\times q}K_{q\times q}^{-1}L_{q\times p})$$

$$(3-55)$$

由以上两式可见问题转化成总刚度矩阵及其对设计变量的导数。由于总刚度阵系由各管段的单元刚度阵拼装而成,故问题进一步转化为求单元刚度阵对设计变量的导数。

2) 直管端单元矩阵对设计变量的导数

由式(3-24)得:

$$\frac{\partial K_p^e}{\partial x} = -\frac{\dfrac{\partial(Z_c(s)\sinh\Gamma(s))}{\partial x}\begin{bmatrix}\cosh\Gamma(s) & -1 \\ -1 & \cosh\Gamma(s)\end{bmatrix} - Z_c(s)\sinh\Gamma(s)\begin{bmatrix}\sinh\Gamma(s) & 0 \\ 0 & \sinh\Gamma(s)\end{bmatrix}\dfrac{\partial\Gamma(s)}{\partial x}}{(Z_c(s)\sinh\Gamma(s))^2}$$

$$= -\frac{\sinh\Gamma(s)\begin{bmatrix}\cosh\Gamma(s) & -1 \\ -1 & \cosh\Gamma(s)\end{bmatrix}\dfrac{\partial Z_c(s)}{\partial x} - Z_c(s)\begin{bmatrix}-1 & \cosh\Gamma(s) \\ \cosh\Gamma(s) & -1\end{bmatrix}\dfrac{\partial\Gamma(s)}{\partial x}}{(Z_c(s)\sinh\Gamma(s))^2} \tag{3-56}$$

注意当所取设计变量和单元无关时,上式为零矩阵。变量 x 实际代表管段长 l 或管段内径 d,由于 $Z_c(s)=\sqrt{Z(s)/Y(s)}$,$\Gamma(s)=l\chi(s)=l\sqrt{Z(s)Y(s)}$,而 $Z(s)$ 和 $Y(s)$ 均和 l 无关,所以

$$\frac{\partial\Gamma(s)}{\partial l}=\chi(s),\quad \frac{\partial Z_c(s)}{\partial l}=0 \tag{3-57}$$

$$\frac{\partial\Gamma(s)}{\partial d}=\frac{l}{2\sqrt{Z(s)Y(s)}}\left(Z(s)\frac{\partial Y(s)}{\partial d}+\frac{\partial Z(s)}{\partial d}Y(s)\right) \tag{3-58}$$

$$\frac{\partial Z_c(s)}{\partial d}=\frac{1}{2}\sqrt{\frac{Y(s)}{Z(s)}}\left(\frac{1}{Y(s)}\frac{\partial Z(s)}{\partial d}-\frac{Z(s)}{Y^2(s)}\frac{\partial Y(s)}{\partial d}\right) \tag{3-59}$$

而由式(3-7)和式(3-8)可得:

$$\frac{\partial Z(s)}{\partial d}=-\frac{\rho_0 s}{r_0 A}\left[\frac{I_1\left[r_0\sqrt{\dfrac{s}{\nu_0}}\right]}{I_2\left[r_0\sqrt{\dfrac{s}{\nu_0}}\right]}\right]^2 \tag{3-60}$$

$$\frac{\partial Y(s)}{\partial d}=\frac{As}{\rho_0 a_0^2 r_0}\left\{\gamma-(\gamma-1)\left[\frac{I_1\left[r_0\sqrt{\dfrac{\sigma_0 s}{\nu_0}}\right]}{I_0\left[r_0\sqrt{\dfrac{\sigma_0 s}{\nu_0}}\right]}\right]^2\right\} \tag{3-61}$$

3. 优化算例

分析图 3-6 所示的多路集管测压管系,管路分为 3 级,并假定连接管路的 4

个集管器的容积为 550 mm^3,且假定传感器内部的空腔容积为 30 mm^3,为保证管路的平行对称性,规定各级内的管段的长度和管径均一致。取各级内的管路管径和管长为设计变量,管路管径上限取为 2 mm,根据自然风的卓越周期和模型的缩尺比决定一般试验所需的信号采样频率应在 100~300 Hz,取 $f_0 = 200$ Hz。图 3-6 所示,取图中第 1 级、2 级、3 级管段的管路长度 200 mm、200 mm、1 000 mm,管径均取为 1.5 mm 作为迭代初值进行计算,计算得到的最优解的各级管路长度为 288.622、438.557、672.820,相应的管内径为 1.525、0.766、0.918。图 3-7 所示是对应初值(虚线)和最优方案(实线)管系的幅频曲线。

采用以上算法同样可以对常规测压试验的管路(图 3-1)进行管路的优化设计。

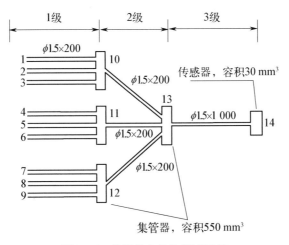

图 3-6　待优化 9/3/1 管路系统

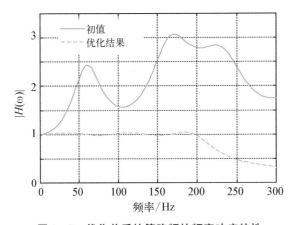

图 3-7　优化前后的管路频的频率响应特性

3.3 模 态 力 测 试

3.3.1 高频底座测力天平基本原理

高频底座天平理论都是基于运动方程

$$m_p \ddot{\xi} + c_p \dot{\xi} + k_p \xi = P(t) \tag{3-62}$$

$$m_p = \sum_i \phi_i^2 m_i \tag{3-63}$$

$$k_p = (2\pi f_0)^2 m_p \tag{3-64}$$

$$P = \sum_i \phi_i F_i \tag{3-65}$$

式中，m_i、ϕ_i 和 F_i 分别是第 i 层的质量、振型和气动力，高频天平技术假定振型是理想振型，对侧移模态振型是线性的；$\phi_i = \alpha z_i$，$z_i =$ 离地高度。将振型归一化，如取 $\alpha = 1/H$，则

$$P(t) = \sum_i \frac{1}{H} F_i(t) z_i = \frac{1}{H} M^I(t) \tag{3-66}$$

对扭转模态振型取为常量，如取 $\phi_i = 1$，则

$$P_\theta(t) = \sum_i F_{\theta i}(t) = M_\theta^I(t) \tag{3-67}$$

式中，$M^I(t)$ 和 $M_\theta^I(t)$ 分别是输入荷载的基底弯矩和扭矩。基于理想振型的假设，使得用高频底座天平就可直接测出气动基底弯矩 $M^I(t)$ 和扭矩 $M_\theta^I(t)$，也即获得了结构的广义荷载，根据随机振动理论可很方便地计算结构的响应，包括位移、应变、内力、加速度等多种形式。将式(3-62)改写为

$$\ddot{\xi} + 2\zeta\omega_0 \dot{\xi} + \omega_0^2 \xi = \frac{P(t)}{m_p} \tag{3-68}$$

其中，$\omega_0 = \sqrt{k_p/m_p}$ 是结构的固有频率；$\zeta = c_p/2\sqrt{m_p k_p}$ 是临界阻尼比。按振型叠加法，第 i 层的位移 δ_i 为

$$\delta_i(t) = \phi_i \xi(t) \tag{3-69}$$

定义广义响应荷载：

$$p(t) = k_p \xi(t) \tag{3-70}$$

则其功率谱密度函数为

$$S_p(f) = \mid H(f) \mid^2 S_p(f) \tag{3-71}$$

由上分析,可得基底弯矩响应的功率谱密度函数为

$$S_{M^O}(f) = \mid H(f) \mid^2 S_{M^I}(f) \tag{3-72}$$

其均方值为

$$\sigma_{M^O}^2 = \int_0^{+\infty} \mid H(f) \mid^2 S_{M^I}(f) \mathrm{d}f \tag{3-73}$$

总的基底弯矩响应:

$$\hat{M}^O = \overline{M}^O + g_p \sigma_{M^O} \tag{3-74}$$

式中,g_p 为峰值因子,取

$$g_p = \sqrt{2\ln(f_0 T)} + \frac{0.577\,2}{\sqrt{2\ln(f_0 T)}} \tag{3-75}$$

T 取规范中的平均时距(如 10 min),$\overline{M}^O$ 为静态分量由天平直接测出。和以下一般的基底弯矩不同

$$\begin{cases} \hat{M}^I = \overline{M}^I + g_p^I \sigma_{M^I} \\ \sigma_{M^I}^2 = \int_0^{+\infty} S_{M^I}(f) \mathrm{d}f \end{cases} \tag{3-76}$$

基底弯矩响应考虑了结构振动的影响,可以作为设计时的等效荷载,和 g_p 不同,g_p^I 根据 $M^I(t)$ 的分布规律选取,通常认为其分布为高斯过程,可取

$$g_p^I = 2.5 \sim 3.5$$

由式(3-73),采用近似方法计算,可得

$$\sigma_{M^O}^2 = \sigma_{M^I}^2 + \frac{\pi f_0}{4\zeta} S_{M^I}(f_0)$$
$$= \sigma_{M^I}^2 \left(1 + \frac{\pi}{4} \frac{1}{\zeta} \frac{f_0 S_{M^I}(f_0)}{\sigma_{M^I}^2}\right) \tag{3-77}$$

有了广义响应荷载后,可以非常方便地计算出所需的位移、荷载和结构顶部的加速度。

3.3.2　广义力测试的误差分析

由以上关系尤其是式(3-77)可见,分析中各响应量均和 $S_{M^I}(f_0)$ 有直接的关系,故广义力的在 f_0 处的功率谱的精度将直接影响到整个测试分析的精度。

重新假设结构的广义力功率谱密度函数为 $S_M(f)$,在测量中由于天平模型系统自身为一弹性系统,实际测得的广义力谱密度函数为

$$S_{M^D}(f) = S_M(f) \mid H(f) \mid^2 \tag{3-78}$$

式中, $H(f)$ 为天平模型系统的频率响应函数,如果天平模型系统的固有频率足够高,则在一定的低频带宽内可以认为

$$S_M(f) \approx S_{M^D}(f) \tag{3-79}$$

但应用中,由天平模型构成的系统的基阶固有频率均相对较低,这就会导致在感兴趣的频段内被测信号发生畸变。在这时取上式近似会有较大的误差,由式(3-78)可得在任一频率 f 处的功率谱密度的误差为

$$e_0(f) = \left| \frac{S_{M^D}(f)}{S_M(f)} - 1 \right| \times 100\% = \mid \mid H(f) \mid^2 - 1 \mid \times 100\% \tag{3-80}$$

$H(f)$ 直接取决于天平模型系统的模态参数,如果采用一定测试方法测出天平模型系统的模态参数,则可以采用测得的 $H(f)$,并由式(3-78)对测试的功率谱密度进行修正得到

$$S_M(f) = \frac{S_{M^D}(f)}{\mid H(f) \mid^2} \tag{3-81}$$

当 $H(f)$ 十分准确时,以上得到的是一个理想的精确结果。但实际上测量难免存在误差等方面的因素,得到的只能是一个近似结果,上式写成:

$$\hat{S}_M(f) = \frac{S_{M^D}(f)}{\mid \hat{H}(f) \mid^2} = \frac{\mid H(f) \mid^2 S_M(f)}{\mid \hat{H}(f) \mid^2} = \frac{\mid H(f) \mid^2}{\mid \hat{H}(f) \mid^2} S_M(f) \tag{3-82}$$

在这种情况下,最终在任一频率 f 处的功率谱密度的误差为

$$e(f) = \left| \frac{\hat{S}_M(f)}{S_M(f)} - 1 \right| \times 100\% = \left| \frac{\mid H(f) \mid^2}{\mid \hat{H}(f) \mid^2} - 1 \right| \times 100\% \tag{3-83}$$

对于单自由度系统,有

$$|H(f)|^2 = \frac{1}{\left(1 - \left(\frac{f}{f_0}\right)^2\right)^2 + \left(2\zeta\frac{f}{f_0}\right)^2} \quad (3-84)$$

式中，f_0、ζ 分别为系统的固有频率和模态阻尼比。设由于测量等因素造成 f_0、ζ 的误差分别为 e_f、e_ζ，则

$$|\hat{H}(f)|^2 = \frac{1}{\left(1 - \left(\frac{f}{(1+e_f)f_0}\right)^2\right)^2 + \left(2(1+e_\zeta)\zeta\frac{f}{(1+e_f)f_0}\right)^2} \quad (3-85)$$

有

$$e(f) = \left| \frac{\left(1 - \left(\frac{f}{(1+e_f)f_0}\right)^2\right)^2 + \left(2(1+e_\zeta)\zeta\frac{f}{(1+e_f)f_0}\right)^2}{\left(1 - \left(\frac{f}{f_0}\right)^2\right)^2 + \left(2\zeta\frac{f}{f_0}\right)^2} - 1 \right| \times 100\%$$

$$(3-86)$$

在以上诸式中，式(3-80)的 $e_0(f)$ 表示不修正时由于系统频率响应所造成的广义力功率谱密度的误差，式(3-86)表示修正后的误差，从该式中可见误差主要取决于模态参数的测试误差。

通常风洞实验的天平模型的模态阻尼比在 0.02 左右，在不做修正的情况下的误差见图 3-8 所示，其中，系统的模态阻尼比取 0.01～0.2，这个范围基本覆盖了可能的所有情况。由图中可以看到，如果不修正的话，在比较宽天平模型的模态阻尼比范围内，测量均有很大的误差，当信号频率为 1/2 系统固有频率 f_0

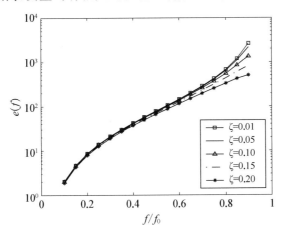

图 3-8　不同系统阻尼比在不修正时的功率谱密度函数的测量误差

时,这种误差可达到 70% 以上;即使在 $0.3f_0$ 处,误差仍有 20%;而这个频率值往往已落入所需的试验工作频率范围,在这种情况下为了减少误差,风洞试验时,不得不降低试验风速,但风速降低意味着信噪比也降低了。

采用式(3-81)的修正方法,设天平模型系统的模态参数的测量误差分别为 $e_f = 1\%$ 和 $e_\zeta = 5\%$,则其最终的测量误差见图 3-9。从图中可以看到,对应的误差大大降低,对应 $0.5f_0$ 处,误差只有 1.5% 左右;而在 $0.3f_0$ 处,误差小于 0.5%,即使在接近共振的 $0.8f_0$ 处,误差也小于 8%。

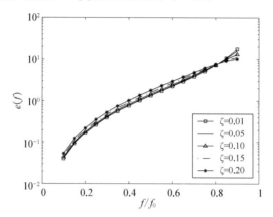

图 3-9 在较高模态参数估计精度时修正的误差

考虑到更为复杂的因素,如可能的气动阻尼[注]等,导致模态参数估计的误差加大,取 $e_f = 1\%$、$e_\zeta = 25\%$,对应的误差分布见图 3-10。由图中可见,在所

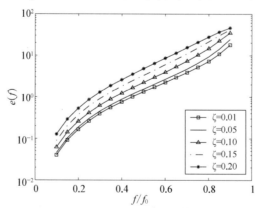

图 3-10 在较低模态参数估计精度时修正的误差

[注] 模型和天平本身构成一弹性系统,在风作用下也会发生振动响应,其中也可能会有隐含的气动阻尼问题。

讨论的阻尼比范围内,对应 $0.5f_0$ 处,误差为 $1.3\%\sim4\%$;在 $0.3f_0$ 处,误差为 $0.4\%\sim1.2\%$。在这种情况下,其测量分析的精度仍远远高于没有修正的简单处理情况。

将以上三种情况在不同频段的误差值范围相比较列于表 3-1。由表中可见,只要采用修正方法,即使测试的模型天平系统的模态参数估测误差较大,最终的测量分析误差仍要比简单的没有修正情况小得多,故应用中应尽可能采用修正的方法。

表 3-1　不同模态参数估计误差对测量误差的影响

频率比(f/f_0)	0.1	0.2	0.3	0.4	0.5	0.6	0.7	0.8
无修正	2	7.7~8.5	19~21	38~42	68~78	119~144	207~285	366~671
高精度模态参数修正 $e_f=1\%$、$e_\xi=5\%$	0.04~0.05	0.16~0.21	0.39~0.5	0.75~1.0	1.32~1.76	2.23~2.95	3.82~4.80	7.13~7.54
低精度模态参数修正 $e_f=1\%$、$e_\xi=25\%$	0.04~0.12	0.16~0.52	0.39~1.29	0.75~2.58	1.32~4.76	2.24~8.5	3.86~15.25	7.22~27.45

3.3.3　应用

本研究应用以上方法对测得的模态力功率谱进行修正。应用中,在模型安装完毕以后,采用敲击法测出天平的衰减输出信号后,由该信号的功率谱密度的某一峰值附近可以采用拟合方法算出天平的模态参数,设某一峰值对应分量的固有频率和阻尼比为 f_0 和 ζ,则峰值附近的功率谱可以写成

$$S(f) = \frac{A}{(f^2 - f_0^2)^2 + (2\zeta f_0 f)^2} = \frac{1}{ax^2 + bx + c} \qquad (3-87)$$

式中,

$$x = f^2, \quad a = \frac{1}{A}, \quad c = \frac{f_0^4}{A}, \quad b = \frac{2(2\zeta^2 - 1)f_0^2}{A} \qquad (3-88)$$

将(3-87)写成

$$ax^2 + bx + c = \frac{1}{S(f)} \qquad (3-89)$$

由上式可以拟合出 a、b、c 三个系数,有

$$A = \frac{1}{a}, \quad f_0 = \sqrt[4]{\frac{c}{a}}, \quad \zeta = \sqrt{\frac{1}{2} + \frac{b}{4\sqrt{ac}}} \qquad (3-90)$$

图 3-11 所示为模型天平 M_x 分量敲击信号的功率谱密度函数,由以上拟合公式算出其固有频率为 121.31 Hz,模态阻尼比为 0.017。图 3-12 所示为模型天平 M_y 分量敲击信号的功率谱密度函数,算出的相应固有频率为 111.18 Hz,模态阻尼比为 0.022。

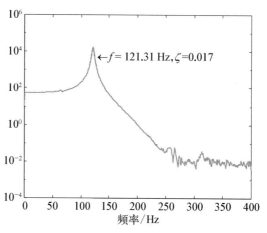

图 3-11　天平模型系统 M_x 分量敲击衰减信号的功率谱密度函数

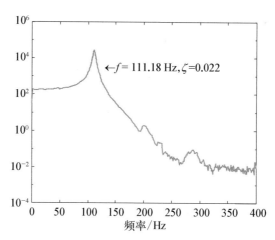

图 3-12　天平模型系统 M_y 分量敲击衰减信号的功率谱密度函数

需要指出的是,测试系统的模态参数和天平模型的安装的松紧程度有关,不

同安装系统的模态参数极有可能不一致,所以一旦模型拆掉重新安装,必须重新测试系统的模态参数。根据测得的系统模态参数,风洞试验中在测出广义力的功率谱后可以根据式(3-81)对其进行修正。图 3-13 和图 3-14 所示分别为修正前后无因次横风向和顺风向倾覆弯矩功率谱密度函数的比较,其中虚线为未修正的功率谱密度,实线为修正后的功率谱密度。

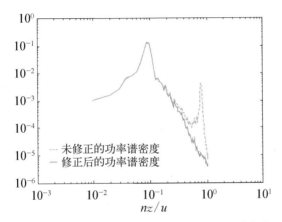

图 3-13 修正前后无因次横风向倾覆弯矩功率谱密度函数

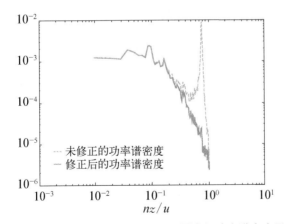

图 3-14 修正前后无因次顺风向倾覆弯矩功率谱密度函数

应当指出的是,常规采用滤波的方法在本质上只是对被测信号作了频率截断,在截止频率以内的信号畸变并没有被消除,所以以上所分析的误差依然存在,且对于基阶频率较高的高层建筑,常规试验风速的风洞试验可能会出现结构基阶频率超出滤波频率的情况,在这种情况下,不得不降低试验风速,同时,信噪比也就降低了。采用修正方法的另一优点是拓宽了被测信号有效频率的带宽,故在频率符合要求的条件下,风洞试验时可适当提高试验风速以提高信号的信噪比。

3.4 本章小结

本章分析了脉动风压测试连接管路所致和高频底座动态力天平测试中由于系统动力放大所致的信号畸变问题。

(1)利用高精度的流体管道耗散模型,建立起等截面管段左、右端流动参数的简明关系,进而用传递矩阵方法和刚度阵方法建立起计算测压管路的频率响应特性的计算方法,并做了试验验证。

(2)提出了控制管路频率响应品质的目标函数,分析了影响管路频率响应品质的管路参数的灵敏度,在此基础上做了优化设计计算。

(3)应用这种方法可以精确分析测压管路的动态特性,并可实际应用于修正多路脉动风压测试中的信号畸变。

(4)定量分析了力天平系统由于动力放大所致模态力功率谱密度函数的测量误差,给出了一种简单可行的系统参数估计和相应的修正方法,分析结果表明采用修正方法即使在系统模态参数估计存在较大误差的情况下,测试误差仍要远比没有修正的好。

(5)采用修正的方法拓宽了被测信号有效频率的带宽,在频率符合要求的条件下,风洞试验时,可适当提高试验风速以提高信号的信噪比,从而提高测量精度。

限于篇幅和本书的主要目的是集中在对干扰问题的研究上,故在本章中对传压管路的信号畸变分析上只给出一些基本的理论关系和最为典型的结果。在本章研究中,还较为详细地用数值方法仿真分析了脉动测压中单采用的一些抑制信号畸变措施(如阻尼器等)的效果,对不同方法存在的测量误差也作了定量分析,这些结果在本章研究过程中已总结并分别发表于《同济大学学报》和《应用力学学报》。

第4章
群体高层建筑风致干扰试验分析软件

4.1 概　　述

本研究遇到海量试验数据的分析和管理问题,全部有效数据有 7 400 多种工况,共采集了 12 GB 的实验原始数据。为避免最终被淹没在海量的试验数据中,并能从中提取出真正有用的信息,必须要有一个十分有效的数据分析手段,同时对分析出的数据结果进行有序的归类、存取,以便于进一步检索分析用,故研制一个高效快捷的先进数据分析处理系统是整个研究的重要基础。

4.2 软 件 功 能

4.2.1 基本编程策略和流程

1. 基本编程策略

基于 Windows 平台,编写了针对研究所用的专用分析软件。在软件开发过程中,充分发挥操作系统本身的资源优势,并利用不同编程语言的优点和功能,集成开发了一个高效实用的风致干扰试验分析系统。软件的主界面用 Visual Basic 实现,在该系统的开发编制中实现了本书第 3 章所述的天平测力信号转换以及脉动风压的功率谱分析和信号的修正功能;对涉及大量数字计算的数字信号处理部分,采用 Fortran 语言编写的动态链接库,以提高数据分析计算的速度;采用数据库技术管理基本分析结果,采用的是 Access 数据库对各种工况下的分析结果进行有序存放以便进一步检索和分析;设计专用的检索界面可对任意分析得到的干扰因子数据的分布进行分析,采用神经网络的函数逼近方法对试验数据进行精细化处理,它充分利用神经网络本身具有的优点,对群体建筑风干扰特性进行比较完整的描述和预测;基于 ActiveX 技术利用 Matlab 本身的功能强大的资源实现干扰因子的神经网络分析并实现所有的图形输出工作,大大地减轻了整个软件编制的工作负担,同时也提高了整个开发工作的效率;对于复杂干扰工况,根据神经网络的分析结果,程序可自动生成大量有序的帧图片(构成动画的基本元素),最终生成有助于对试验结果进行直观分析的动画文件。

编程过程中,尽可能采用面向对象技术的处理方法,以提高开发代码的可复用性和软件本身的可靠性。

2. 系统基本流程

整个试验数据分析系统的基本流程见图 4-1。

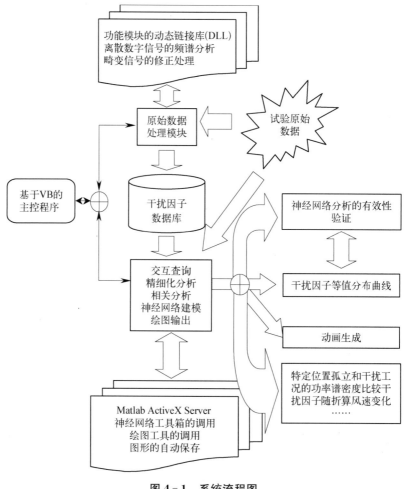

图 4-1　系统流程图

4.2.2　基本界面和功能简介

　　按照图 4-1 所示系统分析计算处理(包括基本试验控制数据的输入)和查询及精细化分析几个部分见图 4-2。

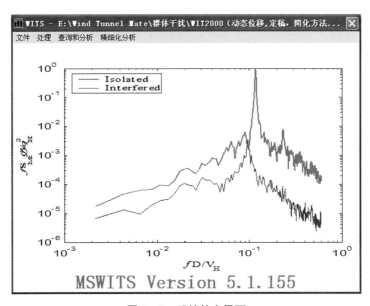

图 4-2　系统的主界面

1. 系统分析计算处理

　　基本试验设定处理,用于输入采样参数设定、模型和对应原型的结构模态参数等,见图 4-3。

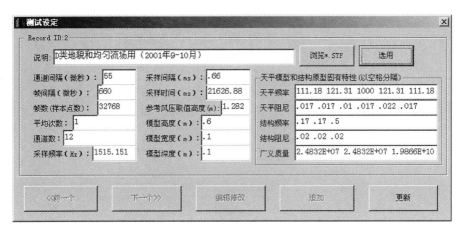

图 4-3　测试设定窗口

各种不同干扰配置的参数设定,见图4-4。

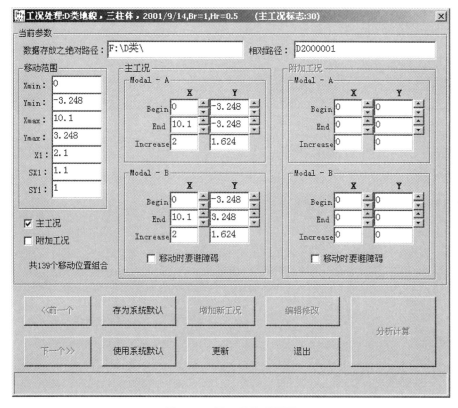

图4-4　各种不同干扰配置的参数设定

对应特定干扰配置的子工况的参数设定,风洞试验中,一种干扰配置有可能不能在一个试验单元完成,需分几个批次、数日才能完成,子工况设置定义了各批次的施扰模型的运动范围,最终采集得到的数据所存放的路径见图4-5。对

图4-5　子工况处理界面

于已经测量的试验批次,在输入所有数据后,点击更新按钮将这些基本数据存入数据库,然后点击分析计算按钮即可实行对所有干扰因子的分析和计算并存入数据库。

2. 查询及精细化分析

提供各种干扰配置下各种干扰因子的查询和快速排序功能,在各种配置工况的运行界面见图 4-6。图中显示双建筑基本干扰配置在 B 类地貌下的试验结果,很容易找到各种不同干扰因子的显著干扰位置,在指定的任意干扰位置上,可以输出各倾覆弯矩或风压测点的功率谱密度函数与其在孤立状态的比较,以便于作进一步的干扰机理分析。图 4-7 为图 4-6 中的功率谱密度比较的图形保存后的直接引用,它基本不用修改即可插入研究报告中。

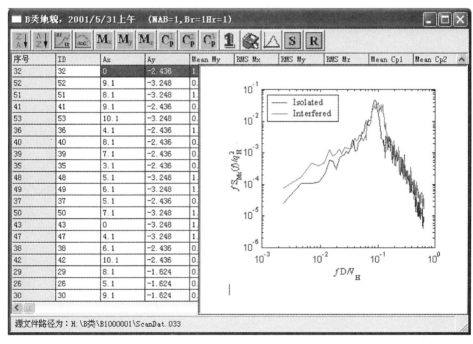

图 4-6　查寻和分析比较窗

精细化分析为本系统的重点,其基本界面如图 4-8 所示,所采用方法将在下面将作重点论述。

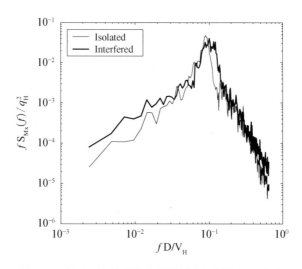

图 4-7 输出示例(受扰建筑横风向倾覆弯矩功率谱
密度函数和其孤立状态的比较)

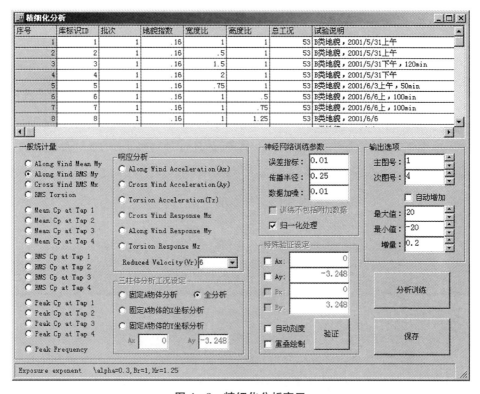

图 4-8 精细化分析窗口

4.3　基于人工神经网络方法的 试验数据精细化处理

神经网络方法出现以来已被广泛地应用于许多领域,近年在土木工程领域的应用研究也显示了该方法的应用潜力和卓越性能,由于神经网络具有很强的学习和映射能力,可以很方便地拟合出许多复杂的非线性关系,解决常规方法所无法处理的一些难点。

图 4-9 所示为对已有实验数据(Bailey & Kwok 1985)采用不同数据处理

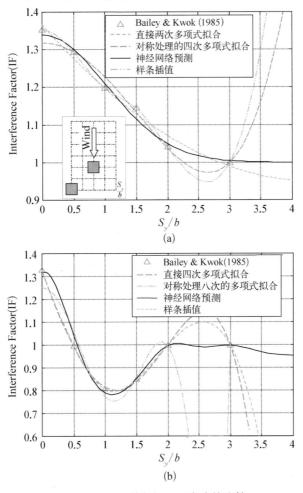

图 4-9　不同的数据处理方式的比较

方式的比较,从中可以看出采用神经网络方法的优点。

本研究利用这种方法对已有配置的试验分析得到的各种干扰配置下的数据进行精细化分析,期望对其他没有进行试验的配置情况也能给出合理的干扰因子建议值。

4.3.1 研究意义

面对考虑多种因素影响工况繁多的干扰因子试验结果,规律的分析和总结是期望用某一种数学函数来描述这种试验结果和不同影响因素之间的函数关系。由于影响因素众多和风致干扰问题本身的复杂性,一般情况下,不可能用函数表达式来精确表示,只能采用某种近似的逼近方法。对于试验数据的分析处理,经典的方法有很多,如多项式函数拟合、最小二乘法、特殊函数插值。经典方法也有一些缺点,比如最简单的插值问题,已知信息是函数在一些点上的值,有些例子显示单变量多项式或三角多项式的Lagrange插值问题是不收敛的。对于考虑多变量因素的多元情形,问题将变得更加复杂,常规方法不一定总有解,而采用神经网络方法可以非常方便地解决这个问题。

神经网络是仿效生物处理模式以获得智能信息处理功能的理论。神经网络着眼于脑的微观网络结构,通过大量神经元的复杂连接,通过自学习、自组织和非线性动力学所形成的并行分布方式,来处理难于语言化的模式信息,其优点和潜在优势可以归结为以下几点:

(1)具有很强的学习和映射能力,可以很方便地拟合出许多复杂的非线性关系,这种特性可以使其用于非线性系统的建模。

(2)具有高度的并行性、信息的隐含分布存储、全局集体作用、高度的容错性和优良的鲁棒性等特性,可以很好地完成对要研究对象的特性进行完整的描述。

(3)具有多输入多输出特性,可以非常方便地处理多因素变化情况,这一点也是常规方法所不具备的。

自1943年第一个神经网络模型即MP模型被提出至今,神经网络的发展十分迅速,特别是1982年提出的Hopfield神经网络模型和1985年Rumelhart提出的反向传播算法BP,使Hopfield模型和多层前馈型神经网络成为用途广泛的神经网络模型,在语音识别、模式识别、图像处理和工业控制等领域的应用颇有成效。近年来,在土木工程领域的应用研究也显示了该方法的应用潜力和卓越性能(Flood & Kartam，1994)。Khanduri 等(1995)和 English 和 Fricke(1999)利用神经网络技术研究双建筑间的干扰效应。傅继阳(2002)利用模糊神经网络方法来预测大跨屋盖结构的平均风压分布特性。

目前,有关神经网络在风工程的应用尚较少。由于神经网络所具有的能力和应用优点,而本章所研究的群体高层建筑之间的风致干扰特性又蕴涵着非常复杂的钝体空气动力学问题,目前风工程界对这其中很多问题的认识依然比较浮浅。借鉴神经网络方法在其他领域成功应用的经验,将其应用于本研究中,期望其能发挥重大的应用价值。

4.3.2　基于径向基函数的神经网络

在神经网络方法研究复苏过程中,BP 网络有着非常重要的作用。现有应用于风工程中的神经网络都是采用这种类型的网络,但 BP 网络在用于函数逼近时,权值的调节是采用负梯度下降法,这种方法有它的局限性,即存在收敛速度慢且容易陷于局部极小的缺点。在本研究中主要采用在逼近能力和学习速度均优于 BP 网络的径向基函数网络。

1. 径向基函数

径向基函数网络中神经元的传递函数采用径向基函数,其结构是钟形,最常用的是高斯函数。关于径向基函数本身,吴宗敏(1998)的综述文献对其有详细的描述,而选择径向基函数可以构造一个比较简单容易用的神经网络。Chen 等(1995)证明了用径向基函数可以简化神经网络的层数,任何过程可以由至多三级径向基函数神经网络逼近。

2. 径向基函数神经网络结构

径向基函数神经网络由三层组成,其结构如图 4-10 所示,输入层节点只传输输入信号到隐层,输出层则采用简单的线性函数。

隐层节点中的传递函数(基函数)对输入信号在局部产生响应,通常采用高斯函数:

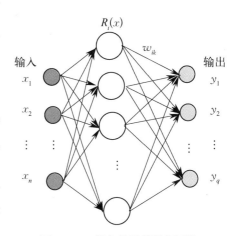

图 4-10　径向基函数神经网络

$$R_i(x) = \exp\left[-\frac{\|x - c_i\|^2}{2\sigma_i^2}\right] \quad i = 1, 2, \cdots, m \qquad (4-1)$$

在式(4-1)中，x 为 n 维输入向量；c_i 为该基函数的中心；σ_i 为第 i 个感知器(神经元)的变量，它决定该基函数的作用区域；m 为神经元的个数。$\|x - c_i\|$ 表示 x 和 c_i 之间的距离；$R_i(x)$ 在 c_i 处有唯一的最大值，随着 $\|x - c_i\|$ 的增大，$R_i(x)$ 迅速衰减到零，这意味着该函数的作用区域是有限的。

在图 4-10 中，输入层实现从 $x \rightarrow R_i(x)$ 的非线性映射，输出层实现从 $R_i(x)$ 到 y_k 的线性映射，即

$$y_k = \sum_{i=1}^{m} w_{ik} R_i(x), \ k = 1, 2, \cdots, q \qquad (4-2)$$

式中，q 为输出节点数。上式采用高斯函数作为基函数，表现形式简单，对于多变量的处理也不会增加太多的复杂性，且函数本身光滑性好，任意阶导数均存在，便于进行理论推导和分析。在式(4-2)中，连接权的学习仍采用 BP 算法。

3. 网络的有效性验证

本研究应用 ActiveX 技术，在基于 Visual Basic 的系统主界面中调用 Matlab 的神经网络工具箱的有关功能。

对试验分析得到的干扰因子作了精细化分析，多数情况精细化分析最终是以二维的干扰因子等值分布曲线形式给出的。由于神经网络的训练结果并非总是令人感到十分的满意，分析过程中，必须对网络训练结果进行某些监控，以保证训练结果的有效性，否则在其等值分布上会出现一些虚假的峰值，不同工况的分析计算和比较也能为一些训练参数的选取积累经验。

图 4-11(a)所示为比较合适的网络训练参数的网络训练结果和试验值("+"号点)的比较，而图 4-11(b)所示为一失败训练结果和试验值("+"号点)的比较。在图 4-11(b)中，尽管在样本点上，训练好的网络逼近得都非常好，但在某些非样本点区域网络所预测的结果明显是错误的，这样的训练结果最终给出的干扰因子等值分布必定也是不对的。

4.3.3 数据的精细化分析

即使是采用更多的试验工况，在所考虑试验建筑的移动范围内所测得的试验数据也是有限的，在保证训练结果的有效性的情况下，采用训练好的神经网络对其他没有实行试验的位置工况进行预测，以期得到较为精细的试验结果。

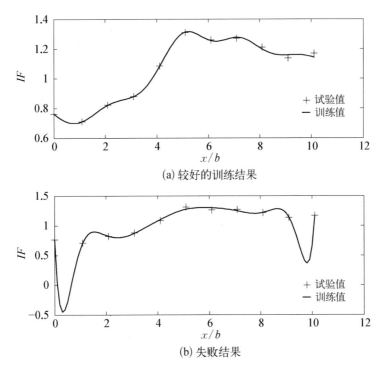

(a) 较好的训练结果

(b) 失败结果

图 4‑11　不同控制参数的训练结果

图 4‑12 所示为双建筑基本方柱配置顺风向 RMS 弯矩干扰因子的等值分布曲线。

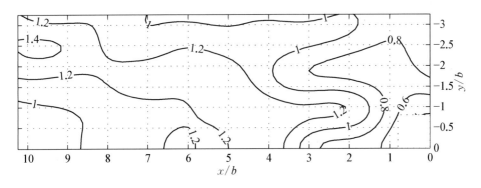

图 4‑12　网络的精细化分析结果示例(双建筑配置)

图 4‑13 所示为考虑更加复杂情况的三建筑配置干扰因子分布曲线(固定一个施扰建筑,考察另外一个施扰建筑在不同间距下对干扰效应的影响)。

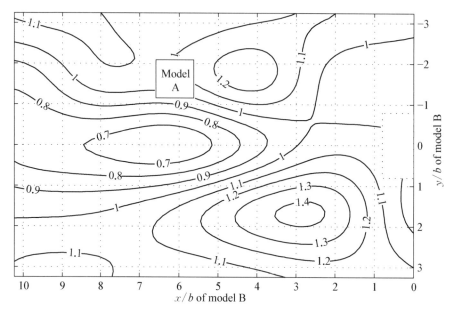

图 4‐13   网络的精细化分析结果示例(三建筑配置)

4.4   动画处理和分析

在考虑三建筑配置的干扰影响时,由于变化因素太多给结果的表示,尤其是整体的分析带来一定的困难。虽然可以采用图 4‐13 的形式,以分步方式表示其干扰效应,但这种方式在分析上并不是十分有效。在神经网络建模的基础上,用动画技术可以较好地解决这个问题。

形成动画的关键是制作大量的帧图片,此项任务在干扰因子分布特征的神经网络模型建立后,由程序自动完成,然后采用动画制作程序快速形成所需的动画。图 4‐14 为本书所作动画文件的一帧,它比图 4‐13 所示方式更加直观(注意两图不是描述同一工况问题)。

在针对三建筑配置的干扰影响结果的分析时,使用这种方法可以快捷地对干扰因子分布特征有更加全面的了解,通过它可以发现一些静态画面没有发现的特性。图 4‐14 与图 4‐13 类似,都是采用固定施扰建筑 A 于某一位置,然后考察另外的施扰建筑 B 位于不同施扰位置时对受扰建筑的干扰影响,不过在动画过程中,采用颜色表示干扰因子更加直观,便于定性的直接快速观察和判断。

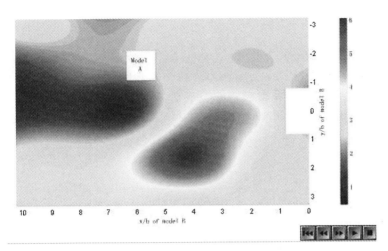

图 4‑14　生成的动画画面

4.5　其他处理分析方法

4.5.1　回归分析

用回归分析方法分析在相同的施扰物理位置上的不同施扰建筑或相同施扰建筑在不同地貌类型下干扰因子分布的相关性,同时得到其相关的统计规律。期望可以由一种或较少工况的数据根据统计规律推广到其他工况情况。图 4‑15 所示为双建筑配置在不同施扰建筑位置在 B、D 地貌类型下顺风向平均静

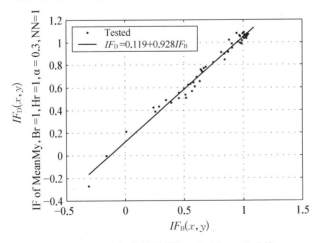

图 4‑15　回归分析示例($\rho=0.99, \varepsilon=0.04$)

力干扰因子取值的分布比较。

图中横坐标为 B 类地貌的顺风向平均干扰因子 $IF_B(x, y)$,纵坐标为 D 类地貌的干扰因子 $IF_D(x, y)$,NN 表示施扰建筑的个数,B_r 和 H_r 分别为施扰和受扰建筑的宽度比和高度比,α 为地貌指数。在回归分析比较图中的 RIF 特指回归的干扰因子。由图可见,两种地貌下的干扰因子数据存在明显的相关性,回归结果得到这两种地貌下的干扰因子分布的回归关系:

$$IF_D = 0.119 + 0.928IF_B \qquad (4-3)$$

两组数据的相关性系数 $\rho = 0.99$,且反映以上线性回归精度的剩余标准差 $\varepsilon = 0.04$。由此,只要提供 B 类地貌下的干扰因子分布,由上式就可推测 D 类地貌下的干扰因子,在这种情况下,可以用最简洁的条文提供对不同情况干扰因子的更为准确的描述。当然使用这种方法的前提是两种数据必须是相关的。

4.5.2　映射分析

并非所有工况间的数据均存在明显的关联性,但经过一些变换后会显示出一定的关联性。如在考虑不同截面宽度的施扰建筑的施扰影响时,其直接的相关分析所显示的结果就较差。例如,考虑 B 类地貌下,比较等高但宽度比 B_r 分别为 1 和 2 的两种施扰建筑的顺风向干扰因子的相关性,其结果见图 4-17。尽管从图中可以发现数据存在一定的线性相关性,但效果并不十分理想。

通过一定的所谓简单的映射变换可以改善以上的回归分析结果。考虑两种

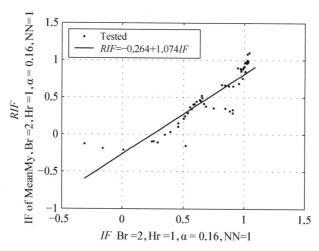

图 4-16　直接回归结果($\varepsilon = 0.173$, $\rho = 0.894$)

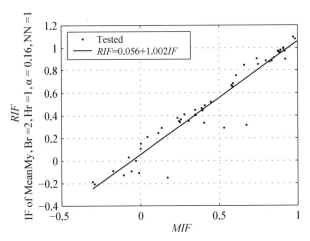

图 4‑17　映射分析结果示例（$\varepsilon=0.107$，$\rho=0.961$）

不同施扰建筑宽度工况，通常其中一种和受扰建筑等宽度的配置作为基本配置情况以下标 b 表示，其位置坐标为 (x_b, y_b)，干扰因子分布用 $F_b(x_b, y_b)$ 表示；另一种的宽度比为 r，其位置坐标为 (x, y)，其干扰因子可考虑采用以下由基本配置的干扰因子分布以映射方式得到的映射干扰因子近似表示：

$$MIF = F_b\left(\frac{x}{r}, \frac{y}{r}\right) \tag{4-4}$$

上式反映了位于 (x, y) 的且宽度比为 r 的施扰建筑的干扰效应和基本配置施扰建筑位于 $(x/r, y/r)$ 的干扰效应相同。考虑宽度比为 2 的配置情况，将根据基本配置映射得到的干扰因子和实际的测量结果比较见图 4‑17，图中 RIF 为映射结果和实际值的回归结果：

$$RIF = 0.056 + 1.002MIF \tag{4-5}$$

由图 4‑16 与图 4‑17 比较可见，映射处理后数据的离散程度 ε 更小，相关性更强（相关系数 ρ 更接近于 1）。且实际上 RIF 基本接近于 1，可见由基本配置 B_r $=1$ 映射得到的 $B_r=2$ 的结果 MIF 和实测结果非常接近，这说明这种方法的有效性和合理性。

4.6　本章小结

本章简要介绍了用于本研究的专用程序的编程策略及实现的主要功能，软件开发和组织过程充分利用现有各方的先进的软件资源，大大地提高了整个编程工作的效率。

（1）开发的系统实现了对常规脉动测压和动态力天平技术测力中信号畸变的修正功能，并分析计算各种被测物理量的干扰因子。

（2）利用数据库管理技术对分析计算得到的不同干扰因子进行了分类有序的管理，为后续的数据分析提供了很大的方便。

（3）人工神经网络所具有的特点和潜在的优势使其能较好地解决常规方法所不能处理的复杂问题，本章采用基于径向基的神经网络方法对试验分析得出的干扰因子进行了精细化处理，预测在一定范围内的更多干扰位置的干扰因子，最终给出各种被测物理量干扰因子的等值分布图。

（4）本书首次将相关分析方法引入到群体高层建筑干扰效应领域的研究，后续的分析将进一步验证这种方法的高度有效性。

（5）本章所简单介绍的程序是完成本书研究的重要基础，在本书研究中发挥着非常重要的作用。

第5章
静力干扰效应

在风致干扰研究中,考虑由于邻近建筑而引起的受扰建筑静力(包括平均风压)变化即所谓静力干扰效应相比较为简单,不同研究所得到的静力干扰效应的变化规律也较为一致,不少文献的总结分析也多以静力干扰效应作为主要的分析目标,如 English 等所做的工作。

已有研究均表明高层建筑的静力干扰效应均表现为"遮挡效应",且建筑物相距越近,遮挡效应越显著。然而静力干扰并非所有情况均体现为遮挡效应,在某些相对位置排列,干扰因子有可能略大于 1。正如 ASCE 规范指出的那样,虽然其他房屋和结构以及地形提供了明显的遮挡,对速度压力也不应折减。对于处于上游障碍物导致的狭管效应或尾流中的房屋和结构,风效应应参考文献或做风洞试验来确定。狭管效应可由地形(如狭管)或建筑(如高层建筑群体)导致。

本章首先讨论结构受扰情况下的静力变化即静态干扰效应的规律。对于静态干扰效应的评估,参考式(1-2)采用以下形式:

$$IF = \frac{\text{受扰时的顺风向平均基底弯矩} \overline{M_y}}{\text{无扰时的顺风向平均基底弯矩} \overline{M_y}} \qquad (5-1)$$

如果是考察局部的平均风压系数,则用平均风压系数取代上式中的平均基底弯矩即可。本章主要分析平均基底弯矩的影响,且由于在孤立的单体状态所研究正方形截面建筑的横风向平均基底弯矩为零,故以下只分析顺风向基底弯矩的变化。

在本章中,为了简化起见,除了特殊的说明外,所有 IF 均指顺风向静力干扰因子,IF_D、IF_B 和 IF_{Smooth} 则分别特指在 D 类、B 类和均匀流场下的干扰因子。

5.1 基本配置的结果与分析

所谓基本配置是指施扰建筑和受扰建筑同样大小的情况,在本研究中为 600 mm×100 mm×100 mm 的正方形截面的高层建筑模型。

5.1.1 双建筑试验结果

1. 和现有结果的比较

在整个结构风致干扰研究领域,考虑一个建筑对另一个建筑的静力干扰效应应该是被研究得较多的一个内容。English(1990)综合分析了已有的研究成果,总结了在剪切流场两个相同矩形断面建筑在串列布置时的顺风向平均基底弯矩的干扰(遮挡)因子回归多项式:

$$SF = -0.05 + 0.65x + 0.29x^2 - 0.24x^3 \qquad (1-3)$$

式中,$x = \log[S(h+b)/hb]$;S 是两建筑的净距;b 是建筑宽度;h 是建筑的高度。上式的分析数据源于不同的流场数据,而在缩减变量 x 中并没有地貌变化的参数,故其结果是和地貌无关的。

取串列布置的 B 类、D 类和均匀流场结果与 English 提出的回归经验公式 (1-3)比较,结果见图 5-1。由图中可见本研究的 D 类地貌的结果与式(1-3) 较为接近。而其他两种地貌类型的结果则显示有一定程度的偏差,但在图中可

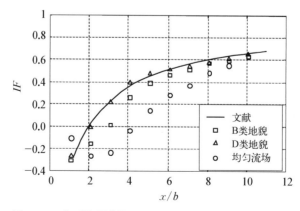

图 5-1 串列位置布置($y=0$)结果和公式(1-3)的比较
(x 为模型间的中心距离)

以看到这几种地貌的干扰因子随着间距的增大而趋于一致,间距在 3～6b(b 为受扰建筑的宽度)内在不同地貌下的干扰效果相差最大。由图中可以看出地貌越开阔,建筑的遮挡效果越明显。

从图中还可以看到干扰因子的零点的出现位置对于三种地貌分别为 2b、3b、4b 左右,其中 B 类地貌的零点大致出现在间距为 3b 处,这和 Sakamoto 和 Haniu(1988)在开阔地貌下的试验观测结果是一致的。均匀流场的结果和式(1 - 3)相差最大和该式是出自于剪切流场的试验数据有关。以上所示不同流场的结果也显示用单一的结果来描述不同地貌间的静力干扰效应会比较粗糙,取值也不尽科学和合理。

对于其他干扰位置的试验结果,文献[2]综合了 Taniike 和 Saunders 的结果,给出了空旷地貌下、施扰建筑位于[2～8b, 0～4b]的平均基底弯矩的干扰因子,黄鹏又做了这部分试验,现将其结果和本书试验结果比较见表 5 - 1。

表 5 - 1　特定位置干扰因子和其他文献的比较

施扰位置	(5b, 1.5b)	(5b, 2.5b)	(5b, 4b)[*]	(8b, 0)	(8b, 1.5b)	(5b, 2.5b)	(8b, 4b)[*]
Khanduri 等	0.78	0.90	1.00	0.57	0.74	0.86	0.99
黄鹏	0.74	0.98	1.03	0.63	0.71	0.93	1.00
本试验结果	0.73	0.96	1.03	0.57	0.64	0.88	1.02

表中[*]表示外插结果。注意到本书试验的 y 方向移动范围只到 3.2b(图 2 - 16),由此可见神经网络方法具有良好的外推性能。从总体上看,本书的结果比较接近黄鹏的结果,这主要是两者的地貌类型均为 B 类的缘故。由于本试验的移动网格没有采用整数间隔,故在以上的比较中本试验的全部比较数据是取自采用神经网络进行预测的结果。

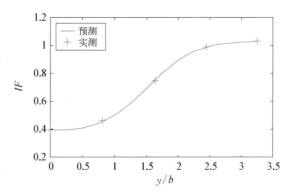

图 5 - 2　顺风向平均基底弯矩干扰因子实测结果和预测结果的比较 ($x = 5.1b$)

图 5 - 2 给出了在比较位置附近 ($x = 5.1b$) 的实测结果和采用神经网络进行精细化分析后的结果比较。

由上述可见,训练好的网络不但具有较好的精度,且对于施扰模型移动区域以外的干扰因子预测也比较理想。

2. 不同地貌下的干扰因子分布

图5-3、图5-4和图5-5分别给出了在均匀流场、B类和D类流场下顺风向平均基底弯矩的干扰因子的等值分布曲线。

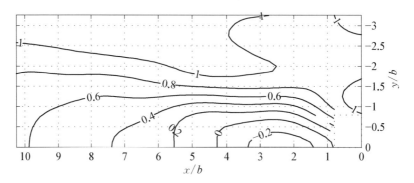

图5-3 顺风向平均基底弯矩干扰因子(均匀流场)

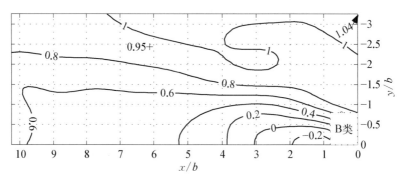

图5-4 顺风向平均基底弯矩干扰因子(B类地貌)

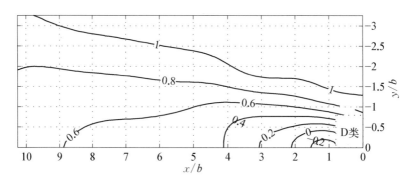

图5-5 顺风向平均基底弯矩干扰因子(D类地貌)

以上结果定性上与现有文献所得的结果是一致的,但定量上看,不同地貌下建筑的遮挡效果还是有一定的差别。注意到以上三种地貌均存在干扰因子小于零的区域,且该区域随着地貌的平坦化而增大,出现负值的干扰因子意味被扰建筑受到逆风向阻力,这主要是受扰建筑在与施扰建筑相距较近时其迎风面吸力大于背风面吸力所引起的。同时,图 5-1 所表示的结果显著地证实了不同地貌存在对干扰效应的不同影响。

采用相关分析方法来分析比较不同地貌的影响。取 B 类地貌的干扰因子作为参考工况,分别分析其干扰因子和其他两种地貌类型的干扰因子的相关性,结果见图 5-6。

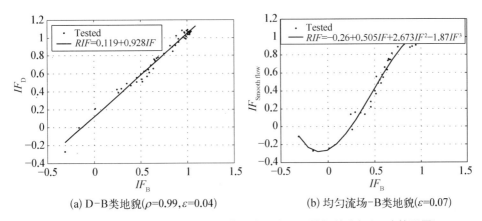

(a) D-B 类地貌($\rho=0.99$,$\varepsilon=0.04$)　　　(b) 均匀流场-B 类地貌($\varepsilon=0.07$)

图 5-6　不同地貌类型顺风向平均基底弯干扰因子的相关分析(双建筑配置)

图中 IF_D、IF_B、IF_{Smooth} 分别表示 B 类、D 类地貌和均匀流场下的干扰因子。由图 5-6(a)中可见,B 类和 D 类地貌下的干扰因子是线性相关的(相关系数达到 $\rho=0.99$,反映回归精度的剩余标准差为 $\varepsilon=0.04$),它们之间的关系可由以下回归关系直接表示:

$$IF_D = 0.119 + 0.928IF_B \tag{5-2}$$

由于流场类型的本质不同,导致均匀流场和 B 类地貌的结果显得较为复杂,但仍可以下三次多项式较好描述:

$$IF_{Smooth} = -0.26 + 0.505IF_B + 2.673IF_B^2 - 1.87IF_B^3 \tag{5-3}$$

利用式(5-2)和式(5-3),只需要根据图 5-4 所示的 B 类地貌下的试验结果就可以推测到其他两类地貌的情况。采用这种方式将比采用不考虑地貌影响的回归关系的取值方式更科学合理。

5.1.2 三建筑试验结果分析

为了便于以下的分析和比较,将以上双建筑的等值分布按干扰因子的大小分为三类干扰区域:区域 $IF \leqslant 0.6$ 称为显著遮挡区域;$0.6 < IF \leqslant 0.8$ 为中度遮挡区域;$0.8 < IF \leqslant 1$ 为小遮挡区域。对于三建筑情况,将在和以上双建筑物配置的对比比较的基础上进行,且分析以 B 类地貌为主。先分析三建筑串、并列情况,再讨论一般情况。

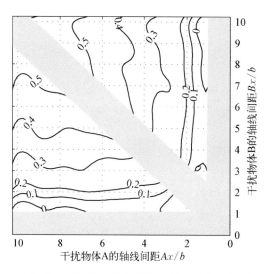

图 5-7 三建筑串列布置的遮挡因子分布(B 类地貌,Ax、Bx 见图 2-16 的定义)

1. 串列布置情况

考虑三建筑之间的相互影响,情况较为复杂,干扰因子分布特性不可能用一张等值分布曲线表示。由于双建筑情况的串列布置的遮挡效果最显著,故先考虑串列布置情况,这时,两个干扰建筑模型的 y 坐标值均为零。

图 5-7 表示两个施扰建筑在不同间距下对受扰建筑的遮挡影响。由图中可以看出,在这种情况下的遮挡效果基本上为离受扰建筑最近的施扰建筑所控制,两个建筑离受扰建筑越远,遮挡效

果越小。与图 5-4 比较,可以发现,间距较大时的干扰影响接近双建筑间的干扰情况;而当间距小于 $5b$ 时,差别就大一些,并且在这种情况下,最小的干扰因子只是在 0 左右,没有双建筑配置中出现的 -0.2 情况,这主要是来流通过两个建筑的遮挡,在受扰建筑和邻近施扰建筑之间形成不了比其背流面更大的吸力所引起的,这一点与双建筑情况的负干扰因子区随地貌的粗糙化而收缩的变化规律是相似的。

2. 并列布置情况

表 5-2 列出并列排置时的干扰影响,此时,两个施扰建筑的纵向间距 Ax 和 Bx 均为零。表中 Ay 和 By 分别表示两个施扰建筑和受扰建筑的横向间距见图 2-16 的定义。由于 IF 随施扰建筑的变化具有对称性,故本研究没有对所有可能位置进行试验,而且也没有必要。

表 5-2　并列建筑的顺风向干扰效应

Ay/b	By/b	IF
-3.2	-1.6	0.94
-3.2	1.6	1.04
-3.2	2.4	1.09
-3.2	3.2	1.10
-2.4	1.6	1.04
-2.4	2.4	1.06
-1.6	1.6	1.04

由表中可见,在施扰建筑模型移动范围内,当两个施扰建筑同处受扰建筑的一面时(即 Ay 和 By 同号),它们所起的作用仍为遮挡作用,当然不是非常明显。而当它们分处受扰建筑的两侧时,则会产生大于 1 的干扰因子,且随着间距的增大,IF 值也在增大,在两个施扰建筑分置两边时,干扰因子达到最大,为 1.10。这意味着置于两个一定间距的建筑间的建筑的平均顺风向风荷载会比孤立状态高出 10%。而在双建筑的同样位置情况,对应的干扰因子为 1.04(图 5-4)。关于干扰所引起的静力放大影响和对应施扰建筑所处的区域问题将在本章后面的第 5.1.2 继续讨论。

3. 任意排列情况

同时考虑两个施扰建筑的影响时,在同一种配置下的干扰变化因素有 4 个(即反映两个施扰建筑相对位置的 4 个坐标值),所以,直接采用图形方法表示它们对干扰因子的影响比较困难。以下采用和双建筑情况比较的方法。假定施扰建筑 B(简称 B 建筑)为双建筑情况的施扰建筑,然后讨论在不同施扰位置增加新的施扰建筑 A(简称 A 建筑)对原干扰因子分布的影响,即这相当于固定 A 建筑而考虑不同位置的 B 建筑对干扰因子分布的影响。以下分析主要针对 B 类地貌情况。

当 A 建筑置于 $(6.1b, -2.4b)$ 时,在双建筑干扰情况,由图 5-4 可知该位置干扰因子为 0.95,处于小遮挡区域。这种情况下的干扰因子分布见图 5-8。与图 5-4 比较,可见在该位置的 A 建筑拓宽了原 $IF \leqslant 0.4$ 的显著干扰区域,其纵向间距由原来的 $5b$ 左右加大到 $6b$ 左右,这意味着遮挡效应更加显著;同时,

外围 $0.8 < IF \leqslant 1$ 的小干扰区域亦在向外拓展。图 5-8 所示的等值分布曲线的 $IF=1$ 是神经网络分析的结果,实际上,所有的试验数据的最大值为 0.97,这说明在这种情况下,处于来流两侧的外围的施扰建筑 B(图中的虚线区域)对遮挡效应的贡献不大,遮挡效应基本为 A 建筑所控制。

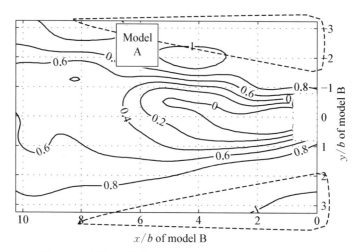

图 5-8　新加 A 建筑于 $(6.1b, -2.4b)$ 的干扰因子分布

新加 A 建筑于 $(9.1b, -1.6b)$ 位置,原双建筑工况的 IF 值为 0.66,其干扰因子分布见图 5-9。由图中可见,位于比 A 建筑更偏离来流方向位置内(图中虚线区域)的施扰建筑 B 对遮挡效应的影响十分有限,因此,同样显示和以上分析得出的相同结论,外围干扰因子为 A 建筑所控制,尤其当 A、B 同处一侧时。

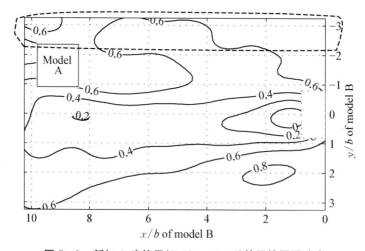

图 5-9　新加 A 建筑于 $(9.1b, -1.6b)$ 的干扰因子分布

另外,内部 $IF\leqslant 0.4$ 的区域被拉长到整个试验移动的纵向区域。在一试验中,试验得到的最大干扰因子为 0.78。图中的 $IF=0.8$ 的曲线是神经网络分析的结果。

图 5‑10 给出了在 A 位于 $(9.1b, -1.6b)$、B 建筑的纵向间距 $Bx=2.1b$ 时干扰因子随 B 建筑横向相距的变化规律的试验结果和神经网络预测结果的比较,以说明以上等值曲线分布的可靠性。

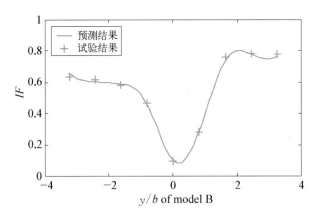

图 5‑10　干扰因子随横向间距变化(B 类),A 位于 $(9.1b, -1.6b)$,$Bx=2.1b$

将 A 建筑置于 $(5.1b, 0)$ 位置,位于原双建筑工况的显著遮挡区域(相应的 IF 值为 0.39),其干扰因子分布见图 5‑11。注意到,对于不同的施扰建筑 B 的干扰因子的分布均在 0.4 以下,所以同样可以认为,遮挡特性为 A 建筑所控制。当然 A、B 协同作用的结果也使 $IF<0.2$ 的区域进一步扩大。

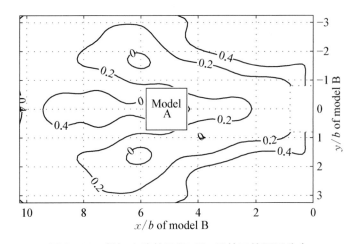

图 5‑11　新加 A 建筑于 $(5.1b, 0)$ 的干扰因子分布

由以上分析可见,考虑两个施扰建筑的干扰效果,其遮挡效应主要取决于离受扰建筑近且接近 x 轴的那个施扰建筑的遮挡作用。

用统计方法中的分布函数分析比较两建筑和三建筑配置方案的干扰因子分布,结果如图5-12所示。图中条状图表示所对应的干扰因子 IF 所对应的干扰位置总数占总干扰位置总数的比例。由图可见,在只有一个施扰建筑的情况下,有近35%的施扰位置的干扰因子在1左右,相应在有两个施扰建筑情况(三建筑配置)的对应值只有13%,而在 $IF < 0.9$ 的不同区域档次,三建筑对应的分布值均高于双建筑情况,这说明两个施扰建筑在总体上增加了遮挡效果。但注意到三建筑配置情况在 $IF = 1.1$ 左右仍有2%左右,它代表三建筑配置干扰带来的静力放大影响,它比双建筑配置情况大,也是一个不应忽视的问题。

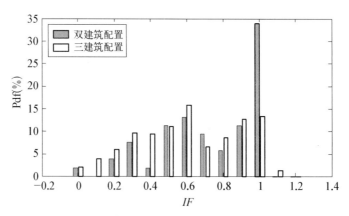

图5-12　两建筑和三建筑干扰因子分布(B类地貌)

4. 狭管效应分析

有很多文献,包括 ASCE 7-98 都提及并强调狭管效应,但在已有的风干扰文献中却很少有此项内容和详细的专门论述,这大概是在已有的两个建筑物的干扰模式研究中,由于狭管效应引起的静力放大效应没有遮挡效应显著的缘故。

由试验结果发现,当两个施扰建筑位于偏离来流方向一定距离的两侧时,由于狭管效应会产生对受扰建筑不利的静力放大作用,且最大 IF 值发生在三建筑处于对称并列布置时。一般情况下,对于三建筑基本配置,考虑两施扰建筑分别在 $y = \pm 3.2b$ 上时不同施扰建筑位置对干扰因子的影响,结果见图5-13。

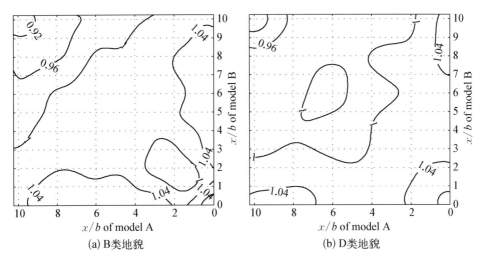

图 5‑13　两施扰建筑分置 $y=\pm3.2b$ 时的干扰因子分布

由图中可以看到,在 B 类、D 类地貌下,最大干扰因子均出现在两个施扰建筑的 x 坐标均为 0,即两个施扰建筑和受扰建筑并列的时候,这是狭管效应最为显著的配置。在所考察的移动范围内,当两个施扰建筑均处于上游位置时,静力放大效应均显著降低,只有当一个施扰建筑和受扰建筑并列、另一个位于上游时的 IF 值才比较大,但其最大值也只有三建筑并列时的一半,这与双建筑配置时测得的结果相当。由图中还可以看到,在 B 类地貌下 $IF\geqslant1.04$ 的区域要比 D 类地貌的大,这意味着平坦化地貌的狭管效应会更加显著。

5. 地貌类型的影响

以上的分析主要针对 B 类地貌情况,上节对于双建筑配置的结果分析已显示,不同地貌下的静力干扰效应的确存在一定的差别,对于更多的施扰建筑情况也是如此。根据试验结果,仍采用相关分析考察其他两种地貌类型的试验数据和 B 类地貌下的结果的关系,结果见图 5‑14。

在回归分析比较图中的 RIF 特指回归的干扰因子。由图中可见,B 类和 D 类地貌下的干扰因子仍是线性相关的,它们之间的关系可由以下回归关系表示:

$$IF_{D}=0.087+0.919IF_{B} \tag{5-4}$$

分析中反映两组数据的相关性的相关系数 $\rho=0.993$,且反映以上线性回归精度的剩余标准差 $\varepsilon=0.033$。这意味着,根据 B 类地貌下的试验结果 IF_{B},其对

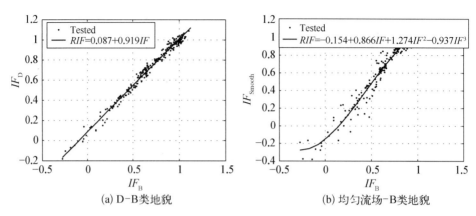

(a) D-B 类地貌　　　　　　　　　　(b) 均匀流场-B 类地貌

图 5-14　不同地貌类型顺风向平均基底弯干扰因子的相关分析(三建筑配置)

应 D 类地貌的取值 IF_D 落入以下两条直线所限定的范围内的可能性为 95.4%。

$$IF_D = 0.087 + 0.919 IF_B \pm 0.066 \qquad (5-5)$$

以上回归关系式实际上和双建筑配置情况得到的式(5-2)接近。由上式易得,在 $IF_B < 1.074$ 的情况下,总有 $IF_D > IF_B$;相反,在 $IF_B > 1.074$ 的情况下,有 $IF_D < IF_B$。这说明在总体上,D 类地貌的遮挡效应要小于 B 类地貌,而同时 B 类地貌所可以产生的狭管效应要比 D 类地貌显著,这些与图 5-1 所显示的串列布置的遮挡特性以及对图 5-13 关于狭管效应的分析是相吻合的。

多个施扰建筑的影响使均匀流场下的干扰因子和 B 类地貌的结果的关系更趋于简单的线性化,但仍呈现和双建筑配置的相似性,用以下三次多项式描述:

$$IF_{Smooth} = -0.154 + 0.866 IF_B + 1.274 IF_B^2 - 0.937 IF_B^3 \qquad (5-6)$$

式(5-4)和式(5-6)可以比较好地描述 D 类和均匀流场下的干扰因子和 B 类地貌下的关系。因此,可以根据 B 类地貌的结果由以上关系直接推测其他两类地貌的干扰因子分布情况。

5.2　施扰建筑宽度的影响

在施扰建筑和受扰建筑等高的情况下,取 5 种不同宽度比 B_r($B_r = 0.5$、0.75、1.0、1.5、2.0)的一个和两个施扰建筑,分析它们对受扰建筑的影响,先分析双建筑配置情况。

5.2.1　双建筑情况

1. B 类地貌下 IF 的基本分布规律

图 5-15(a)—(e)给出了等高双建筑的五种不同宽度比的干扰因子等值分布图。它们非常直观地描述了宽度对静力干扰效果的影响,从总体看,上游遮挡建筑的宽度对 IF 值有较大的影响。在多数区域的同一位置,施扰建筑的宽度越大,IF 值越小,这意味着遮挡效应越大。

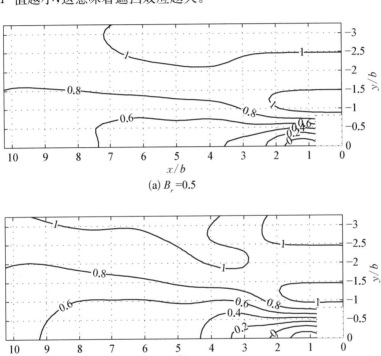

(a) B_r=0.5

(b) B_r=0.75

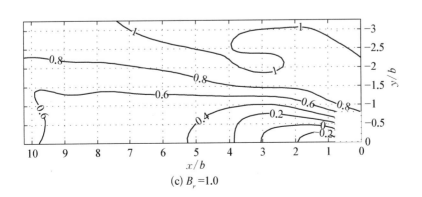

(c) B_r=1.0

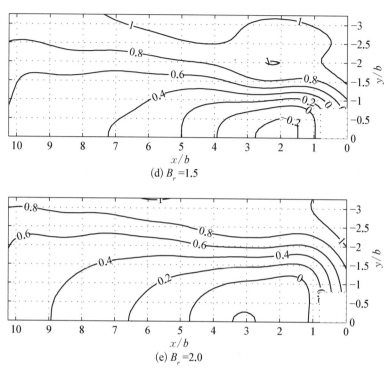

(d) $B_r = 1.5$

(e) $B_r = 2.0$

图 5‑15　宽度对干扰因子的影响(B 类地貌)

2. 数据简化

考察以上五种工况数据的相关性,取等宽度($B_r = 1$)配置为参考工况,采用回归分析方法分析其他宽度比配置干扰因子和基本配置对应值的关系,结果见图 5‑16。基本上,大多数点具有线性的相关性,从回归分析的余差指标 ε 看,接近于 1 的两种宽度比施扰建筑的回归余差较小,效果较为理想。

图中的回归关系方程为

$$RIF = \begin{cases} 0.311 + 0.705 IF & B_r = 0.5 \\ 0.153 + 0.864 IF & B_r = 0.75 \\ IF & B_r = 1.0 \\ -0.213 + 1.196 IF & B_r = 1.5 \\ -0.264 + 1.074 IF & B_r = 2.0 \end{cases} \tag{5-7}$$

式中,IF 为基本配置($B_r = 1$)的干扰因子;RIF 为其他配置和基本配置的回归结果。

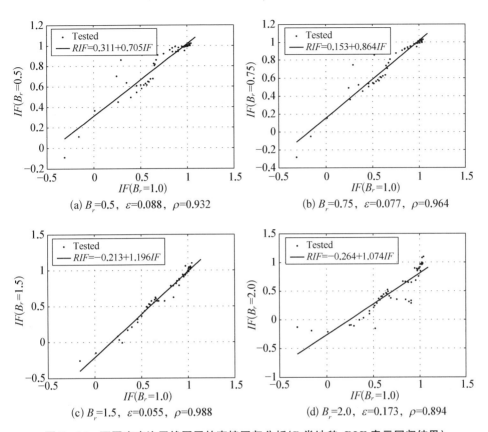

图 5 - 16　不同宽度比干扰因子的直接回归分析(B 类地貌,RIF 表示回归结果)

除了以上的直接回归处理,对于大小不同的施扰建筑的遮挡效应,从直观上看,一个位于较远的大截面施扰建筑可能会和一个相距较近的小断面施扰建筑的干扰效应相当,故采用第 4.5.2 节的映射方法,用基本配置($B_r = 1$)的数据,根据式(4-4)映射计算其他四种配置的干扰因子。图 5 - 17 所示为由基本配置($B_r = 1$)的结果映射得到的其他配置的干扰因子 MIF 和其各自实际测量结果值的比较。由图中可见,由映射得到的 MIF 值和实测值的关联程度较直接回归分析结果的好,它体现在宽度比为 2 的配置的回归残差 ε 由0.173 下降到 0.107,相应的相关系数 ρ 则由直接回归的 0.894 增加到0.961。由图 5 - 17 可以看出,由基本配置映射到其他四种配置的映射干扰因子 MIF 均非常接近各自的实际测量结果,体现在图中四种配置的回归关系十分接近(即 $RIF = IF$),这个结果也证实了这种映射处理的合理性。事实上,English 提出的串列遮挡因子回归关系式(1-3)的变量选取也基本是这种

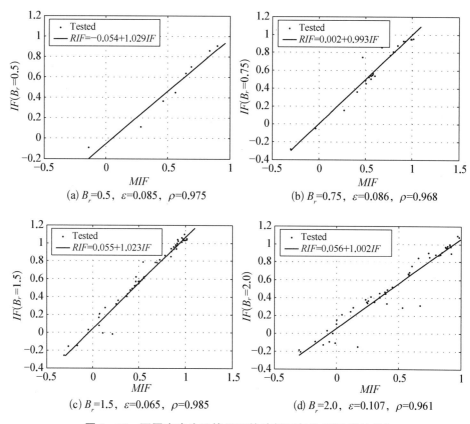

图 5‑17　不同宽度比干扰因子的映射回归分析(B 类地貌)

设想的反映。

采用映射分析方法的一个优点是可以根据小断面施扰建筑配置的试验结果映射得到大断面施扰建筑在更大区域内的干扰因子分布。

以上回归分析过程,均存在少数偏离回归曲线的点,经分析这些点大都在离受扰建筑较近之处(如相距 $2b$ 即净距只有 $1b$ 的距离内)。另外,由于并列布置的狭管效应所形成的静力放大效应也不适合采用以上的简化方法进行估算,应单独加以考虑。

3. 狭管效应

在某些特定位置,施扰建筑的存在会产生静力放大作用,在以上的 5 种配置中观测到的最大不利影响位置均位于和受扰建筑并列的$(0,-3.2b)$,静力放大影响随施扰建筑的增大而增大,见图5‑18。由图中可见,在该位置上,以等宽度($B_r=1$)建筑为分界线,左、右两端"大、小"宽度比的 IF 均和宽度比成正比。

当然,实际上对于不同大小所形成的最大静力施扰效应的临界位置应随其大小的变化而略有变化,所以,图 5 - 18 也只是近似地说明了这种放大效应的变化情况。

对于并列布置的两个等截面建筑物干扰因子随间距变化,Khanduri (1998)在综合现有的试验结果的基础上,也回归总结了并列布置的干扰因子的回归方程

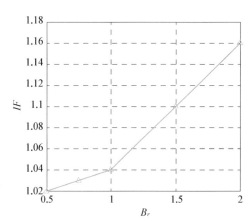

图 5 - 18 位于 $(0,-3.2b)$ 的不同宽度施扰建筑对 IF 的影响

$$IF = 0.69 + 0.355x - 0.113x^2 + 0.011x^3 \tag{5-8}$$

$$(x = S/b;\ 0.5 \leqslant x \leqslant 5.0)$$

其中,S 为建筑间的净距,根据上式可以算出对应于本书的最大干扰位置($S=2.2b$)的干扰因子值为 1.042,这个结果与本试验测得的 1.04 几乎相同。这再次说明本试验结果的可比性和可靠性。

4. 不同地貌下的数据相关分析

同样一种配置在不同地貌类型下的数据具有更好的相关性。考虑 D 类地貌情况,将以上不同宽度比配置的试验数据和 D 类地貌结果做分析比较,结果仍然发现,同样配置在不同地貌下的平均顺风向干扰因子与图5 - 6所示一样,仍存在非常强的线性相关性,且分析的最大余差只有 0.04。

图 5 - 19 列出了 5 种工况的回归分析结果的比较。由图可见,5 种配置的回归结果非常接近,按照保守原则,统一取为(和 $B_r = 1$ 相同):

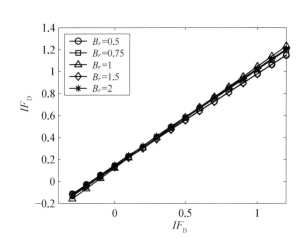

图 5 - 19 不同宽度比双建筑配置在 B 类—D 类下干扰因子的相关性比较

$$IF_D = 0.119 + 0.928 IF_B \tag{5-2}$$

5.2.2 三建筑情况

1. 基本分布规律

和第 5.1.2 节对基本三建筑配置的分析一样,更多施扰建筑从总体上在更大的范围内起到更大的遮挡作用,同时,宽度更大的施扰建筑的遮挡效果也更强,如图 5-20 所示。

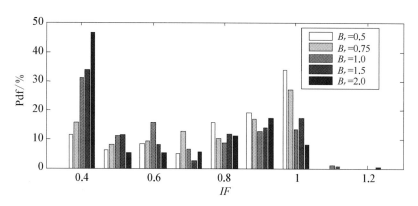

图 5-20 施扰建筑宽度对干扰因子的影响(三建筑、B 类地貌)

由图中可见,随着遮挡建筑宽度的增加,$IF < 0.4$ 的区域在迅速扩大,$0.5 < IF < 0.9$ 的区域大小相对比较稳定,实际上是该区域偏离串列位置,从而导致 $IF = 1$ 左右的不显著区域相对减少。

2. 回归分析

将其他几种宽度比的施扰建筑的 IF 值和基本配置情况的 IF 值进行比较,以分析不同配置间干扰因子间的内在关系。图 5-21 所示为宽度比为 0.75 的配置的干扰因子和基本配置相应干扰因子的比较。由图可见,两种工况的数据存在非常明显的线性相关性,回归余差只有 $\varepsilon = 0.04$,数据间的相关系数 $\rho = 0.99$。其他几种工况数据的回归关系为

$$RIF = \begin{cases} 0.276 + 0.752IF, & B_r = 0.5 \\ 0.123 + 0.876IF, & B_r = 0.75 \\ IF, & B_r = 1.0 \\ -0.175 + 1.102IF, & B_r = 1.5 \\ -0.279 + 1.162IF, & B_r = 2.0 \end{cases} \qquad (5-9)$$

式中,各种工况回归结果的相互比较,见图 5-22。由图中可见,多数情况下干

扰因子随施扰建筑的宽度的增加而减少。它定量地反映出施扰建筑的宽度越大,遮挡效应越显著的这样一个事实。同时在较大干扰因子的部分则相反,宽度比越大 IF 会越大,它和狭管效应所造成的静力放大有关,所描述的趋势也与实际情况相符合。这些也和图 5－20 所表示的分布特性的定性描述相符合。

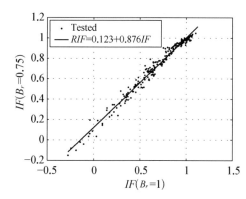

图 5－21　$B_r=0.75$ 和 $B_r=1$ 干扰因子的回归分析(三建筑、B 类地貌,$\rho=0.99,\varepsilon=0.04$)

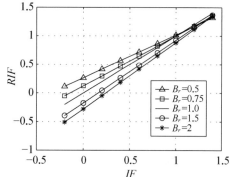

图 5－22　不同宽度比配置和基本配置回归结果的比较(三建筑、B 类地貌)

3. 地貌影响

不同宽度比配置在不同地貌下的干扰因子和基本三建筑配置一样具有非常好的相关性,且试验的五种工况在 B 类和 D 类地貌下的干扰因子相互关系的变化规律非常接近,见图 5－23。

因此可以考虑采用以下统一的表达式来描述不同宽度比配置在 B 类和 D 类两种地貌下 IF 的对应变化规律:

$$IF_D = 0.099 + 0.924IF_B \qquad (5-10)$$

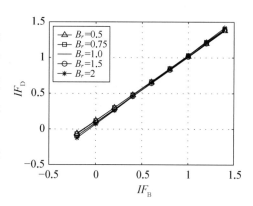

图 5－23　不同宽度比配置在 B 类和 D 类地貌干扰因子回归结果的比较

4. 狭管效应

和双建筑情况一样,在某些位置,宽度的加大同时也使静力放大作用增强,它们通常是处于并列布置的情况,规律性大致服从式(5－9),但定量会有较大误差,应专门加以区分讨论。

对于不同宽度比配置情况和基本配置一样,最显著的静力放大作用仍然当施扰建筑和受扰建筑构成串列布置,且两个施扰建筑所处的位置为(0,±3.2b)。表5-3列出了其处于此位置的两个施扰建筑的静力放大作用随宽度比的变化,由表中可见最大的 IF 为1.195,这意味着,由于受扰建筑两侧且和其并列、宽度大一倍的两个施扰建筑会导致受扰建筑比孤立状态时增加近20%的静态荷载。

表5-3 宽度对静力放大作用的影响(三建筑配置、B类地貌)

B_r	IF	B_r	IF
0.5	1.03	1.5	1.15
0.75	1.05	2.0	1.195
1.0	1.10	—	—

5.3 施扰建筑高度的影响

在施扰建筑和受扰建筑等宽度的情况下,取5种不同的高度度比 H_r(H_r = 0.5、0.75、1.0、1.25、1.5)的一个和两个施扰建筑,分析它们对被扰建筑的影响。

5.3.1 双建筑情况

1. 基本分布规律

图5-24(a)—(e)分别对应双建筑配置的五种高度比配置的干扰因子等值分布曲线,和宽度变化相比较,高度变化对静力 IF 值的影响相对较小。

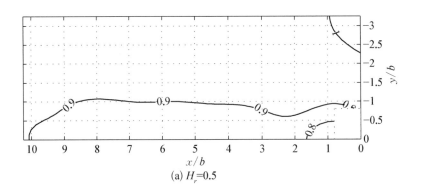

(a) H_r=0.5

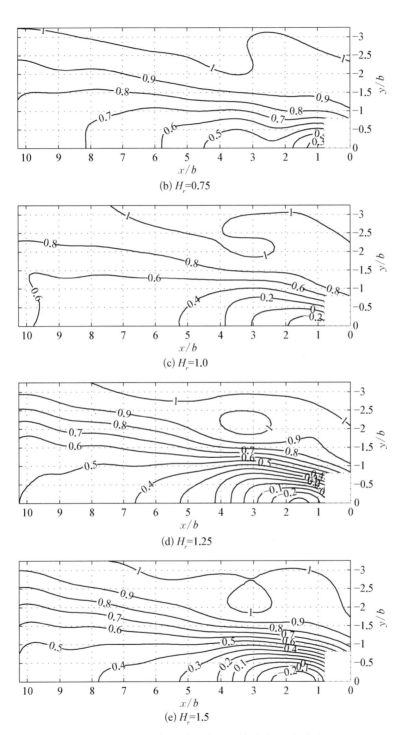

(b) H_r=0.75

(c) H_r=1.0

(d) H_r=1.25

(e) H_r=1.5

图 5‑24 不同高度对干扰因子的影响(B 类地貌)

由图中可见。

当施扰物高度只有受扰建筑高度的一半时，其遮挡效应较不明显，见图 5-24(a)。这种情况下，只有当施扰建筑处于串列的布置下，才有约 10% 的遮挡效果（$IF=0.9$）。在 $H_r=0.75$ 以上时，才有较为显著的遮挡效果，但高于被扰建筑的施扰的总体遮挡效果并没有太明显的增加。

由图 5-25 的干扰因子统计分布也可以验证以上结论，从图中可以看出，$H_r=0.5$ 时的遮挡效果不明显，$H_r\geqslant1.25$ 的两种高度的遮挡效果非常接近。

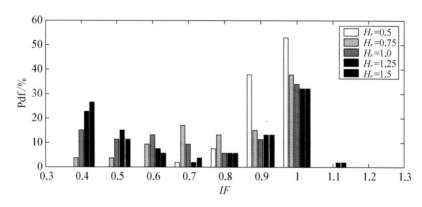

图 5-25　双建筑不同高度比静态干扰因子分布（B 类地貌）

同时还应该注意到，在 $H_r\geqslant1.25$ 的两种配置情况，存在较为显著的静力放大干扰区域，它们所对应的位置仍为 $(0,-3.2b)$，且干扰因子为 1.06。

2. 回归分析

B 类地貌下，取基本配置的干扰因子分布为参考值，分析其他四种高度比配置的干扰因子和基本配置的相应干扰因子的关系，结果见图 5-26。

由分析过程回归可以得到不同高度比配置干扰因子和基本配置的线性回归关系：

$$RIF=\begin{cases} 0.815+0.171IF & H_r=0.5 \\ 0.426+0.569IF & H_r=0.75 \\ IF & H_r=1.0 \\ -0.073+1.062IF & H_r=1.25 \\ -0.064+1.051IF & H_r=1.50 \end{cases} \qquad (5-11)$$

由以上的结果可见，4 种不同高度比的回归结果均较为满意，回归余差最大也只有 0.054。注意到图 5-26(a) 所显示的数据似乎过于离散，这主要是由于

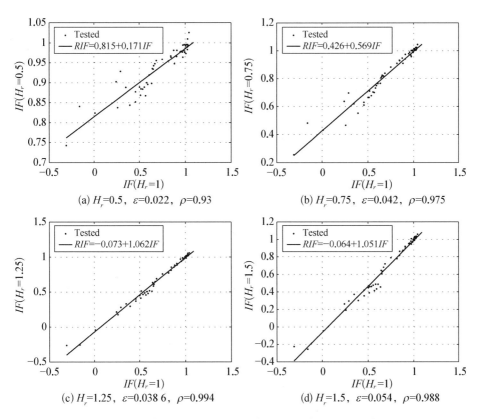

(a) $H_r=0.5$，$\varepsilon=0.022$，$\rho=0.93$　　　(b) $H_r=0.75$，$\varepsilon=0.042$，$\rho=0.975$

(c) $H_r=1.25$，$\varepsilon=0.038\,6$，$\rho=0.994$　　　(d) $H_r=1.5$，$\varepsilon=0.054$，$\rho=0.988$

图 5‑26　不同高度比干扰因子的回归分析（B 类地貌，双建筑配置）

其回归结果接近于水平直线而放大显示的缘故，实际上，该工况的回归效果最为理想，余差只有 0.022。

将以上不同高度比的回归结果进行进一步的比较结果见图 5‑27。图中所显示的趋势也进一步验证了以上的分析和判断，即当 $H_r \leqslant 0.5$ 时，可以忽略施扰建筑的遮挡影响；在 $0.75 \leqslant H_r \leqslant 1.25$ 范围内高度变化的影响较为显著；当 $H_r \geqslant 1.25$ 时，两种配置的回归结果趋于一致，这意味着遮挡效应基本不再发生变化。

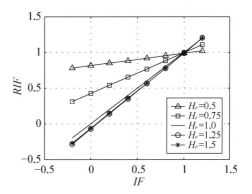

图 5‑27　不同高度比回归结果的比较（双建筑配置、B 类地貌）

由此，对于式（5‑11），综合以上的分析，根据基本配置的结果推测其他高度比配置的干扰因子可采用以下式子计算：

$$RIF = \begin{cases} 1 & H_r < 0.5 \\ 0.815 + 0.171IF & H_r = 0.5 \\ 0.426 + 0.569IF & H_r = 0.75 \\ IF & H_r = 1.0 \\ -0.073 + 1.062IF & H_r \geqslant 1.25 \end{cases} \qquad (5-12)$$

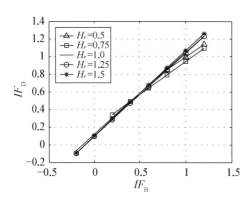

图 5‑28　不同高度比在 B 类—D 类下干扰因子的相关性比较（双建筑配置）

3. 不同地貌下的分析对比

对于同一种配置在 B 类和 D 类流场下的干扰因子的分析结果仍显示有较好的线性相关性。图 5‑28 所示列出了五种高度比配置在 B 类—D 类流场干扰因子的回归结果的比较。从图中可以看出，高度比大于 1 的三种情况的回归结果较为接近，其他两种反映较矮施扰建筑的则相互之间存在一定的差别。

由图中也可以看出，图中较矮的施扰建筑的干扰因子均比其他三种较高的施扰建筑的取值低或大致接近。故从偏于保守并简化结果的角度出发，同样可以取基本配置的结果作为反映不同高度比的施扰建筑在 B 类、D 两类地貌下干扰因子关系的近似取值，即：

$$IF_D = 0.119 + 0.928IF_B \qquad (5-2)$$

这样，可以用一个统一的简单关系描述不同宽度比或高度比双建筑配值在 B 类、D 两类地貌下干扰因子的相互关系，它大大地减少了反映干扰因子分布规律的数据表达的复杂程度，便于数据的表达、推广和应用。

5.3.2　三建筑配置情况

1. 基本统计特征

多建筑总体上将增加遮挡效果。两个不同高度施扰建筑的干扰效应有着和单个施扰建筑情况类似的规律。图 5‑29 所示给出在这类配置下，不同高度的施扰建筑的干扰影响的统计分布。

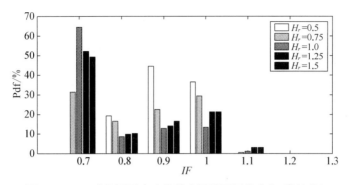

图 5‑29　三建筑不同高度比静态干扰因子分布（B 类地貌）

由图中可以看到，在三建筑配置情况下，低于 $0.5h$ 的施扰建筑的遮挡效果不明显，只有在 $0.75h$ 时才有较为显著的影响，而大于 $1h$ 的三种情况的遮挡效果几乎是一致的。但在静力放大作用随着高度的增加而增大，其中 $H_r = 1.5$ 的两个施扰建筑的 IF 值为 1.13，但在这种情况下所处位置和其他情况不同，最大 IF 值发生在 $(0, \pm 1.6b)$ 处，而相应在 $(0, \pm 3.2b)$ 处的 IF 则只有 1.10。

2. 回归分析

仿照双建筑配置，以基本三建筑物配置为参考值，比较不同高度比的干扰因子和基本配置情况的相关性。回归结果见图 5‑30。

这个结果和双建筑配置的对应结果（图 5‑27）非常相似，它依然显示着更高的施扰建筑产生更大的遮挡效应的基本规律。同时也显示更高的施扰建筑会导致更大的静力放大效应。由图中可见，$H_r > 1$ 两种高度比配置的回归分

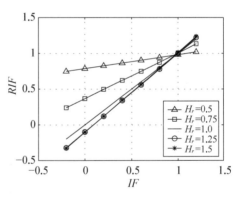

图 5‑30　不同宽高比回归结果的比较（三建筑配置、B 类）

析结果十分相近，同时，$H_r = 0.5$ 的回归结果实际已非常接近水平直线。根据分析结果可综合采用下式衡量不同配置的干扰因子和基本配置干扰因子的关系：

$$RIF = \begin{cases} 1, & H_r < 0.5 \\ 0.787 + 0.195 IF, & H_r = 0.5 \\ 0.366 + 0.637 IF, & H_r = 0.75 \\ IF, & H_r = 1.0 \\ -0.103 + 1.110 IF, & H_r \geqslant 1.25 \end{cases} \tag{5-13}$$

3. 不同地貌下的对比

不同高度比三建筑配置在 B 类和 D 类地貌下的干扰因子分布均具有很好的线性相关性,五种高度比的回归余差均在 0.039 以内,数据间的相关系数则在 0.99 以上,参见图 5 - 31 和图 5 - 14(a)。

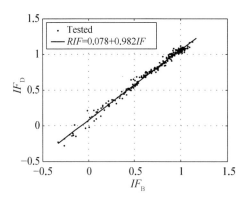

图 5 - 31　$H_r = 1.5$ 的三建筑配置在 B 类— D 类下干扰因子的相关性分析

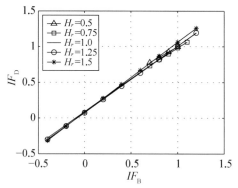

图 5 - 32　不同高度比在 B 类—D 类下干扰因子的相关性比较(三建筑配置)

图 5 - 32 所示为五种高度配置的回归关系在可能取值范围内的比较。根据其分布特征并从简化且偏于保守的角度出发出发,同样可统一取

$$IF_D = 0.079 + 0.945 IF_B \tag{5-14}$$

至此,根据基本双建筑和三建筑在 B 类地貌下的干扰因子分布规律,可以由以上一系列的回归关系推广到其他配置和 D 类地貌情况。作为直观的数据表达,图 5 - 4 可以很好地表示基本双建筑配置的干扰因子分布关系,但对于描述三个建筑间的干扰影响则还缺少一种直观有效的方法,以下将进一步讨论这个问题。

5.4　群体建筑干扰因子的折减等值分布

以上在表现和分析干扰效应的干扰因子的分布上,双建筑配置情况比较简单,因为每种配置涉及变量是 2 个,即单个施扰建筑的 (x, y) 坐标,可以用简单的等值图直观地表示。在考虑三建筑间的相互干扰影响时,由于涉及两个施扰建筑物,确定两个施扰建筑位置需要两对 (x, y) 坐标,故这种情况下,每种配置的变化因素有四个,难以用合适的图形简单表示,因而在上文中对于三建筑物试验结果的分析中多数仍是定性的。

在多数情况下,考虑不同间距的两个建筑的干扰影响更能符合工程实际的要求而更具有实用价值,但问题是如何表示这种复杂的研究结果,提炼出具有一定实用价值的条款将是一个更加迫切和具有重要的意义。

针对这个问题,本书提出了以下的折减干扰因子(Reduced Interference Factor, RIF)方式描述三建筑配置的干扰效应问题,根据具体的试验结果,RIF 的算法如下。

考虑两个施扰建筑 A、B 对被扰建筑的影响,设 A、B 所在的位置坐标分别为 $P_A(x, y)$ 和 $P_B(x, y)$,则干扰因子可表示为

$$IF = f(P_A, P_B), \quad P_A、P_B \in \Omega \tag{5-15}$$

式中,Ω 为试验所实施的施扰模型的移动区域,折减干扰因子定义为

$$RIF = g(P_A) = \max_{P_B \in \Omega} f(P_A, P_B) \tag{5-16}$$

其含义为当一个施扰建筑位于 $P_A(x, y)$ 时,在所考察区域 Ω 内存在其他施扰建筑会产生的最大干扰因子。采用式(5-16)的优点是采用这种简单的映射方式可将原来的四个变量问题降为两个变量问题,这种情况下可以采用等值曲线表示 RIF 的分布。根据式(5-16)定义的 RIF 分布,对于位于 P_A 和 P_B 的两个施扰建筑,其干扰因子可取为

$$\widetilde{IF} = \min(g(P_A), g(P_B)) \tag{5-17}$$

由以上定义可见,$RIF = g(P_A)$ 是实际分布 $f(P_A, P_B)$ 的上界,按式(5-17)所得的结果一般会比式(5-15)大,结果应该仍是偏保守的。从应用的角度出发,选用这种方式来表示和选用两个施扰建筑的干扰因子,简化了复杂的问题,应该是合理的。当然各种详细的等值分布(如后续的图 5-39—图 5-41 等)也有它们的自身价值,对了解干扰机理有很大的帮助。根据以上定义,以下给出大小相同的三个建筑间在 B 类地貌下的折减干扰因子分布。

从偏于保守的取值角度出发,本书在图中合并去除干扰因子小于 0.5 的区域,即认为最小只能取到 0.6。其他因素的影响以及 D 类地貌的参数取值可以由上图再参考以上的回归关系间接推算。

由于试验工况的关系,本书只涉及 B 类和 D 类地貌情况,部分还作了均匀流场情况。对于其他地貌的干扰因子取值,在目前的情况下,可考虑采用插值的方法计算。当然,最可靠的方法还是依靠进一步的风洞试验获取。

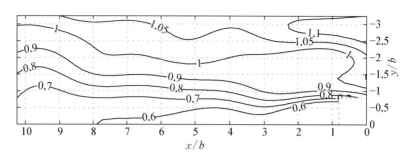

图 5-33　基本三建筑配置平均顺风向倾覆弯矩的 *RIF* 分布(B 类地貌)

5.5　典型测点平均风压分布特性

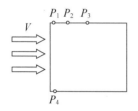

图 5-34　风压测点安排

考虑到平均风压也是属于静态荷载的内容,本节分析受扰建筑上典型测点平均风压在受扰下的分布特性。由图 1-2 所显示的正方形截面柱形结构的风压分布特征,并考虑高层建筑结构的覆面层设计通常为负压控制为主的特点,本节主要分析图 5-34 的 P_1 点(测点高度为 0.75*h*)的平均风压在受扰后的变化。

5.5.1　双建筑情况

1. 基本配置结果

考察基本建筑配置情况测点平均压力系数干扰因子分布,图 5-35 给出不同地貌下的平均风压干扰因子等值分布,由于 P_1 点的平均风压在单体和受扰情况下均为负,故最终的 *IF* 值仍为正值。

由图中可以看出,对于平均风压而言,由于所取风压测点在侧向,其 *IF* 的分布规律和以上几节讨论的平均总体合力情况有较大的不同,从总体上看施扰建筑的干扰区域可以分为以下三个区域。

(1) 狭管效应区:位于并列布置时,由于狭管效应导致局部气流加速所诱发压力系数增高,且地貌越平坦,这种效应越明显。但即使是在 D 类地貌,观察到的最大 *IF* 值也有 1.8 以上,比以上基底弯矩的干扰因子大,值得关注。

(2) 近间距遮挡区:在该区域的施扰建筑主要是起遮挡作用,该区域的大小也和地形有关,以 D 类地貌为最大。

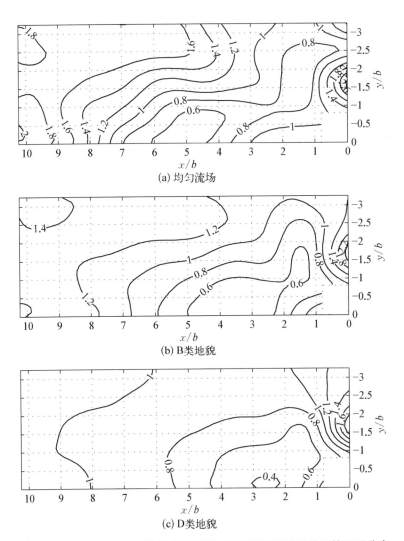

图 5-35 基本双建筑配置典型位置测点平均风压受扰后的干扰因子分布

（3）远间距静力放大区域：当施扰建筑位于离受扰建筑相对较远的上游时，会对下游受扰建筑的风压产生不利影响，这种影响随着地貌的平坦化而变大。在 B 类地貌中测出的最大干扰因子可达 1.4，这意味着平均风压比单体情况高出 40%，这种效应在城市地貌中不明显，在所观测的区域内，上游建筑所起的仍然是遮挡作用。

为了进一步比较不同地貌下干扰因子的分布规律，以 B 类地貌的干扰因子为参考值，分析另外两类地貌的相应干扰因子和参考地貌下干扰因子的相互关系，结果见图 5-36。由图可见，回归关系也反映了随着地貌的平坦化，干扰因子在增加的这样一个事实。以 B 类地貌的干扰因子作为基准,则 D 类和均匀流场的干扰因子大致是 B 类的 0.684 和 1.16 倍,以下是实际的回归结果。

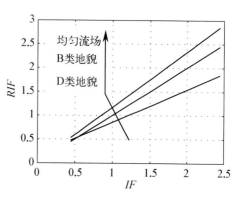

图 5-36　不同地貌类型平均风压干扰因子的回归结果比较(双建筑配置,B 类地貌)

$$IF_D = 0.172 + 0.684 IF_B$$

$$IF_{Smooth} = 0.011 + 1.16 IF_B$$

这里应该指出的是,不同于前述以合力为目标的干扰因子分析,本节以平均风压为目标的干扰因子的相关回归数据的离散性相对较大,但基本上仍显示出线性相关性。这种方式的结果作为定性分析比较,仍具有一定的参考价值。

2. 宽度影响

同样考虑 5 种宽度比的施扰建筑对受扰建筑的干扰因子的影响,B 类地貌下的结果见图 5-37。

由图中可见,宽度比越大其遮挡效果就越明显,整个遮挡区域也在扩大。受试验范围限制无法评估更远间距上游建筑的干扰影响。但在并列布置时,几种宽度比施扰建筑产生的狭管效应而导致的压力系数增大效应均非常显著,对应于由小到大的宽度比,它们的最大干扰因子 IF 基本也呈递增的趋势,这主要是对于狭管效应对 P_1 点的风压系数的影响很大程度取决于两个建筑间的净距(在施扰建筑位置固定的情况下,B_r 越大,在一定范围内净距越小,狭管效应越显著)。

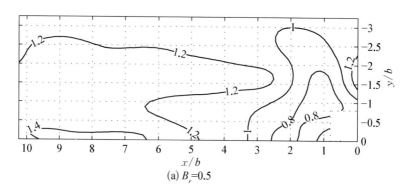

(a) $B_r = 0.5$

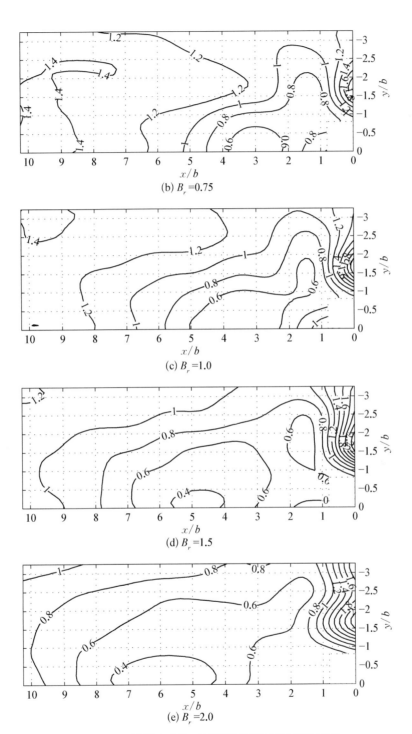

(b) B_r=0.75

(c) B_r=1.0

(d) B_r=1.5

(e) B_r=2.0

图 5‑37   不同宽度比对局部平均风压 *IF* 值的影响

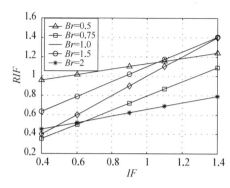

图 5 - 38 不同宽度比平均风压干扰因子的回归结果比较(双建筑配置,B 类地貌)

对于风压系数,不同宽度比间干扰因子的相关性较差,但其回归结果仍然可以定性反映不同宽度比的干扰因子分布的变化规律,结果见图 5 - 38。图中参考干扰因子分布取基本配置即 $B_r=1$ 的情况。由于狭管效应的风压分布和其他位置情况不相符合,分析中不包含并列布置时的干扰因子数据,图中所显示的也只是施扰建筑位于非并列的情况。由图中可见。宽度越大的施扰建筑的遮挡效应越强,同时在所研究的干扰区域中,以 $B_r=0.75$ 配置情况所产生的干扰因子最显著,这体现在其放大的高端部分均比其他四种配置情况的大,这一点也和图 5 - 37 所显示的规律一致。

以上回归分析不包括并列布置时由于狭管效应所导致的压力升高情况。对于并列布置情况,由于狭管效应,除了结构本身的截面宽度之外,测点的风压在很大程度上和两个建筑间的净距有关。对于固定的施扰建筑位置,其干扰因子从总体上看是随宽度比的增加(同时净间距减少)呈递增的趋势。

3. 高度影响

图 5 - 39 为 5 种不同高度施扰建筑对平均风压干扰影响的 IF 等值分布。由图可见,$H_r=0.5$ 的施扰建筑的影响相对较小,而 $H_r=0.75$ 相比之下则较为显著,尤其是当两建筑处于串列位置布置附近且间距大于 $4.5b$ 时的干扰因子超过了 1.4,这主要是与它和受扰建筑的测点位置布置处于同一高度有关,施扰建筑顶部存在三维绕流导致在顶部其气流被加速的缘故。仔细观察这种效应在 $H_r=0.5$ 以及基本配置情况均有所体现,但在 $H_r>1$ 的两种配置情况则没有。对于这种现象将在第 8 章针对脉动风压变化的受扰机理分析中进行较为详细的讨论。

随着高度比 H_r 的增加(0.75~1.25),$IF>1.2$ 的区域向偏离串列位置的两翼转移;在高度比超过 1.25 后,IF 的分布规律基本保存不变,或者说,IF 分布趋于稳定。

建筑表面的平均风压主要是由于流体绕流过程流动分离所致,而来流中的湍流对这种分离起到一种抑制作用。当施扰建筑比较靠近受扰建筑时,其尾流区的脉动成分较大,从一定程度抑制了受扰建筑的流动分离;当施扰建筑远离

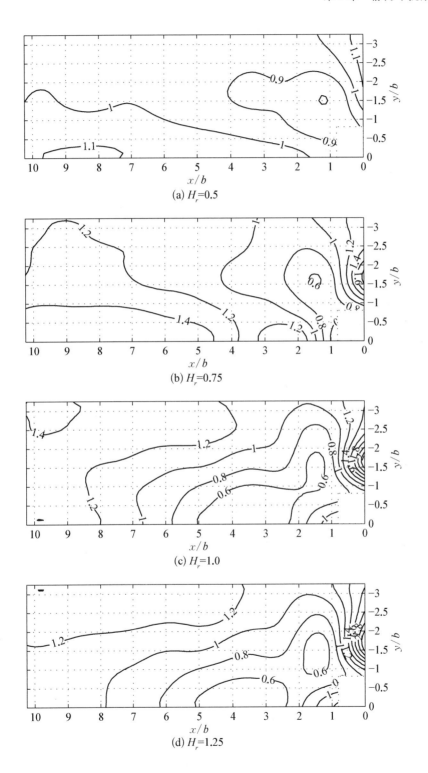

(a) H_r=0.5

(b) H_r=0.75

(c) H_r=1.0

(d) H_r=1.25

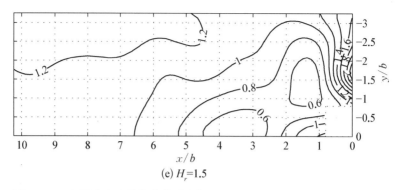

(e) $H_r=1.5$

图 5‑39　不同高度比施扰建筑对局部平均风压 *IF* 分布的影响(B 类地貌)

受扰建筑到一定程度时,其尾流由于湍流分量由于能量耗散结果趋于稳定,从而随着相应的气流加速使受扰建筑的局部风压升高。

由以上的分析可见,高度和测点高度相当的施扰建筑对测点的风压的影响最大。

5.5.2　三建筑情况

1. 基本配置结果

针对 B 类地貌情况,分别取双建筑配置的三个区域中的三个位置作为施扰建筑 A 的位置,且分别取为$(0,-1.6b)$、$(8.1b,-2.4b)$、$(-6.1b,0)$,考察另外一个施扰建筑在不同位置对干扰因子的影响,结果见图 5‑40—图 5‑42。

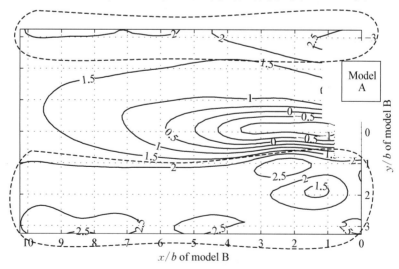

图 5‑40　A 建筑在$(0,-1.6b)$时施扰建筑 B 对平均风压干扰因子的影响

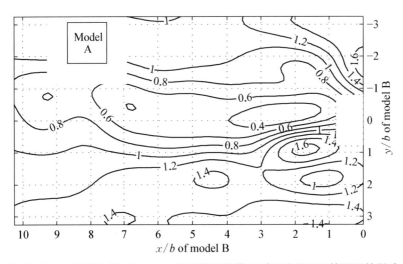

图 5‑41　A 建筑在(8.1b, −2.4b)时施扰建筑 B 对平均风压干扰因子的影响

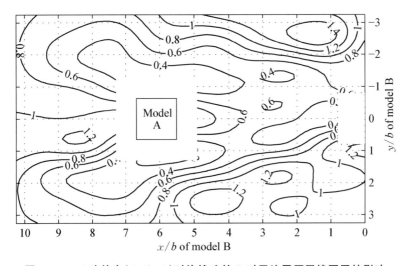

图 5‑42　A 建筑在(6.1b, 0)时施扰建筑 B 对平均风压干扰因子的影响

由图 5‑40 可见,位于由两个建筑构成狭管的前方的施扰建筑 B 主要起作遮挡作用,其结果是大大地降低了狭管效应的产生;而当施扰建筑 B 位于狭管正前方的两侧的虚线区域内时,则对测点的风压系数影响不大,狭管效应的程度基本保持不变,IF 值仍在 2～2.4。

当施扰建筑 A 位于(8.1b, −2.4b)时(图 5‑41),位于 A 尾流区的施扰建筑 B 对 A 体的较为稳定的尾流形成进一步起到干扰作用,同时 B、A 建筑的出现加大了遮挡作用,只有当 B 建筑位于偏离 A 建筑尾流区时,相应的 A 建筑所处位置的静力放大效应才能不受影响,乃至进一步被加强。

当一个施扰建筑和受扰建筑处于串列布置时(图 5 - 42),位于施扰建筑尾流两翼的另外施扰建筑也可能对气流进行干扰形成气流加速而导致所考察测点的平均风压加大。

实际上,考虑两个施扰建筑所产生的干扰影响非常复杂,以上的分析并没有完全显示出三建筑物配置的主要干扰特性。

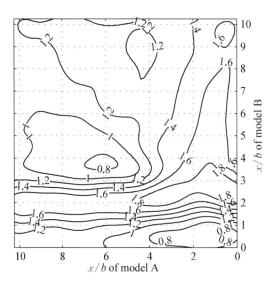

图 5 - 43　固定 A、B 施扰建筑于 $y=-3.2b$,
　　　　 $y=0.8b$ 时的干扰因子分布(基本三
　　　　 建筑物配置,B 类地貌)

图 5 - 40—图 5 - 42 显示的在非并列情况的干扰因子的最大值并没有完全超过双建筑配置情况。实际上对于三建筑配置,除了并列布置之外,仍存在干扰因子高于 1.8 的施扰情况,它出现在当两个施扰建筑分别处于 $A y=-3.2b$ 和 $B y=0.8b$ 的两条直线附近区域。分别固定两个施扰建筑于 $A y=-3.2b$ 和 $B y=0.8b$ 上,考察不同的纵向间距($A x$ 和 $B x$)对干扰因子的影响,结果见图 5 - 43。

由图中可见,当 $A x = 1.6b$ 或 $B x = 2b$ 时,干扰因子都比较大,最大干扰因子可超过 1.8(实际结果为 1.89),比双建筑配置的最大干扰因子高出约 30%。由图中还可见,对应两个施扰建筑的显著干扰位置离受扰建筑较近,这一点也和双建筑配置中远离受扰建筑的显著干扰位置有很大的差异。这个结果意味着,邻近存在的两个施扰建筑,有可能使受扰建筑的表面风压提高 89%,应引起足够的关注。

2. 施扰建筑截面大小的影响

对于不同宽度比(B_r)配置情况,以基本配置结果作为参考数据,用回归分析方法比较不同宽度比配置试验结果的相关性。结果显示 $B_r = 0.75$ 和 $B_r = 1.5$ 两种配置的结果和基本配置的结果的相关性较好(图 5 - 43),而其他两种配置的数据相关性则较差。但仍然可以从其回归结果的比较,定性地分析不同宽度的施扰建筑的干扰特性,如图 5 - 45 所示。由图中可见,在 $IF < 1$ 的区域,回归

的 RIF 值随施扰建筑的宽度增加而下降,这意味着遮挡的加强;而另一方面,在 $IF>1$ 的增强放大区域,其他四种配置的干扰影响均没有超过基本配置情况。总的规律和双建筑配置的结果类似。这里应该说明的是以上的分析不包括并列布置情况。

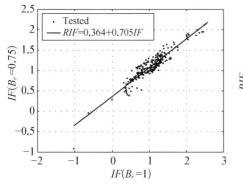 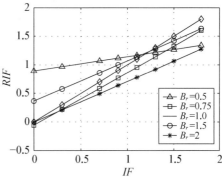

图 5‑44　$B_r=0.75$ 配置干扰因子和基本配置的相关分析($\rho=0.94$,$\varepsilon=0.12$)

图 5‑45　不同宽度比配置干扰因子回归结果比较(B 类地貌,三建筑物配置)

3. 施扰建筑高度的影响

首先采用统计分析定性比较方式,分析不同施扰建筑高度的影响,结果见图 5‑46。由图中可见,在五种高度比配置中,$H_r=0.5$ 的干扰效应不明显,接近 70%的移动区域的干扰因子均在 1 左右,且没有狭管效应问题。而其他四种配置中以高度和受扰建筑测点高度相当的施扰建筑(即 $H_r=0.75$ 配置)的干扰效应最为显著,这种现象源于绕过施扰建筑的三维施扰效应,将在本书后续第 8 章中给予更加详细的分析和讨论。剩余的三种更大高度的施扰建筑的干扰效应大致相当。

采用回归分析的方法进行分析比较发现,由于干扰效应不显著和机理上的差异,$H_r=0.75$ 和 $H_r=0.5$ 两种配置的干扰因子数据和相应基本配置情况的相关性较差;而 $H_r=1.25$ 和 $H_r=1.5$ 两种配置的干扰因子分布和基本配置情况的相应干扰因子数据的相关性则非常好,回归关系显示出其基本干扰效应是一致的(图 5‑47),结果和图 5‑46 相互验证,显示施扰建筑的高度高于受扰建筑所考虑的受扰部位的高度时,其干扰影响趋于一致。这个结果也和双建筑配置的情况大致相当。

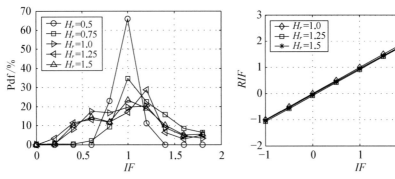

图 5‑46 三建筑配置不同施扰建筑高
度的影响(B 类)

图 5‑47 三种大高度比的 IF 回归结果
比较(B 类)

4. 地貌的影响

同一种配置在不同地貌类型下的风压系数干扰因子具有较好的相关性。图
5‑47 列出不同宽度比配置和高度比配置在 B 类和 D 类地貌下风压干扰因子干
扰因子的回归分析结果的比较。

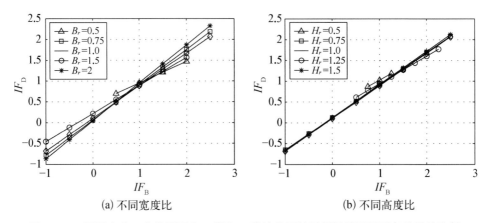

(a) 不同宽度比   (b) 不同高度比

图 5‑48 不同大小三建筑配置在 B 类和 D 类地貌下的风压干扰因子回归结果的比较

对于不同宽度比配置的施扰建筑,宽度越大在 D 类地貌内会显示出更强的
遮挡效应,这体现在 $IF_B < 1$ 的区域内,IF_D 随宽度比的增加而减少;但在 $IF_B >$
1 的区域,IF_D 随宽度比的增加而增大。

不同高度施扰建筑在两类地貌下干扰因子的回归关系则具有较好的一致
性,尤其是 $H_r \geqslant 1$ 的三种高度比的回归关系基本接近一致。

5.6　本　章　小　结

本章在不同地貌下,测试分析了不同宽度比和高度比的一个和两个施扰建筑对受扰建筑的顺风向倾覆弯矩以及受扰建筑典型高度处的典型测点的平均风压的干扰影响。针对三建筑配置的试验结果变化因素多的问题,采用一种比较简洁的方式,描述了三建筑配置的静力干扰特性。分析中采用神经网络方法,在一个专门开发的集成软件系统上对有限的试验结果进行了精细化的分析,得到了各种详细直观的干扰因子等值分布曲线。同时采用统计回归分析方法定量分析比较不同配置情况的干扰因子相对基本配置情况的变化规律,大大地简化了试验研究结果,它有利于试验结果的推广应用。由以上分析可以得出以下结论:

1. 对于顺风向基底弯矩的干扰效应

(1)将双建筑配置的试验结果和现有结果进行了比较,基本建筑物配置的串列情况和 English 的拟合公式进行比较,结果在 D 类地貌情况下测得的数据和经验公式吻合得相当好;其他配置下的结果和一些基本的主要特征和已有多种资料上的结果也具有相当大的可比性。这些都充分说明本书研究结果的可靠性。

(2)狭管效应影响应该引起关注。对于针对静力顺风向倾覆弯矩的影响而言,其干扰因子 IF 基本都小于1,呈现遮挡效应;但当施扰建筑和受扰建筑并列布置时,会有不利的狭管效应,某些配置下其干扰因子值可高达1.20。

(3)宽度对遮挡效应的影响较为显著,宽度越大的遮挡效应也显著;但同时并列布置时的狭管效应所引起的静力放大作用也随宽度比的增大而增大。

(4)高度比小于0.5的施扰建筑影响可以不予考虑,对干扰效应影响较明显的高度比在0.5～1.0。$H_r \geqslant 1$ 的建筑的遮挡效应变化较为平缓,在 $H_r \geqslant 1.25$ 时则基本保持不变,但狭管效应会随高度比的增加而有所增强。

(5)本书首次发现了不同配置的顺风向倾覆弯矩干扰因子在 B 类和 D 类地貌下的强烈相关性,并由此给出了这两类地貌下干扰因子间关系的定量描述,它将使得干扰因子在不同地貌下的取值更趋于科学、合理。

(6)根据试验结果总结出的基本双建筑和三建筑配置在 B 类地貌下的干扰因子等值分布和一系列的回归关系式可以快捷推算其他不同配置以及 D 类地貌的效应干扰因子,这些简化的结果和回归关系式可以为荷载选用的干扰因子取值提供快捷的参考。

2. 对于 3/4 结构高度上截面典型测点平均风压的干扰效应

对于典型断面上的有代表性的部位的平均风压的干扰影响进行了分析,研究结果显示:

(1) 狭管效应对测点平均风压的影响所产生的干扰因子会远高于基底弯矩的干扰因子,其大小取决于建筑间的间距、施扰建筑的宽度和地貌类型。在 D 类地貌下测得的 IF 值可高达 1.8 以上,且随着地貌的平坦化,狭管效应更为明显,统计分析亦表明干扰效应随地貌的平坦化而增强。

(2) 在所考虑的 5 种不同高度比施扰建筑中,以高度和测点高度相当的施扰建筑的干扰影响最为显著,而三种比测点高度高的施扰建筑的干扰效应则趋于一致;而对于高度相同截面宽度不同的施扰建筑,则以宽度和受扰建筑相当的施扰建筑的影响最为显著,更宽的施扰建筑显示出更强的遮挡效应,当然并列布置时的狭管效应也越明显。

(3) 除了施扰和受扰建筑相距较近时由于狭管效应而产生较大的静力放大作用外,邻近的单个施扰建筑所起的影响仍为遮挡影响。在较为平坦的地貌下,相距较远的上游建筑的高速尾流经过一定空间的耗散后趋于稳定,最后作用于受扰建筑表面,仍然会造成结构表面风压系数的显著升高。

(4) 对于非并列布置情况,两个邻近的上游施扰建筑在某种排列下,仍会显著增大受扰建筑的平均风压值。在 B 类地貌下双建筑配置的试验观测到的这种增加最大可达 40%,而在三建筑配置中的增大效应可进一步增至 89%,出现在当施扰建筑位置和受扰建筑相距较近处且是处于相互错开的排列方式。这个结果显示结构受扰后其局部所承受的平均风荷载是其孤立状态时相应值的 1.89 倍,应引起注意。

第6章

顺风向动力干扰效应

相对于静力干扰效应，动力干扰效应将更为复杂，现有研究结果所显示的干扰因子也更大，这意味着干扰效应更为严重。影响建筑动力干扰效应的因素有很多，包括地貌类型、建筑间的间距、施扰建筑的高度和宽度、施扰建筑的个数、结构的截面类型、风向以及折算风速等。由于试验的工作量巨大，要十分全面地考虑所有这些因素是一件很困难的事，已有的工作也正是从不同的侧重点分别考虑了这些因素的作用。但从总体来看，绝大多数的研究均是以两个建筑间（即考虑一个对一个的影响）的干扰影响为主要研究对象，很少系统考虑三个建筑间的干扰作用。

本章主要分析在不同地貌、不同宽度比、不同高度比的一个（双建筑配置）和两个施扰建筑（三建筑配置）在不同间距下对下游受扰建筑顺风向的动力干扰效应。评估顺风风向干扰效应的因素有很多，本章主要以受扰建筑的均方根基底弯矩响应为主，参考式（1-2）采用以下形式定义顺风向动力干扰效应的干扰因子：

$$IF = \frac{\text{有扰时的顺风向均方根基底弯矩响应 } \sigma_{M_y, Resp}}{\text{无干扰时的顺风向均方根基底弯矩响应 } \sigma_{M_y, Resp}} \qquad (6-1)$$

在本章中，为了简化起见，除了特殊的说明外，所有 IF 均指以上基于顺风向基底弯矩响应的干扰因子，IF_D、IF_B 和 IF_{Smooth} 则分别特指在 D 类、B 类和均匀流场下的顺风向动力干扰干扰因子。由前述第 3.3.1 节的讨论可知由以上定义的干扰因子是和折算风速有关的，折算风速的定义为

$$V_r = \frac{V_h}{f_0 b} \qquad (6-2)$$

本书一共分析了 11 种折算风速 2～12 的情况，并将其结果存入数据库内

（对于第 7 章要讨论的横风向动态干扰问题也是如此），可以对任意折算风速情况进行分析和比较。由于所考虑的变化因素太多，在和已有研究结果比较的基础上，本章主要分析一些比较典型的折算风速情况。

从便于引用和形成简洁条文的角度出发，用不同折算风速的干扰因子的包络值（即取不同折算风速下的最大干扰因子）作为干扰因子的取值参考（因为 $V_r \geqslant 10$ 的折算风速在实际工程结构难以发生，故包络分析的折算风速上限取为 9），最终在此基础上总结出顺风向包络干扰因子的分布规律。

6.1 基本配置的结果与分析

所谓基本配置是指施扰建筑和受扰建筑同样大小的情况，在本书中的研究对象为 600 mm×100 mm×100 mm 的正方形截面建筑模型。

6.1.1 和现有结果的比较以及双建筑配置的结果

1. 和现有结果的比较

要将所有文献的结果进行有效的比较是比较困难的，这主要是由于不同文献的试验条件有较大的差别。如不同地貌类型（主要是湍流度）对干扰响应有非常大的影响是一个已经达成共识的结论。而由于各国规范存在着差异，不同文献所采用的风剖面指数也各不相同，相应的湍流度的差异就更大。另外，模型配置以及所采用的不同测试方法不尽一致也是造成试验结果差异的主要因素。

对于双建筑配置的顺风向动力干扰研究，Bailey 和 Kwok 做过的工作中有在地貌指数 $\alpha=0.15$ 的工况和本书的 B 类地貌较为接近，测试内容也为基底弯矩响应，其模型的高宽比为 9：1，采用双自由度刚性摇摆气弹模型方法。考虑折算风速为 6 的情况，将其结果和本书结果相比见图 6-1。由图中可见这两种结果具有一定的吻合性。

以上两种结果不可避免存在一定的差别，除了前面所提的原因之外，可能还和各自试验中所采用的移动网格的间距，尤其是在 y 方向的移动间隔的差异有关，本书试验在 y 方向的移动间距为 $0.8b$，而文献[32]的间隔为 $1b$。

图 6-2 为本书试验在 $x = 5.1b$ 的干扰因子分布，其中"+"为实测结果，实线为神经网络的预测结果。在理论上，测点越密（即间距越小）所得到的结果越逼近真实的干扰因子分布（当然这意味需要更多的试验工况）。故如果采用更大

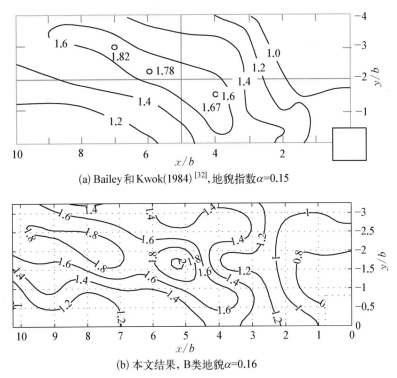

(a) Bailey 和 Kwok(1984)[32]，地貌指数 $\alpha=0.15$

(b) 本文结果，B 类地貌 $\alpha=0.16$

图 6-1　双建筑配置顺风向弯矩响应干扰因子比较，折算风速 $V_r=6$

的移动间隔 $1b$ 进行试验的话，则测取的干扰因子应该分别对应于图中的"△"点。在这种情况下，预测的干扰因子分布大致只能按图示虚线分布，在这种情况下的最大干扰因子要明显比小步长的小，由 2 降到 1.84 左右，相应的最大位置则在 $y=2b$ 处，这个结果则更加接近图 6-1(a) 中文献[32]的结果。

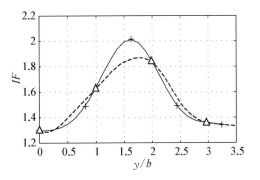

图 6-2　$x=5.1b$ 的干扰因子分布

　　当然，以上的说明在理论上并不是十分严密的。移动间隔的选取实际上类似于信号处理中的采样间隔的选取。选用太大的移动间隔类似于使用较大的采样间隔，如果不满足采样定理的话，它将会使得采样的信号会产生混淆问题，最直接的表现就是丢失了信号中的高频分量，信号变化变得不那么剧烈。此问题体现在干扰因子分布上为大间隔移动的干扰因子分布显得比较规则如图 6-1(a)，而小间隔移动的干扰因子分布显得不那么规则(微小波动所引起,见图 6-1(b)。以上分析也说明本书选用 0.8b 作为 y 方向移动间隔的合理性,它比习惯上采用 1b 或更大的移动间隔的试验方案所得到的数据更加准确。如果采用 1b 的横向移动间隔则最终在后续章节所述的干扰因子包络分布所产生的误差会更大,如图 6-3 所示,两种测量方案的误差可能会高达 15%。

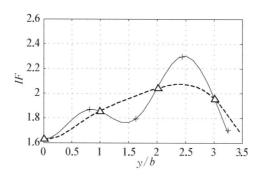

图 6-3 $x=3.1b$ 的包络干扰因子分布

黄鹏对双建筑配置情况作了细致的研究,且所用地貌类型和配置以及试验方法均和本书类似。图 6-4 给出在折算风速为 3.9 时其顺风向动力干扰因子 IF_{DX} 和本书的比较(本书的折算风速为 4.0),图中实线为本书根据试验结果采用神经网络方法预测的结果。由图中可见,当试验条件较为接近时,在不同风洞中实施的试验结果是有比较好的可比性的。

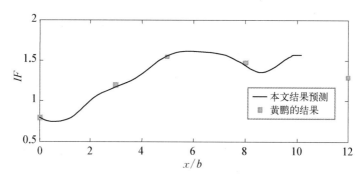

图 6-4 顺风向动力干扰响应和黄鹏(2001)[23]结果的比较($y=1.5b$)

2. 双建筑配置的结果

对于基本双建筑配置,图 6-5 以及图 6-1(b)列出在折算风速为 6 时不同地貌下的试验分析结果。由图可见,地貌对建筑间的干扰效应的确存在很大的差别。其实即使是同一种地貌,如果模拟出的湍流度分布不同,其结果也有较大的差异,这大概是目前多数试验结果存在差异的主要原因之一。由以上几图还可以看出随着地貌的粗糙化,干扰因子迅速下降,最大 IF 值由均匀流场的 7 下降到 D 类流场的 1.2 左右,见图 6-5。

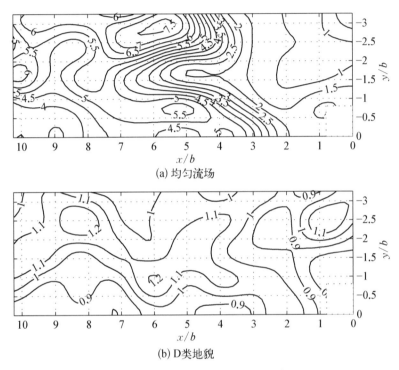

(a) 均匀流场

(b) D 类地貌

图 6-5 双建筑配置顺风向动力干扰效应($V_r=6$)

折算风速对顺风向动力干扰效应也有影响,图 6-6 列出了不同折算风速下顺风向动力干扰因子的分布。由图中可以看出,尽管它们之间存在差别,但在总体上所显示的分布特征是一致的,且在 $V_r \leqslant 8$ 的折算风速内,干扰因子的分布

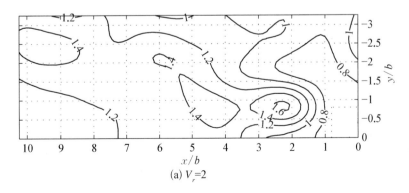

(a) $V_r=2$

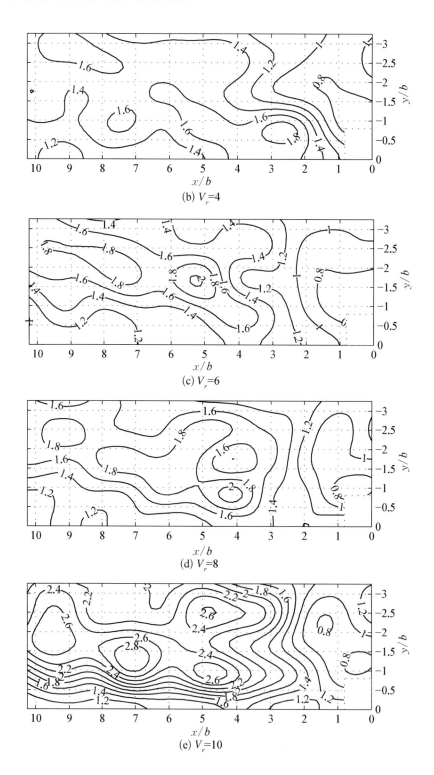

(b) $V_r=4$

(c) $V_r=6$

(d) $V_r=8$

(e) $V_r=10$

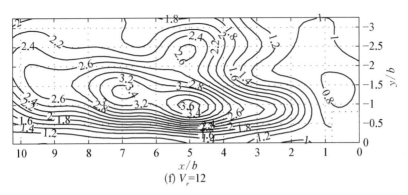

(f) $V_r=12$

图 6-6　不同折算风速对顺风向动力干扰效应的影响(B 类地貌)

也比较相近。IF 的最大值随 V_r 的增加而增加,在折算风速为 12 时的最大 IF 可高达 3.6,但 $V_r = 10$ 的情况在实际工程结构中已极少发生。

6.1.2　三建筑配置

1. 最大干扰位置

考虑 B 类地貌下且折算风速为 8 的情况,图 6-7 给出前 5 个最显著的干扰位置及其相应的干扰因子值。试验观测到的最大干扰因子为 3.74,发生在当两个施扰建筑处于$(2.1b,-1.6b)$、$(4.1b,0.8b)$位置上时。由于顺风向动力干扰因子具有对称性,故在其和 x 轴对称的位置上同样具有相应的最大值。

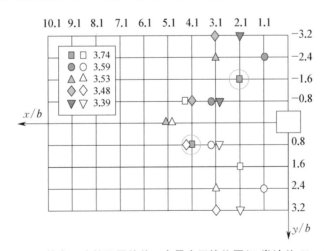

图 6-7　基本三建筑配置的前 5 个最大干扰位置(B 类地貌,$V_r=8$)

而对应于双建筑配置情况,相应最大干扰因子值只有 2.09,发生于施扰建筑处于$(4.1b,-0.8b)$上的时候,见图 6-6(c)。由于对称关系在$(4.1b,0.8b)$

上其干扰因子也为 2.09,而该位置恰好对应于三建筑配置的最大位置。这意味着在双建筑最大干扰效应的位置上,增加一个施扰建筑会使得其干扰因子增加 79%。可见三个建筑间的干扰影响更加不容忽视。

2. 典型位置干扰因子分布

同时考虑两个施扰建筑的影响时,在同一种配置下的干扰变化因素有四个(即反映两个施扰建筑相对位置的四个坐标值),直接采用图形方法表示它们对干扰因子的影响比较困难。以下给出一些典型位置的干扰因子分布,考虑当 A 建筑位于双建筑配置中的最大干扰位置上时,处于不同施扰位置的 B 建筑对干扰因子的影响,分析结果见图 6-8。由图中可见,干扰因子等值分布图中出现两个非常明显的峰值,一个就是该配置的最大值位置,另外一个实际是对应于图 6-7 中的第 4 最大值位置($IF = 3.48$),这两个峰值分别对应于两个施扰建筑分别置于来流方向两边和来流方向一侧的情况。

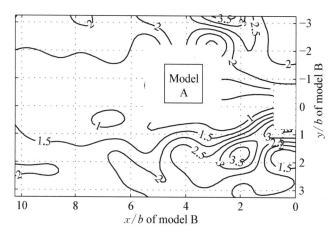

图 6-8 施扰建筑 A 位于(4.1b,$-0.8b$)时施扰建筑 B 对干扰因子分布的影响(B 类地貌,$V_r=8$)

固定施扰建筑 A 于(3.1b,$-3.2b$),考察施扰建筑 B 位于不同位置时对受扰建筑的影响,结果见图 6-9。除了有以上讨论的第 4 最大之外,和双建筑物配置情况的图 6-6(d)比较可见,处于该位置的 A 建筑从总体上加大了 B 建筑对受扰建筑的顺风向干扰效应,除去局部的极大效应外,两个施扰建筑分置来流两侧时的干扰效应更为明显。

当 A 建筑位于串列位置(5.1b,0)上时,图 6-10 给出这种情况下不同位置的施扰建筑 B 对受扰建筑的影响。由图中可见,当两个施扰建筑接近于串列位置时,对受扰建筑的干扰效果并不明显,类似的现象也可以在图 6-8 中看到。

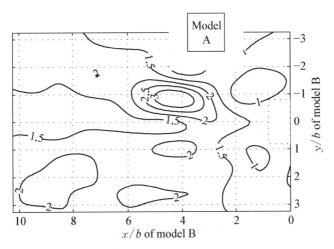

图 6-9 施扰建筑 A 位于(3.1b, -3.2b)时施扰建筑 B
对干扰因子分布的影响(B 类地貌,V_r=8)

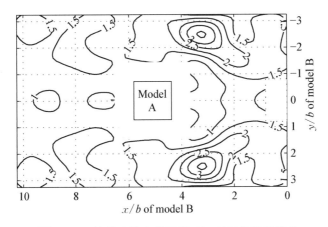

图 6-10 施扰建筑 A 位于(5.1b, 0)时施扰建筑 B
对干扰因子分布的影响(B 类地貌,V_r=8)

只有两个施扰建筑错开排列时才有可能形成比较大的干扰效果。

注意到图 6-7 所示的前 5 组最大干扰因子的最大位置的两个施扰建筑均处于错开斜列方式,没有一组是处于对称排列的,且两个施扰建筑均处于离受扰建筑较近的区域,分析本工况所有的试验结果,干扰因子大于 3 的所有施扰建筑的纵向间距均不超过 5.1b。这大致上可以解释为受扰建筑的顺风向效应和来流的湍流度密切相关,相距太远的上游建筑的尾流在传输过程中由于能量耗散到了受扰建筑时作用减弱,故干扰效果没有相近时显著。

由以上分析也可以看出,干扰效应较显著均是当受扰建筑处于上游建筑的高速尾流边界区上的时候,这一点和双建筑配置是一致的。

3. 典型干扰位置的功率谱密度分析

通过对基底弯矩功率谱密度的分析,可以进一步加深对干扰机理的认识。图 6-11 给出四种干扰位置的顺风向倾覆弯矩功率谱密度函数和其孤立状态的相应值的比较(B 类地貌),图 6-11(a)—(c)为对应于显著影响的干扰位置,图(d)为无影响位置。从前 3 种情况受扰后的顺风向基底弯矩功率谱密度中可以看到从上游施扰建筑中脱落的旋涡的作用结果。在以上各图中的横坐标为折算

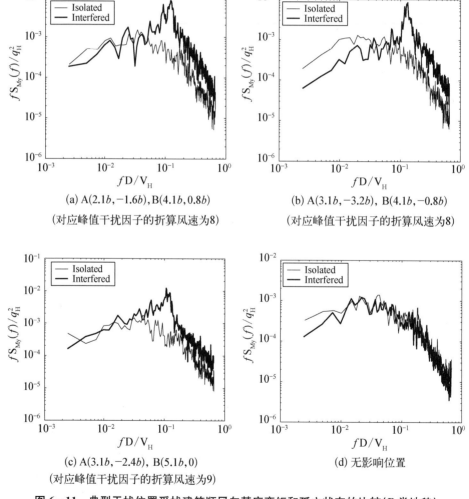

(a) A(2.1b, -1.6b),B(4.1b, 0.8b)

(对应峰值干扰因子的折算风速为8)

(b) A(3.1b, -3.2b),B(4.1b, -0.8b)

(对应峰值干扰因子的折算风速为8)

(c) A(3.1b, -2.4b),B(5.1b, 0)

(对应峰值干扰因子的折算风速为9)

(d) 无影响位置

图 6-11 典型干扰位置受扰建筑顺风向基底弯矩和孤立状态的比较(B 类地貌)

频率,它为折算风速的倒数,对于以上分析的折算风速为 8 的情况,相当于:

$$\frac{f\mathrm{D}}{V_\mathrm{H}} = \frac{1}{8} = 0.125 \qquad (6-3)$$

最终的结构基底弯矩响应和该点附近的功率谱密度值直接相关,参见式 (3-77)。由图 6-11 可以看出,当施扰建筑处于显著的干扰位置上时,其对应基底弯矩的功率谱密度在对应折算风速的折算频率处均比孤立状态的大,这种情况下的干扰因子就有比较显著的增加。

4. 地貌影响

对于顺风向动力干扰效应,考虑不同地貌类型对干扰效果的影响。表 6-1 列出不同地貌下顺风向最大动力干扰因子及其相应的干扰位置,表中最大干扰因子一栏中括号内的数值为对应双建筑配置的最大值。由表中可见,干扰因子随地貌的粗糙化迅速衰减,但在 D 类地貌下最大的干扰因子仍有 1.67。均匀流场下,三建筑配置的干扰效应最为明显,干扰因子可达 27.92,比相应双建筑物配置情况高出 363%;其他 B 类和 D 类流场的相应值分别相差 78% 和 25%。这些都说明三建筑间的干扰效应均要比两建筑的干扰效应强。这里要指出的是,双建筑配置在 D 类地貌中的结果也和 Kwok 的观测结果相近。

表 6-1　不同地貌类型下的最大干扰因子($V_r=8$)

地 貌 类 型	最大干扰因子	发 生 位 置
均匀流场	27.92 (6.02)	A(2.1b, −1.6b) B(4.1b, 1.6b)
B 类	3.74 (2.09)	A(2.1b, −1.6b) B(4.1b, 0.8b)
D 类	1.67 (1.33)	A(4.1b, −1.6b) B(4.1b, 1.6b)

由表 6-1 还可注意到最大的干扰因子发生位置均和受扰建筑相距较近,发生位置大致相当。图 6-12 为均匀流场下,固定施扰建筑 A 于最大干扰位置上时,另外一个施扰建筑 B 所处不同位置对干扰因子的影响。

在最显著的干扰位置上,将受扰建筑的顺风向倾覆弯矩功率谱密度和其孤立状态下的对应值相比见图 6-13。

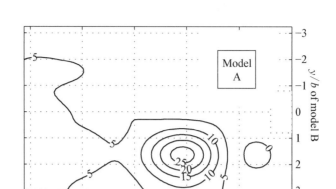

图 6-12　施扰建筑 A 位于 $(2.1b，-1.6b)$ 时施扰建筑 B 对干扰因子分布的影响（均匀流场，$V_r=8$）

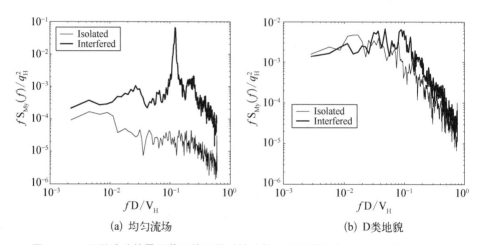

(a) 均匀流场　　　　　　　　　(b) D 类地貌

图 6-13　不同地貌的最显著干扰位置受扰建筑顺风向基底弯矩和孤立状态的比较

　　由图 6-13 和图 6-11(a)可见,均匀流场的功率谱随着地貌的粗糙化,有干扰和没干扰的功率谱密度的差异程度在减少。D 类地貌下,有干扰情况的和无干扰情况的功率谱较为接近;在较低频范围内,有干扰情况的功率谱密度要比无干扰的小;在高频部分(大致在折算频率＞0.1 以上),有干扰的功率谱密度才普遍大于孤立状态。比较不同地貌类型对干扰效应的影响,可以采用统计的方法分析比较这三种地貌下的干扰因子分布,结果见图 6-14。

　　由图 6-14 可以看出,在均匀流场下的普遍施扰位置的干扰因子均大于 2,大部分的在 5 以上,有几个特殊位置的干扰因子可高达 28;在 B 类地貌下,大部

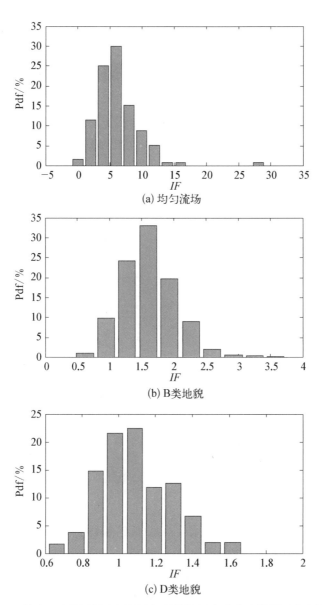

图 6‐14　基本三建筑配置在不同流场下的顺风向动力干扰因子分布($V_r=8$)

分位置的干扰因子也超过了 1.6；D 类地貌下则只有少数位置的 IF 值可以超过 1.6，大部分施扰位置的 IF 只有 1.1 左右。

　　由图中还可以看出，在所考虑的施扰建筑的移动区域 Ω 内，所有移动位置最终构成的干扰因子分布接近于正态分布，但小概率的大干扰因子是实实在在的客观存在，不能忽视它们的存在。

6.1.3 基本配置干扰因子的包络分析

由以上分析可见,顺风向动力干扰因子随折算风速存在较大变化,从便于引用和最终能形成简洁条文的角度出发,用不同折算风速的干扰因子的包络值(即取不同折算风速下的最大干扰因子)作为干扰因子的取值参考(因为 $V_r \geqslant 10$ 的折算风速在实际工程结构难以发生,故包络分析的折算风速上限取为9,本章的第6.5节将对此问题做进一步的论述),最终在此基础上总结分析顺风向包络干扰因子的分布规律。在以下分析过程中,在以不产生混淆的前提下,仍将包络干扰因子简称为干扰因子。

1. 基本地貌结果

1)双建筑配置

在 B 类地貌下,双建筑配置的顺风向干扰因子包络分布为图6-15。

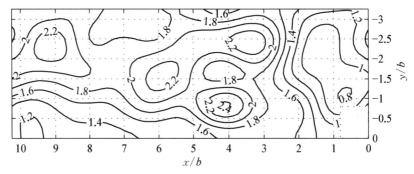

图6-15 基本双建筑配置顺风向动力干扰因子包络分布(V_r=2~9)

2)三建筑配置

三建筑配置的干扰因子要显著高于双建筑配置,由于折算风速9更接近临界折算风速,故考虑2~9间不同折算风速的干扰因子包络值比单在 $V_r=8$ 时的大,分析结果表明最显著的干扰因子值可由双建筑配置的2.43升至6.5,这种情况的上升幅度要远高于以上所分析的折算风速为8的情况。

图6-16为当一个施扰建筑固定在临界施扰位置($3.1b$,$-2.4b$)时的包络干扰因子分布。由图中可见,在相当大的移动区域内包络干扰因子都相当显著,取值超过3.5。

三建筑配置的干扰因子分布的表示存在一定的困难,根据试验得到的包络干扰因子采用神经网络方法进行建模后作细化分析,根据不同施扰位置配置情

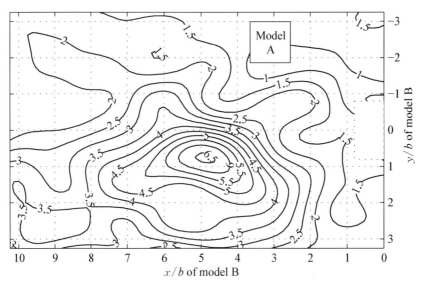

图 6‑16　固定 A 于(3.1b，−2.4b)时的干扰位置分布(B 类地貌，$V_r=2\sim9$)

况的最大值,按照可分原则分若干个区域来表示当施扰建筑落入这些区域时的
包络干扰因子的大致取值范围,结果见图 6‑17。

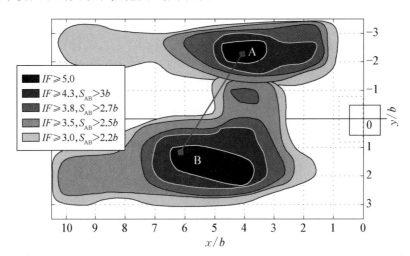

图 6‑17　基本三建筑配置的显著干扰位置分布(B 类地貌，$V_r=2\sim9$)

　　由图中可知,在 B 类地貌下,当两个施扰建筑(A 和 B)分别位于图中所示的
颜色最深和次深区域时,其干扰因子可能分别会超过 5 和 4.3。图中标注栏的
S_{AB} 表示两个施扰建筑的间距。实际应用中应对于落入图示区域且符合以上条
件的施扰建筑的干扰作用应付以足够的关注。

2. 不同地貌下的数据相关性

对于基本三建筑配置,用相关分析方法分析不同地貌干扰因子间存在的蕴含关系。取 B 类地貌下的试验数据作为参考数据,和 D 类地貌下位于同样施扰建筑位置的包络干扰因子进行比较,结果见图 6-18。由图中可见,同一施扰位置在 B 类和 D 类地貌下的干扰因子仍然存在比较明显的线性相关性。根据数据回归分析可得 D 类、B 类两种地貌下的干扰因子满足以下关系($\varepsilon=0.12$):

$$IF_D = 0.599 + 0.332 IF_B \qquad (6-4)$$

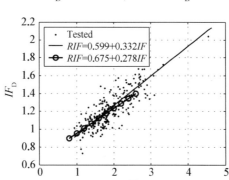

图 6-18　基本配置在 B 类和 D 类地貌下的 *IF* 值的相关性

图中"$RIF = 0.675 + 0.278IF$"直线是基本双建筑配置的相应"$IF_D \sim IF_B$"关系的回归结果。由于三建筑配置的干扰因子要远大于双建筑配置情况,由图中可见双建筑配置干扰因子的回归结果在其可能的取值范围内和三建筑配置的回归结果是较为接近的,故对于这两种配置情况可统一取三建筑配置的回归结果,即用式(6-4)统一表示,由图中可见这样选取对于双建筑配置将偏于安全。

按照以上结果,对应于三建筑配置在 B 类地貌下的显著干扰区域的定义(见图 6-17),在 D 类地貌下,对应于图 6-17 的 5 个区域的干扰因子可能取值分别为 $IF \geqslant 2.26$、$IF \geqslant 2.03(S_{AB} > 3b)$、$IF \geqslant 1.86(S_{AB} > 2.7b)$、$IF \geqslant 1.76$ $(S_AB > 2.5b)$ 和 $IF \geqslant 1.60(S_{AB} > 2.2b)$。

6.2　施扰建筑宽度的影响

在施扰建筑和受扰建筑等高的情况下,取 $B_r = 0.5$、0.75、1.0、1.5、2.0 五

种不同宽度比的一个和两个施扰建筑,分析它们对受扰建筑的影响。先分析双
建筑配置情况。

6.2.1　双建筑配置

1. 干扰因子的一般分布特征

在 B 类地貌下,在 $V_r = 8$ 时,不同宽度比的顺风向动力干扰因子分布见图
6 - 19 的(a)—(e)。

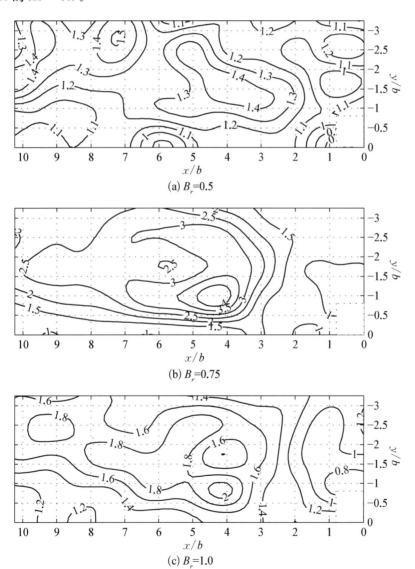

(a) $B_r = 0.5$

(b) $B_r = 0.75$

(c) $B_r = 1.0$

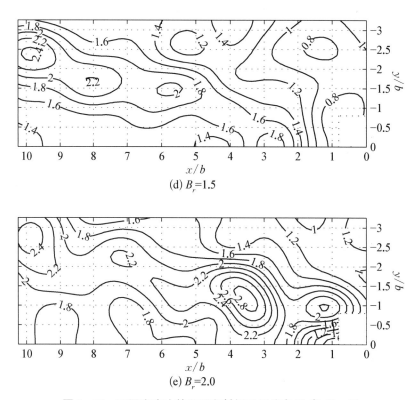

(d) $B_r=1.5$

(e) $B_r=2.0$

图 6-19 不同宽度比的顺风向抖振因子分布（B 类，$V_r=8$）

在同一种折算风速的情况下，以上不同宽度比配置所显示的干扰因子分布具有一定的相似之处，就是显著的干扰因子均发生在受扰建筑处于施扰建筑的尾流边界上，上游建筑脱落的旋涡增加了尾流中的脉动成分使得湍流得以增强，最终导致受扰建筑产生较大的响应。以上的部分结果和本书在第 1.1.3.3 节引述 Taniike 等（1988，1992）的结果类似，但以上结果显示顺风向 IF 随 B_r 的变化并非呈现简单递增趋势，它否定了 Taniike 提出的有关"顺风向 IF 随 B_r 的增加而增加"的结论。

在以上分布中还注意到在 $B_r=0.75$ 时，其最大干扰因子明显大于其他几种情况，且最大区域比较集中，这主要是由于施扰建筑脱落在尾流中的旋涡频率接近受扰建筑的结构固有频率而产生涡激共振所引起的，详见下节分析。

2. 尾流涡激共振机理分析

设施扰建筑的斯脱洛哈数为 S_t，受扰建筑的结构固有频率为 f_s、宽度为 b，则结构高度处风速为 V_h 时的折算风速 V_r 为

$$V_r = \frac{V_h}{f_s b} \qquad (6-5)$$

得

$$f_s = \frac{V_h}{V_r b} \qquad (6-6)$$

而相应宽度比为 B_r 的上游结构的涡脱频率为

$$f = S_t \frac{V_h}{b B_r} \qquad (6-7)$$

由此可得施扰建筑的旋涡脱落频率和受扰建筑固有频率之比为

$$\frac{f}{f_s} = \frac{S_t \dfrac{V_h}{b B_r}}{\dfrac{V_h}{V_r b}} = \frac{S_t V_r}{B_r} \qquad (6-8)$$

当上式等于 1 时，受扰建筑的固有频率和施扰建筑尾流中的旋涡频率一致，意味着共振的发生，从而产生较大的共振响应，相应的干扰因子值也远高于其他的非共振情况。以 B 类流场的正方形截面的建筑为例，试验观测到的斯脱洛哈数大致在 0.1 左右，故此时发生涡激共振的折算风速为

$$V_r = \frac{B_r}{S_t} = \frac{B_r}{0.1} = 10 B_r \qquad (6-9)$$

上式可以解释圆柱对方形建筑干扰的涡激共振问题，圆建筑的斯脱洛哈数为 0.15，故当受扰建筑和圆柱直径一致时，其涡激共振的折算风速为

$$V_r = \frac{B_r}{S_t} = \frac{1}{0.15} = 6.7 \qquad (6-10)$$

这和 Bailey 和 Kwok(1985)观测到的临界风速为 6.8 的结论是一致的。对应于本书研究的五种宽度比的施扰建筑，它们所对应的能产生涡激共振的折算风速以及相应的折算频率分别列于表 6-2。

这就可以解释上节分析中为何在列出的不同宽度比配置的五种干扰因子分布图中唯独当宽度比为 0.75 时的干扰因子最大，对照表 6-2 可知该配置接近尾流涡激共振情况。

表6-2　不同宽度比施扰建筑的尾流涡激共振折算风速

宽度比 B_r	折算风速	折算频率
0.5	5	0.2
0.75	7.5	0.13
1.0	10	0.1
1.5	15	0.067
2.0	20	0.05

在表中大于1的两种宽度比的高折算风速实际中很少碰见,没有实用价值。对于宽度比为0.5、0.75和1.0的配置所对应的涡激共振的临界折算风速应该分别为5,7.5(本研究取8)和10(数据分析显示实际共振折算发生在11,这和反映结构的实际旋涡脱落频率的斯脱洛哈数 S_t 有关)。图6-20为这三种配置在对应这三种折算风速下的干扰因子分布,由图可见这种情况下的干扰因子均要比其他情况的大,这进一步验证了以上推断。

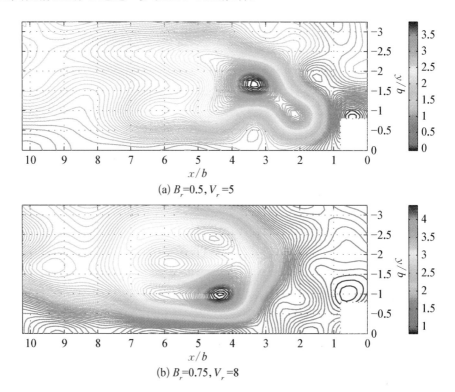

(a) B_r=0.5, V_r=5

(b) B_r=0.75, V_r=8

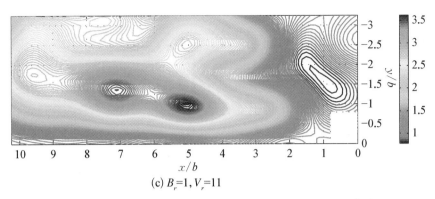

(c) $B_r=1, V_r=11$

图 6-20　不同宽度比发生尾流涡激共振的干扰因子分布（B 类地貌）

图 6-21 分别为对应于图 6-20 中 $B_r=0.5$ 和 1.0 两种配置的两个显著干扰位置的受扰建筑的顺风向倾覆弯矩的功率谱密度和其孤立状态时的比较。从中可以明显看出，在所对应的折算风速下，结构的固有频率和激振力的峰值频率一致，故产生较大的共振响应。比较图 6-21 中两种配置结构在受扰后的功率谱密度函数的峰值可以发现，宽度比大的施扰建筑诱发出的功率谱密度峰值附近的能量要远高于小宽度比配置的相应情况，这种情况下前者的影响要高于后者。

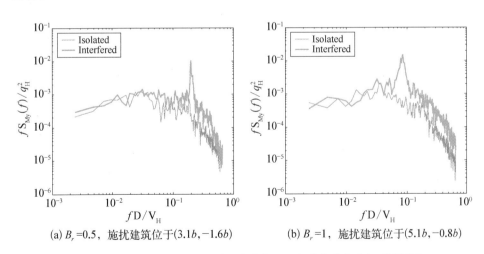

(a) $B_r=0.5$，施扰建筑位于$(3.1b, -1.6b)$　　　　(b) $B_r=1$，施扰建筑位于$(5.1b, -0.8b)$

图 6-21　发生尾流涡激共振时受扰建筑顺风向功率谱密度（B 类地貌）

注意到在图 6-20 所显示的尾流涡激共振区域均相对比较稳定，基本上固定在某一区域，这主要取决于规则的旋涡的形成有一定的空间需求。同时还注意到随着宽度比的增加，产生涡激共振的施扰建筑和受扰建筑的间距在增大。

这大致可以解释为施扰建筑产生的旋涡频率和宽度有关,宽度小的产生小尺度的高频旋涡而宽度大的施扰建筑产生大尺度的低频旋涡,前者形成所需的空间距离要比后者小。

在 D 类地貌中,高湍流对上游施扰建筑的旋涡脱落有一定的抑制作用,所以尾流涡激共振问题没有 B 类地貌明显。

3. 一般干扰机理

作用于高层建筑上的顺风向风荷载(包括顺风向倾覆弯矩)一般和名义来流风速的平方成正比,脉动部分则通常可近似认为和平均风速与脉动风速之积成正比,即:

$$\bar{M}_y = kV^2, \quad \widetilde{M}_y = cVu \qquad (6-11)$$

其中,k、c 分别为比例系数;V 和 u 分别为来流的平均风速和脉动风速,后者和来流的湍流结构有关,并且 $\widetilde{M}_y$ 所对应的功率谱密度函数应该也和 V、u 乘积的平均成正比。式中 V、u 之积和 Sykers(1983)定义的湍流动能相当,后者定义为 V 和 u 的有效值的乘积。这里应该指出的是以上关系只限于顺风向情况,对于横风向,风致结构荷载将变得更为复杂,但部分机理依然类似,V、u 的影响依然占很大的作用。

由式(6-11)可见受扰建筑的顺风向脉动风荷载同时取决于两部分,来流的速度和湍流结构。在上游施扰建筑的尾流边界上,V、u 一般都比较大,故当受扰建筑位于这些部位上时,所受荷载就越强,当然此时相应的结构响应也就越显著。

4. 包络分布及其相关性

对于不同宽度比双建筑配置,在可能的折算风速范围 $(V_r = 2 \sim 9)$ 内的相应包络干扰因子分布见图 6-22。

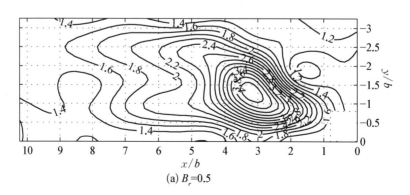

(a) B_r=0.5

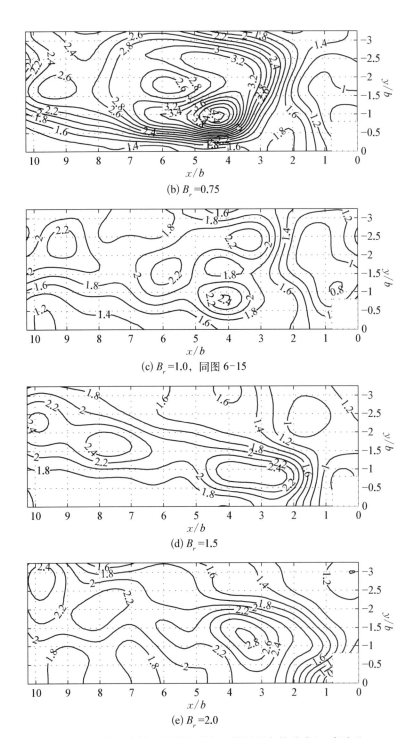

(b) $B_r = 0.75$

(c) $B_r = 1.0$，同图 6-15

(d) $B_r = 1.5$

(e) $B_r = 2.0$

图 6-22　不同宽度比双建筑配置的顺风向干扰因子包络分布（B 类地貌，$V_r = 2 \sim 9$）

由于不同宽度比施扰建筑的临界干扰位置有所不同,发生涡激共振响应的临界折算风速也不尽一致,这些都影响了不同宽度比干扰因子包络分布的相关性(或者说是不同配置包络干扰因子分布的相似性)。如图 6-23 为 B 类地貌下,$B_r = 1$ 和 $B_r = 0.5$ 双建筑配置包络干扰因子分布的比较,尽管大部分数据存在一定的线性相关性,但反映相关程度的相关系数较低,只有 0.43。同时 $B_r = 0.5$ 的临界干扰因子分布和 $B_r = 1$ 的相关性更差,由图中可见,相应的点远远偏离于回归的直线。

不同配置的包络干扰因子在 B 类、D 类地貌下的相关性较好,反映数据相关程度的相关系数在 0.7~0.85,回归结果的相互比较见图 6-24。考虑到数据仍存在一定的离散性,故在整体上,从偏于保守的角度出发,建议以 $B_r = 1.5$ 的回归结果作为取值标准,即:

$$IF_D = 0.896 + 0.21 IF_B \tag{6-12}$$

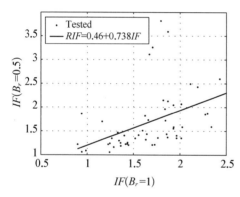

图 6-23 不同宽度比包络干扰因子的比较(B 类)　　图 6-24 不同宽度比配置 *IF* 值在不同地貌下的相关性

6.2.2　三建筑配置

1. 基本统计分析

通过对双建筑配置的分析可以看出,宽度比对受扰建筑顺风向动力干扰效应有非常大的影响,考虑三个建筑间的干扰影响的情况更是如此,且情况比双建筑配置更加复杂。首先观察不同地貌类型,折算风速为 3、5、8、10 下各种宽度比的干扰因子的分布统计特性,结果见图 6-25。

由图中可见,对于 B 类地貌和双建筑配置观测的一样仍存在尾流涡激共振问题,发生较大干扰因子的折算风速与其对应的宽度比之规律和双建筑情况一样。在图中列出的几种折算风速中，$V_r = 3$ 不存在涡激共振问题；$V_r = 5、8、10$ 的最大干扰因子分别出现在 $B_r = 0.5、0.75、1$ 的配置上。由于高湍流抑制了漩涡的形成，故在 D 类地貌中没有这种问题，或者说比较微弱。

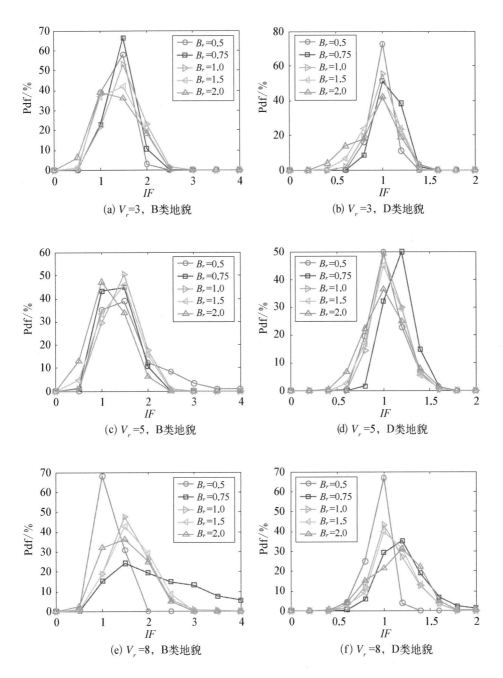

(a) $V_r = 3$，B 类地貌　　　　　(b) $V_r = 3$，D 类地貌

(c) $V_r = 5$，B 类地貌　　　　　(d) $V_r = 5$，D 类地貌

(e) $V_r = 8$，B 类地貌　　　　　(f) $V_r = 8$，D 类地貌

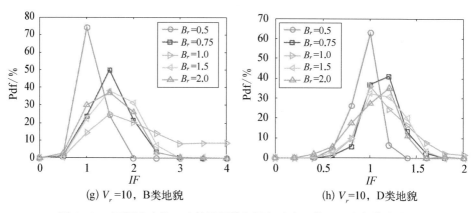

(g) V_r=10，B类地貌 (h) V_r=10，D类地貌

图 6 - 25 不同宽度比三建筑配置的顺风向动力干扰因子分布统计特性

在两类地貌中可以看出小宽度比的施扰建筑在高折算风速下的干扰效应在大大降低，且在非涡激共振风速的干扰因子分布接近于正态分布，$B_r = 1.5$ 和 2.0 两种宽度比配置的干扰因子分布较为接近。

2. 尾流涡激共振分析

上节采用统计方法定性地分析了不同宽度比的两个建筑对受扰建筑的顺风向动力干扰影响，以下将对各种配置方案的最显著干扰位置情况进行比较分析。

1）不同折算风速的最大干扰因子分布

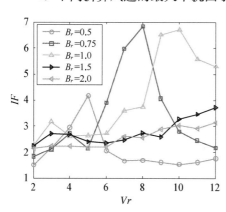

图 6 - 26 最大干扰因子随折算风速的变化(B 类地貌)

表 6 - 3 列出了 B 类地貌下不同折算风速所出现的最大干扰因子值及其相应的施扰建筑位置。将以上各种宽度比配置的最大干扰因子随折算风速变化绘制成曲线，见图 6 - 26。由图中可见，对于存在涡激共振的三种小宽度比情况，折算风速对干扰因子有非常大的影响，而其他两种大尺度情况则有所不同，最大干扰因子在所讨论的范围内随折算风速的变化就比较平稳，总体上呈现线性递增的趋势且两者相当接近。

对于表 6 - 3 所圈出的三个对应于涡激共振响应的情况，进一步考察其干扰因子的分布规律，固定一个施扰建筑于最大干扰位置的一个位置上，改变另外一个施扰建筑的位置，其干扰因子分布分别见图 6 - 27。

表 6 - 3　B 类地貌下不同折算风速和施扰建筑宽度的最大顺风向动力干扰因子

折算风速	$B_r=0.5$	位置 $(x/b, y/b)$	$B_r=0.75$	位置 $(x/b, y/b)$	$B_r=1.0$	位置 $(x/b, y/b)$	$B_r=1.5$	位置 $(x/b, y/b)$	$B_r=2.0$	位置 $(x/b, y/b)$
2	1.51	(6.1, −1.6) (2.1, 0)	1.83	(4.1, −1.6) (8.1, 1.6)	2.28	(4.1, −3.2) (2.1, −0.8)	2.23	(4.1, −3.2) (8.1, 1.6)	2.13	(6.1, −3.2) (6.1, 1.6)
3	2.15	(4.1, −1.6) (2.1, 0)	2.11	(4.1, −1.6) (4.1, 1.6)	3.17	(4.1, −3.2) (3.1, −0.8)	2.7	(4.1, −3.2) (4.1, −1.6)	2.25	(6.1, −3.2) (2.1, 1.6)
4	2.95	(2.1, −3.2) (2.1, −1.6)	2.72	(4.1, −1.6) (4.1, 1.6)	2.61	(6.1, −2.4) (4.1, −0.8)	2.68	(4.1, −3.2) (4.1, −1.6)	2.24	(2.1, −3.2) (4.1, −1.6)
5	4.17	(4.1, −1.6) (4.1, 1.6)	2.15	(7.1, −3.2) (5.1, 2.4)	2.65	(7.1, −2.4) (7.1, 2.4)	2.4	(4.1, −1.6) (6.1, 1.6)	2.19	(2.1, −3.2) (4.1, −1.6)
6	2.06	(6.1, −3.2) (4.1, −1.6)	3.9	(2.1, −1.6) (4.1, 0)	2.72	(0, −2.4) (2.1, −0.8)	2.36	(0, −3.2) (4.1, −1.6)	2.2	(2.1, −3.2) (4.1, −1.6)
7	1.67	(6.1, −1.6) (2.1, 0)	5.98	(2.1, −1.6) (4.1, 0)	3.6	(3.1, −1.6) (4.1, 0.8)	2.48	(7.1, −3.2) (10.1, 2.4)	2.61	(0, −3.2) (4.1, −1.6)
8	1.7	(6.1, −1.6) (2.1, 0)	6.83	(4.1, −1.6) (4.1, 1.6)	3.74	(2.1, −1.6) (4.1, 0.8)	2.73	(7.1, −3.2) (8.1, 2.4)	2.57	(4.1, −3.2) (10.1, 1.6)
9	1.62	(8.1, −3.2) (10.1, 1.6)	4.06	(2.1, −1.6) (6.1, 0)	6.51	(3.1, −2.4) (5.1, 0.8)	2.59	(10.1, −3.2) (10.1, 3.2)	2.89	(0, −3.2) (4.1, −1.6)
10	1.54	(0, −3.2) (4.1, −1.6)	2.8	(0, −1.6) (4.1, 0)	6.71	(3.1, −2.4) (5.1, 0.8)	3.26	(4.1, −3.2) (6.1, 0)	3.05	(0, −3.2) (4.1, −1.6)
11	1.62	(6.1, −1.6) (8.1, −1.6)	2.46	(0, −1.6) (4.1, 0)	5.58	(3.1, −2.4) (6.1, 0.8)	3.46	(4.1, −3.2) (6.1, 0)	2.91	(0, −3.2) (4.1, −1.6)
12	1.76	(8.1, −3.2) (6.1, 1.6)	2.18	(6.1, −3.2) (8.1, 0)	5.3	(5.1, −2.4) (9.1, 1.6)	3.71	(6.1, −3.2) (8.1, 1.6)	3.14	(0, −3.2) (4.1, −1.6)

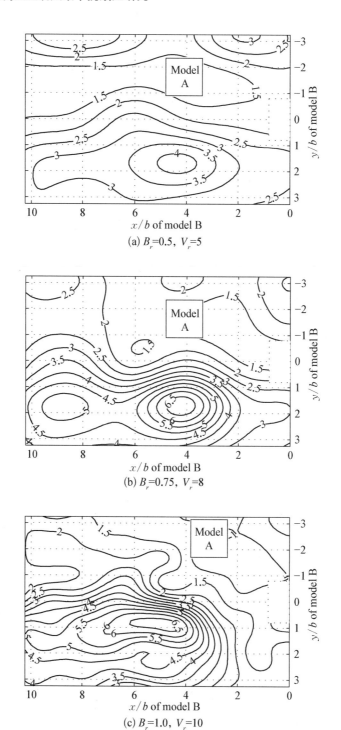

(a) $B_r=0.5$, $V_r=5$

(b) $B_r=0.75$, $V_r=8$

(c) $B_r=1.0$, $V_r=10$

图 6‐27 三种小宽度比的涡激共振干扰因子分布特性(固定 A 建筑, B 类)

由图中可见,在 B 类地貌建筑位于一
个相当大的范围,干扰因子都相当大,因
而在涡激共振折算风速时,较大干扰因子
会占有较大的比例,如图 6-25 的(b)、
(c)、(d)所示,它意味着在很多的施扰建
筑位置上的相应干扰效应均会比较显著。

D 类地貌下,不同施扰建筑宽度的
最大干扰因子随折算风速变化见图
6-28。由于高湍流的流场对上游脱落的
旋涡的形成起到较大的抑制作用,所以对
$B_r = 0.5$、0.75、1 三种宽度比的施扰建
筑,尽管在涡激共振风速附近的干扰因子

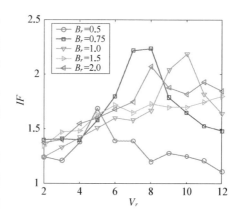

图 6-28　最大干扰因子随折算风速的
变化(D 类地貌)

仍比较大,但相对 B 类地貌情况已经衰减了许多。不过,此时对于 $B_r = 0.75$ 和 1
的情况,它们的最大干扰因子均超过 2.2,按图中的变化趋势仍有可能达到 2.5。

和 B 类地貌的观测结果一致,对于存在涡激共振可能性宽度比的施扰建筑,
其对受扰建筑的干扰响应和折算风速仍然有较大的关系。表 6-4 列出相应 D
类地貌下不同折算风速所出现的最大干扰因子值及其相应的施扰建筑位置。

2) 典型施扰位置的功率谱比较

和双建筑配置情况一样,当折算风速和宽度比满足式(6-7)时,位于某些位
置上的施扰建筑形成的旋涡冲击在受扰建筑上,会产生涡激共振问题。

对于 B 类地貌,考察不同宽度比配置,当两个施扰位于表 6-3 中画圈内的坐
标位置时,受扰建筑顺风向倾覆弯矩功率谱密度和其孤立状态的比较见图 6-29。

由图 6-29 的(a)、(b)、(c)可见,由宽度比为 0.5/0.75/1.0 的施扰建筑的
干扰作用使得受扰建筑的顺风向倾覆弯矩的功率谱中产生折算频率分别为
0.2/0.13/0.1 的尖峰,故受扰建筑在相应的折算风速下产生了较大的共振响
应,这根据和式(6-7)的推测是一致的。对应于以上图中四种配置的四个位置,
计算出它们的干扰因子随折算风速的变化见图 6-30。

图 6-29(d)对应的峰值大致为 0.067,它所对应的共振折算风速为 15,但对
于实际的高层建筑结构,这种情况已非常罕见。

D 类地貌下,当两个施扰位于表 6-4 中的显著干扰位置时,受扰建筑顺风
向倾覆弯矩功率谱密度和其孤立状态的相应比较见图 6-31。相应的干扰因子
随折算风速的变化见图 6-32。

表 6-4 D 类地貌下不同折算风速和施扰建筑宽度的最大顺风向动力干扰因子

折算风速	$B_r = 0.5$	位置 $(x/b, y/b)$	$B_r = 0.75$	位置 $(x/b, y/b)$	$B_r = 1.0$	位置 $(x/b, y/b)$	$B_r = 1.5$	位置 $(x/b, y/b)$	$B_r = 2.0$	位置 $(x/b, y/b)$
2	1.24	(3.1, −3.2) (10.1, 2.4)	1.4	(7.1, −3.2) (6.1, 2.4)	1.24	(4.1, −3.2) (4.1, −1.6)	1.34	(3.1, −3.2) (0, 2.4)	1.37	(7.1, −3.2) (10.1, 2.4)
3	1.21	(2.1, −1.6) (8.1, 1.6)	1.41	(2.1, −1.6) (6.1, −1.6)	1.33	(4.1, −3.2) (4.1, −1.6)	1.47	(7.1, −3.2) (8.1, 2.4)	1.4	(0, −1.6) (2.1, −1.6)
4	1.38	(2.1, −1.6) (2.1, 1.6)	1.4	(7.1, −3.2) (4.1, 2.4)	1.42	(7.1, −3.2) (5.1, 2.4)	1.48	(7.1, −3.2) (8.1, 2.4)	1.55	(0, −1.6) (2.1, −1.6)
5	1.69	(2.1, −1.6) (4.1, 1.6)	1.58	(7.1, −3.2) (6.1, 2.4)	1.51	(2.1, −1.6) (4.1, 0)	1.63	(7.1, −3.2) (8.1, 2.4)	1.6	(0, −3.2) (4.1, −1.6)
6	1.39	(6.1, −3.2) (4.1, 1.6)	1.8	(2.1, −1.6) (4.1, 1.6)	1.6	(0, −1.6) (2.1, 0)	1.72	(7.1, −3.2) (7.1, 2.4)	1.68	(6.1, −3.2) (4.1, 1.6)
7	1.39	(10.1, −3.2) (4.1, −1.6)	2.22	(2.1, −1.6) (4.1, 0)	1.58	(2.1, −3.2) (4.1, −1.6)	1.65	(0, −3.2) (4.1, −1.6)	1.75	(0, −3.2) (4.1, −1.6)
8	1.2	(4.1, −3.2) (4.1, 1.6)	2.24	(4.1, −1.6) (4.1, 1.6)	1.67	(4.1, −1.6) (4.1, 1.6)	1.73	(7.1, −3.2) (7.1, 2.4)	2.07	(0, −3.2) (4.1, −1.6)
9	1.28	(2.1, −3.2) (6.1, 1.6)	1.79	(4.1, −1.6) (4.1, 1.6)	2.04	(4.1, −1.6) (4.1, 1.6)	1.7	(7.1, −3.2) (7.1, 2.4)	1.88	(0, −3.2) (4.1, −1.6)
10	1.25	(2.1, −3.2) (6.1, 1.6)	1.65	(6.1, −3.2) (4.1, 1.6)	2.19	(4.1, −1.6) (4.1, 1.6)	1.7	(7.1, −3.2) (7.1, 2.4)	1.82	(0, −3.2) (4.1, −1.6)
11	1.21	(0, −1.6) (6.1, −1.6)	1.53	(6.1, −3.2) (4.1, 1.6)	1.82	(4.1, −1.6) (4.1, 1.6)	1.75	(7.1, −3.2) (4.1, 2.4)	1.93	(0, −3.2) (4.1, −1.6)
12	1.11	(2.1, −1.6) (8.1, 1.6)	1.48	(2.1, −1.6) (8.1, 1.6)	1.64	(4.1, −1.6) (4.1, 1.6)	1.8	(7.1, −3.2) (4.1, 2.4)	1.85	(0, −3.2) (4.1, −1.6)

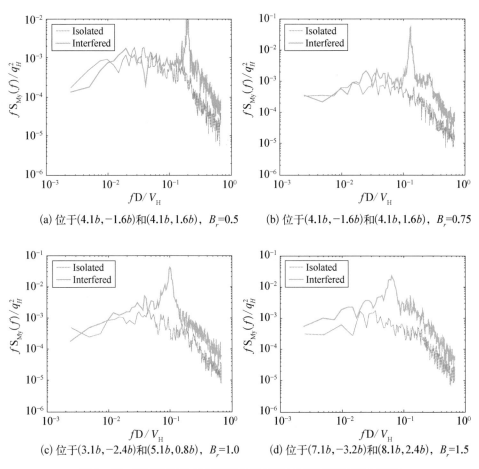

(a) 位于$(4.1b, -1.6b)$和$(4.1b, 1.6b)$，B_r=0.5

(b) 位于$(4.1b, -1.6b)$和$(4.1b, 1.6b)$，B_r=0.75

(c) 位于$(3.1b, -2.4b)$和$(5.1b, 0.8b)$，B_r=1.0

(d) 位于$(7.1b, -3.2b)$和$(8.1b, 2.4b)$，B_r=1.5

图 6-29 施扰建筑位于显著干扰位置时受扰建筑的顺风向基底弯矩功率谱密度变化（B 类地貌）

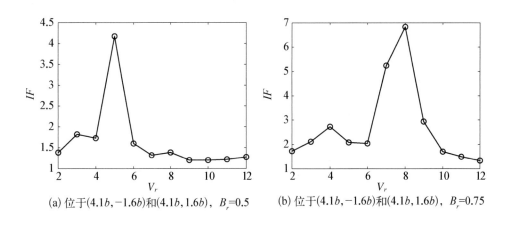

(a) 位于$(4.1b, -1.6b)$和$(4.1b, 1.6b)$，B_r=0.5

(b) 位于$(4.1b, -1.6b)$和$(4.1b, 1.6b)$，B_r=0.75

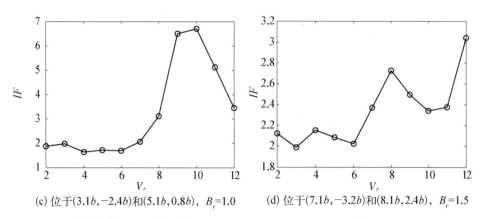

(c) 位于(3.1b,−2.4b)和(5.1b,0.8b)，B_r=1.0   (d) 位于(7.1b,−3.2b)和(8.1b,2.4b)，B_r=1.5

图 6‑30   施扰建筑位于显著干扰位置时受扰建筑的干扰因子随折算风速变化（B 类地貌）

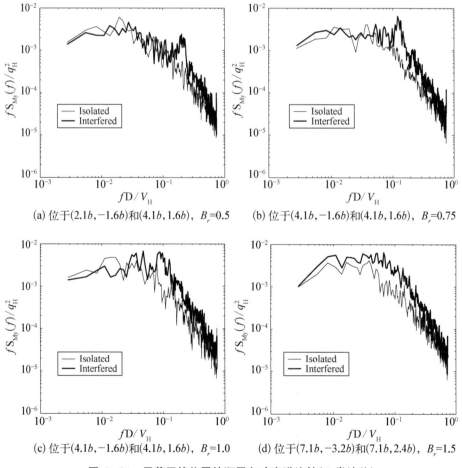

(a) 位于(2.1b,−1.6b)和(4.1b,1.6b)，B_r=0.5   (b) 位于(4.1b,−1.6b)和(4.1b,1.6b)，B_r=0.75

(c) 位于(4.1b,−1.6b)和(4.1b,1.6b)，B_r=1.0   (d) 位于(7.1b,−3.2b)和(7.1b,2.4b)，B_r=1.5

图 6‑31   显著干扰位置的顺风向功率谱比较（D 类地貌）

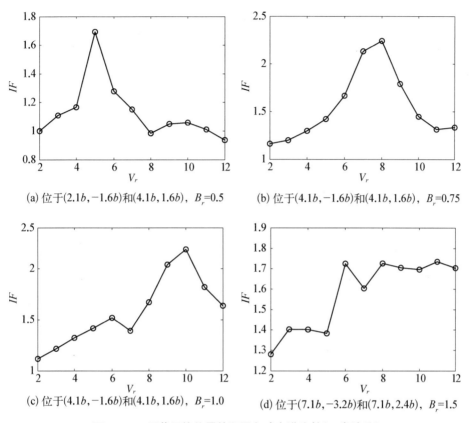

(a) 位于$(2.1b, -1.6b)$和$(4.1b, 1.6b)$，B_r=0.5　　(b) 位于$(4.1b, -1.6b)$和$(4.1b, 1.6b)$，B_r=0.75

(c) 位于$(4.1b, -1.6b)$和$(4.1b, 1.6b)$，B_r=1.0　　(d) 位于$(7.1b, -3.2b)$和$(7.1b, 2.4b)$，B_r=1.5

图 6 - 32　显著干扰位置的顺风向功率谱比较(D 类地貌)

　　和 B 类地貌相比，受扰后的功率谱密度的峰值已不太明显，前三种宽度比仍可以辨别出。图 6 - 31(d)只是取自折算风速为 8 时最大干扰因子所对应的施扰位置情况，这种情况下施扰建筑的作用是进一步增强了流场的湍流成分而已，没有可以辨别出的峰值出现。

　　3. 折算风速对顺风向动力干扰因子的影响

　　由以上的分析可见，对于给定的宽度比 B_r，如果按式(6 - 7)算出的临界折算风速位于可能出现的折算风速范围内，则对于该折算风速，当施扰建筑处于一定特定位置时，会产生比较大的涡激共振响应。在这种情况下，处于该施扰位置上的施扰建筑对受扰建筑的动力干扰效应就和折算风速有非常大的关系，且显然该干扰因子随折算风速的变化不会是一个递减关系，见图 6 - 26和图 6 - 28。事实上在临界共振风速下，不同施扰位置的干扰因子都要比非共振风速的大。

除了存在涡激共振因素的折算风速和干扰位置之外，对于一般情况，表6-3和表6-4列出的不同折算风速下的最大顺风向动力干扰因子所对应的干扰位置也说明在不同的干扰位置上，干扰因子随折算风速的变化的规律性不是很强。对于某些特定位置的观测结果，不能作为一种普遍性的规律加以总结，这同时也正说明动力干扰问题的复杂性，只用少数的几个试验位置不可能总结出干扰效应的一般规律。

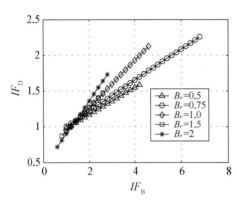

图6-33 不同宽度比三建筑配置 *IF* 值
在不同地貌下的相关性

4. 不同地貌下的包络干扰因子的相关性

对于基本双建筑和三建筑配置，第6.1节图6-18的分析已显示其包络干扰因子在B类、D类地貌下具有较好的线性相关性，且两种地貌下的干扰因子的关系可用式(6-4)表示。对于其他不等宽度比的三建筑配置，B类、D类地貌下的干扰因子包络分布的同样具有较强的线性相关性。图6-33列出以上不同宽度比配置的回归关系的比较。由图可见，断面尺度越大的施扰建筑在高湍流度流场中所产生的顺风向动力放大作用更强，当然对于遮挡效应区域（*IF*<1 的区域）情况则相反，在这些区域内更大的施扰物所产生的 *IF* 更小，即遮挡效应更大。以下方程组为对应于图6-33中5种不同配置的回归分析结果：

$$IF_{D}=\begin{cases} 0.789+0.19IF_{B}, & B_{r}=0.5 \\ 0.789+0.216IF_{B}, & B_{r}=0.75 \\ 0.599+0.332IF_{B}, & B_{r}=1 \\ 0.605+0.333IF_{B}, & B_{r}=1.5 \\ 0.438+0.462IF_{B}, & B_{r}=2 \end{cases} \quad (6-13)$$

根据以上关系可以对不同配置在两种地貌下的干扰因子进行转换，由一种地貌的数据可以近似地推测另外一种地貌的包络干扰因子数据。

5. 不同宽度比配置间的包络干扰因子的相关分析

由于动态干扰效应的复杂性，和双建筑配置一样，同一地貌下不同宽度比配置间的包络干扰因子的相关性较差，见图6-34。

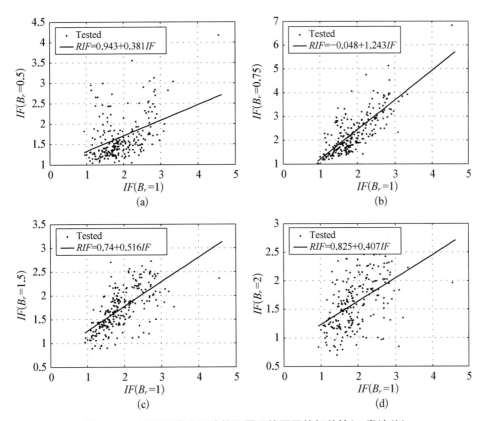

图 6‑34　不同宽度比三建筑配置干扰因子的相关性（B 类地貌）

图中 $IF(B_r = 1)$ 表示基本配置 $B_r = 1$ 的干扰因子，$IF(B_r = 0.5)$、$IF(B_r = 0.75)$、$IF(B_r = 1.5)$ 和 $IF(B_r = 2.0)$ 则分别表示其他宽度比 $B_r = 0.5$、0.75、1.5 和 2.0 的干扰因子。由图中可见，$B_r = 0.75$ 和 $B_r = 1.5$ 的结果和基本配置的关联程度较高，但由于总体上数据离散性仍较大，这样用其回归结果进行估算的可信度较低，没有太大的参考价值。因此，试图采用基本配置结果来估算其他宽度比的干扰因子是不可行的。

6. 其他宽度比配置 IF 值的包络分布

从以上分析基本可以看出，不同宽度比配置的动态包络干扰因子间并不存在显著的相关性，也就不可能由基本配置的包络干扰因子分布来推测评估其他宽度比情况的包络干扰因子分布，因此对于其他宽度比的干扰因子的分布特性，必须重新加以分析。

和基本三建筑配置一样，以下给出显著区域干扰分布的方式描述其他宽度比三建筑配置的包络干扰因子分布，见图 6‑35。图中区域的分界划分

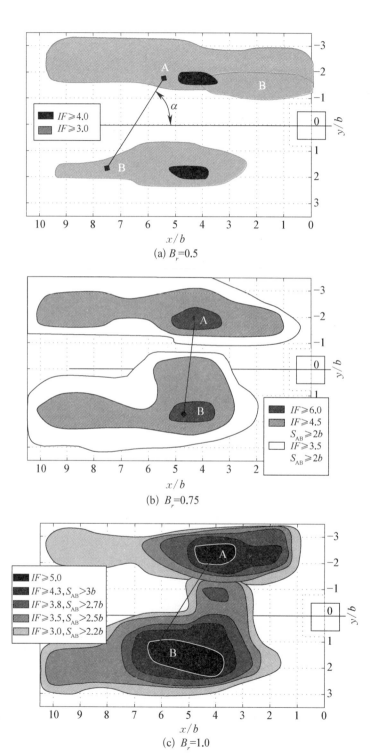

(a) B_r=0.5

(b) B_r=0.75

(c) B_r=1.0

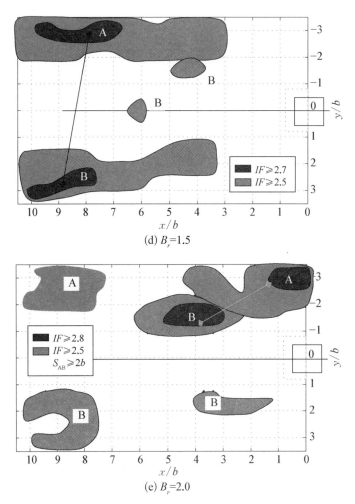

(d) B_r=1.5

(e) B_r=2.0

图6-35 不同宽度比配置包络干扰因子的显著区域分布(V_r=2~9)

采用已能清楚刻画分布结果为准,它能比较满意地描述三个建筑间的干扰特征。

由图中可见,由于包含和接近顺风向的尾流涡激共振问题,前三种配置($B_r \leqslant 1$)的区域界定较为明显,当然干扰效果也较为显著。

而对于其他两种较大宽度比配置的,由于远离共振风速,包络干扰因子较小,两种配置的最大包络干扰因子均没有超过3(当然由于采用较大的移动间距,所得的结果可能会没有包含最大的 IF 值而偏于危险)。除了最显著的干扰位置,其他的位置的界定就较为困难,即使勉强给出,看起来也不很清晰,见图6-35(d),采用这种方式界定可能不是十分有效。对于两种大宽度比的包络干扰因子分布,由于都远离共振折算风速,两种分布间仍具有较大的相似性,统计分析结果显示他们存在较大的相关性。

6.3 施扰建筑高度的影响

在施扰建筑和受扰建筑等宽度的情况下,取 $H_r = 0.5$、0.75、1.0、1.25、1.5 五种不同的高度比的一个和两个施扰建筑,分析它们对受扰建筑的影响。

6.3.1 双建筑配置

1. 基本折算风速下的 IF 分布

首先分析折算风速为 8 的情况。在 B 类地貌下不同高度配置比干扰因子等值分布分别见图 6-36。

在 B 类地貌下,由于孤立状态的湍流度偏低,$H_r = 0.5$ 的施扰建筑起到了增加湍流度的作用见图 6-36(a),这种效应在高湍流度的 D 类地貌中将明显降

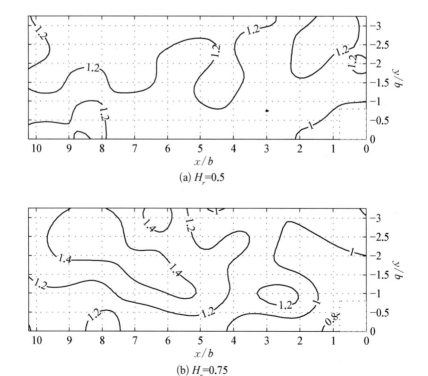

(a) H_r=0.5

(b) H_r=0.75

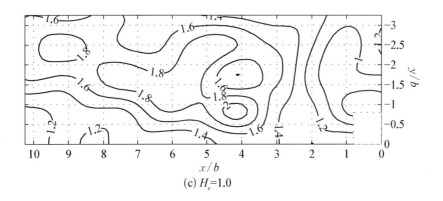

(c) H_r=1.0

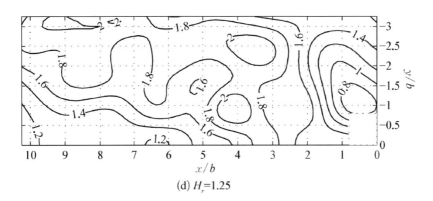

(d) H_r=1.25

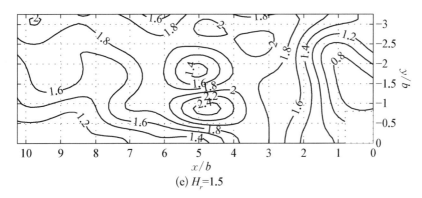

(e) H_r=1.5

图 6‑36　不同高度比配置顺风向基底响应弯矩干扰因子(B 类,V_r＝8)

低,即使是 $H_r=0.75$ 的情况也是如此。将以上配置在两种地貌下的最大 IF 值进行对比,结果见表 6‑5,表中括号内为相应施扰建筑的位置,IF 数值为直接取自试验分析的结果。

表 6-5　高度比对顺风向最大 *IF* 的影响(双建筑配置,$V_r=8$)

H_r	B 类地貌	D 类地貌
0.50	$1.33(5.1b,-3.2b)$	$1.0(10.1b,-3.2b)$
0.75	$1.58(8.1b,-2.4b)$	$1.09(9.1b,-2.4b)$
1.00	$2.09(4.1b,-0.8b)$	$1.33(4.1b,-1.6b)$
1.25	$2.18(4.1b,-0.8b)$	$1.33(3.1b,-2.4b)$
1.50	$2.43(5.1b,-0.8b)$	$1.58(3.1b,-0.8b)$

　　从总体上看,具有显著干扰效应的施扰建筑高度应该是在 0.75 倍受扰建筑的高度以上,干扰效应也随施扰建筑的高度的增加而增加,在两种地貌下,高度比为 1.5 的干扰效果要比 1.25 的有显著的增加。

　　2. 包络分布的相关性

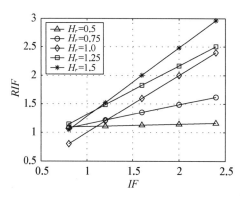

图 6-37　不同高度双建筑配置的相关性

　　B 类地貌下,由不同折算风速的干扰因子分布可以得到 $V_r=2\sim9$ 范围内的包络分布,考虑这些配置的包络分布和基本配置结果(图 6-15)的相关性,结果见图 6-37。

　　这里应当指出的是,在分析中,高度比大于 1 的两种配置和基本配置的相关性较好,较矮的两种则差些。但图中所反映出来的不同配置干扰因子的变化趋势仍然是合理的,就是随着施扰建筑高度的增加包络干扰因子在增强。从图中也可以看出,$H_r=0.5$ 的情况变化甚小,基本保持不变,这恰好说明这种高度的施扰建筑基本不产生影响。在 B 类地貌中,它所起到的作用是增加了流场的湍流度,这导致顺风向动力响应有轻微的增加。对应于图中 5 条回归直线的方程为

$$RIF=\begin{cases}1.06+0.043IF, & H_r=0.5\\ 0.808+0.339IF, & H_r=0.75\\ IF, & H_r=1\\ 0.466+0.85IF, & H_r=1.25\\ 0.089+1.197IF, & H_r=1.5\end{cases} \quad (6-14)$$

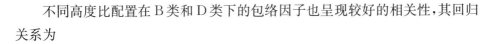

不同高度比配置在 B 类和 D 类下的包络因子也呈现较好的相关性,其回归关系为

$$IF_D = \begin{cases} 0.764 + 0.279IF_B & H_r = 0.5 \\ 0.697 + 0.220IF_B & H_r = 0.75 \\ 0.675 + 0.287IF_B & H_r = 1 \\ 0.735 + 0.248IF_B & H_r = 1.25 \\ 0.913 + 0.214IF_B & H_r = 1.5 \end{cases} \qquad (6\text{-}15)$$

6.3.2　三建筑配置

1. 最大干扰因子分布

表 6-6 列出了当 $V_r = 8$ 时不同高度的两个施扰建筑对受扰建筑顺风向动力干扰效应的最大干扰因子。由表中可见,最大干扰因子亦随高度的增加而增加,并且由试验结果可见,即使是在 D 类地貌其干扰因子在 $H_r = 1.5$ 时可高达 3.18,这个结果比基本配置的相应值高出 90%。

表 6-6　高度比对顺风向最大 *IF* 的影响(三建筑配置,V_r=8)

H_r	B 类地貌	D 类地貌
0.50	1.22(0, −3.2*b*)(8.1*b*, −1.6*b*)	1.17(7.1*b*, −3.2*b*)(0, 2.4*b*)
0.75	2.36(2.1*b*, −1.6*b*)(4.1*b*, 0)	1.29(4.1*b*, −1.6*b*)(10.1*b*, 1.6*b*)
1.00	3.74(2.1*b*, −1.6*b*)(4.1*b*, 0.8*b*)	1.67(4.1*b*, −1.6*b*)(4.1*b*, 1.6*b*)
1.25	4.16(2.1*b*, −1.6*b*)(4.1*b*, 1.6*b*)	2.6(4.1*b*, −1.6*b*)(4.1*b*, 1.6*b*)
1.50	5.16(2.1*b*, −1.6*b*)(4.1*b*, 1.6*b*)	3.18(2.1*b*, −1.6*b*)(6.1*b*, 1.6*b*)

和表 6-5 比较可见,在相同的配置和地貌情况下,两个施扰建筑产生的干扰因子也要比一个施扰建筑的大。等高配置的两个施扰建筑的干扰效果在 B 类地貌下要比一个的高出 79%,相应在 D 类地貌相差仍有 25%;对于 $H_r = 1.5$,在两种地貌下的相应差别则分别有 112% 和 101%。

2. 统计分析

分析不同地貌下不同高度比对不同位置干扰因子的分布规律的影响见图 6-38(a)—(f)。由图中可见,只有当施扰模型高度比超过 0.75 时,对受扰建筑的顺风向动力响应才会有比较显著的影响；在非共振风速下，高度比越大，干扰效应越明显。

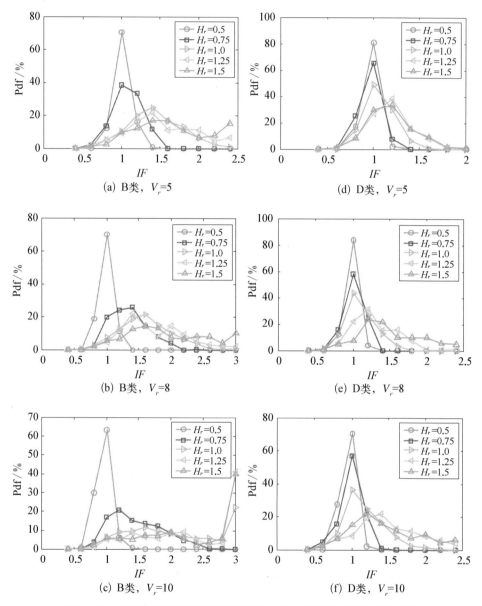

图 6 - 38　不同高度比三建筑配置的顺风向动力干扰因子分布统计特性

同时注意到，当 $V_r = 10$ 时，由图 6 - 38(c)—(f)显示，$H_r = 1.25$ 和 1.5 的两种配置情况的干扰因子分布趋于一致。

3. 包络分布及不同工况配置的相关分析

B 类地貌下,取不同高度比三建筑配置的包络分布 $(V_r = 2 \sim 9)$,同样考虑不同高度比配置包络分布和基本配置情况的相关性,结果见图 6 - 39。由于采用更多的试验点数,其统计规律更趋于合理。由图中可见,高度比变化对动态干扰效应有较大的影响,在几种高度比中,从 $H_r = 1.25 \sim 1.5$ 的干扰因子变化区域平缓,这和上节的分析结论大致相当。的确从图中也可以看出,$H_r = 0.5$ 的影响基本可以忽略。

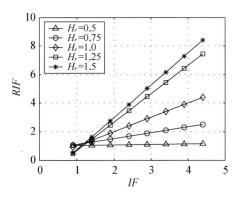

图 6 - 39　不同高度比三建筑配置包络干扰因子相关特征(B 类地貌)

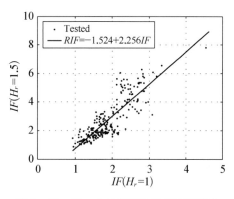

图 6 - 40　$H_r = 1.5$ 包络干扰因子和基本配置的比较(B 类地貌)

由于在包络分析中所取的干扰风速更接近于涡激共振的临界风速,这使得在基本三建筑配置的最大包络干扰因子可高达 6.5。若采用 和 $H_r = 1.5$ 的粗网格试验,则只能观测到 4.5 的干扰因子值见图 6 - 40,相应 $H_r = 1.5$ 配置的结果可接近 8(回归结果为 8.6)。如果按照 $H_r = 1$ 的最大值 6.5 推测的话,则相应 $H_r = 1.5$ 配置的最大值可高达 13,是基本配置相应值的两倍。对应于图 6 - 39 中几种配置的回归关系式为:

$$RIF = \begin{cases} 1.011 + 0.031IF, & H_r = 0.5 \\ 0.698 + 0.408IF, & H_r = 0.75 \\ IF, & H_r = 1 \\ -1.317 + 1.988IF, & H_r = 1.25 \\ -1.524 + 2.256IF, & H_r = 1.5 \end{cases} \quad (6 - 16)$$

不同高度比配置在 B 类和 D 类下的包络因子也呈现较好的相关性,尤其对于高度比大于 1 的配置情况其相关性更好。图 6 - 41 列出 5 种不同的高度比配

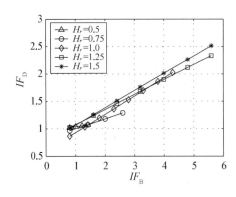

图 6-41 不同高度比包络干扰因子在 B、D 两类地貌下的比较

置在 B 类、D 类地貌下在其取值范围内的回归结果的比较。由图中可见,几种配置间 IF 值分布的回归关系大致相当。其相应的回归关系式为

$$IF_D = \begin{cases} 0.946 + 0.093IF & H_r = 0.5 \\ 0.819 + 0.181IF & H_r = 0.75 \\ 0.599 + 0.332IF & H_r = 1.00 \\ 0.806 + 0.273IF & H_r = 1.25 \\ 0.757 + 0.314IF & H_r = 1.50 \end{cases}$$

$$(6-17)$$

和双建筑配置一样,较小高度比的干扰因子数据的离散性较大、相关性较差,故考虑到回归的数据仍存在一定的离散性,从偏于保守的角度出发,建议取 $H_r = 1.5$ 的结果作为两种地貌干扰因子的转换关系,即:

$$IF_D = 0.757 + 0.314IF_B \qquad (6-18)$$

6.4 移动网格步长的影响

以上讨论了各种施扰建筑参数对干扰效应的影响,在即将结束本章讨论的时候,有必要再次强调一下施扰建筑移动网格步长对所测干扰因子分布的影响。在第 6.1.1.1 节的图 6-2 已显示横风向移动间隔步长的改变会直接影响到干扰因子分布结果的准确性。对于基本双建筑配置,若在 x 轴方向取 2 倍现有试验移动步长的移动间距,则测出的相应图 6-1(b)的干扰因子分布见图 6-42。

由图中可见,在 x 方向采用更大的移动间隔($2b$)得到的干扰因子的等值分布曲线较小间隔的规则,结果也更接近于图 6-1(a)所示的结果。所以采用不同的移动间隔和施扰建筑位置也是导致造成不同试验结果相异的一个主要因素。这里应该指出的是,干扰因子试验结果等值分布的规则性并不意味着它比看起来有点杂乱的分布的准确。从信号处理的角度上看,大步长(大采样间隔)只能测到信号中的低频部分,而高频部分被丢弃,甚至会产生虚假的低频分量(即所谓信号的混淆现象)。

在以上的试验对比中,图 6 - 42 的结果大致和小间隔的相当,但在对于小宽度比情况,采用 2 倍的 x 方向移动步长会导致较大的误差,图 6 - 43 为采用不同顺风向移动间隔测出的 $B_r = 0.5$ 双建筑配置的顺风向干扰因子包络分布的比较。

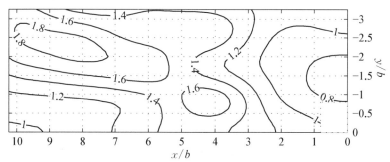

**图 6 - 42　双建筑配置顺风向弯矩响应干扰因子分布,
折算风速 $V_r = 6$, x 方向的移动间隔为 $2b$**

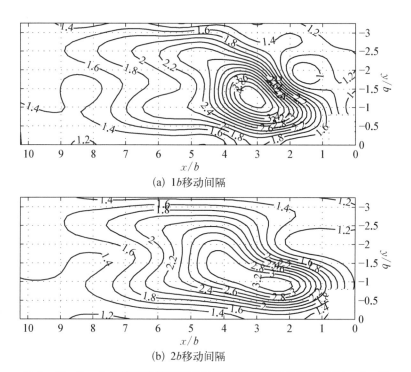

(a) 1b移动间隔

(b) 2b移动间隔

图 6 - 43　$B_r = 0.5$ 的双建筑配置的顺风向干扰因子包络分布($V_r = 2 \sim 9$)

由图中可见,采用较大的移动间隔将使得测出的最大包络干扰因子由原来的 4 左右降到 3.2,两者的误差高达 20%。因此为了尽可能得到符合实际情况的干扰因子分布,应尽可能采用较小的移动间隔,但这样一来也就意味着需要更大的试验工作量。

在本书试验中,所有双建筑配置包括基本三建筑配置在 B 类地貌下均采用 $(1b, 0.8b)$ 的移动步长,考虑到可接受的试验工作量,其他的三建筑配置则采用了大一级的移动间隔。

6.5 关于折算风速的选取范围

本书在计算动力干扰因子包络值时,折算风速的最高取值主要是根据现有一些工程的结果和参照有关规范而定,现有的典型工程参考以下几个。

(1)深圳地王大厦

深圳地王大厦主楼高 324 m,高宽比约为 9,实测结果的一阶自振周期为 5.59 s。深圳地区的基本风压按 100 年重现期为 900 Pa,按照 C 类地貌折算,可得其结构高度处的风速为

$$V_H = \sqrt{\dfrac{2 \times 0.616 \times 900 \times \left(\dfrac{324}{10}\right)^{0.44}}{1.2}} \approx 65.34 \, (\text{m/s})$$

相应的折算风速为:

$$V_r = \frac{V_H}{f_0 D} = \frac{65 \times 5.59}{\dfrac{324}{9}} = 10.09$$

(2)上海金茂大厦

上海金茂大厦总高 420.5 m,分析中将其简化为带 10% 凹角的一截面准方形截面柱体,去掉天线和设备层后的高度为 $H = 365.7$ m,$D = 50$ m,地貌取为 B 类地貌,基本风压取为 550 Pa,可得相应的 $V_H = 53.3$ m/s。结构的第一阶模态频率为 0.161 5 Hz,故可算出其相应的折算风速为

$$V_r = \frac{V_H}{f_0 D} = \frac{53.3}{0.161 \, 5 \times 50} = 6.6$$

但如果基本风压按 900 Pa 选取,则相应的折算风速为

$$V_r = 8.44$$

（3）深圳新世纪中心（建设中）

即使是目前较为普遍的 200 多米高的超高层建筑，其设计的折算风速在某些特殊的情况下也有可能会比较高。例如，建设中的深圳新世界中心高度只有 243 m，但其结构主平面采用偏型的梯形结构见图 6 - 44[注]，结构在 y 方向的第一阶自振周期为 5.07 s。根据 100 年重现期的基本风压，折算出该建筑结构高度处的风速为 61.3 m/s。在考虑 $\beta = 0$ 度方向的风振响应时，应以图中的梯形平面的高度作为参考尺度，即：

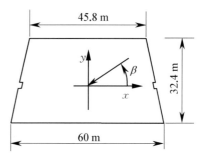

图 6 - 44　深圳新世界中心主平面结构

$$D = 32.4 \text{ m}$$

故此时的结构的折算风速为

$$V_r = \frac{V_H}{f_0 D} = \frac{61.3 \times 5.07}{32.4} = 9.6$$

当然，这是个特殊的案例，多数的实际结构 100 重现期设计折算风速不会这么大。况且文献对地王大厦的实测结果也指出按照规范的指数律计算公式算出的结构高度处的设计风速将偏于保守。

根据以上分析，本书在分析动力包络干扰因子时，取折算风速的上限为 9 应该是合理的，当然也是偏于保守的。

6.6　本章小结

本章以顺风向基底弯矩响应为研究对象，在不同地貌下，对两个和三个建筑物间的顺风向动力干扰影响进行了详细研究。考虑并分析不同宽度比、高度比以及地貌的影响，并对干扰机理进行了分析。

对于双建筑配置的顺风向动力干扰效应，将本书结果和现有文献的结果作了比较，结果比较满意。针对三建筑配置的试验结果变化因素多的问题，结合神经网络分析方法对不同配置的干扰因子的分布进行建模，根据得到的分布模型

［注］相关资料出自由该项目实施风洞试验时提供给汕头大学风洞实验室的数据，在此致谢！

进行细化得到不同配置的包络干扰因子的分布规律。同时采用统计分析方法和回归分析定性和定量分析比较不同配置情况的干扰因子的分布特征。由以上分析可以得出以下结论：

（1）顺风向动力干扰问题主要是由于上游建筑的尾流引起，当受扰建筑位于施扰建筑的高速尾流边界区时，会产生较大的动力响应。

（2）和考虑一个建筑对另一个建筑的双建筑模式的干扰效果比较，两个施扰建筑的动力干扰效果更为明显。在折算风速为 8 的时候，对于大小一样的基本配置情况，在 B 类地貌下三建筑配置的干扰因子会比双建筑配置增加 80% 以上，而在 D 类地貌则仍会增加 25%。对于考虑 $V_r = 2 \sim 9$ 的包络分布，差别会更大。

（3）位于上游特定区域的施扰建筑所脱落的旋涡会使得受扰建筑产生涡激共振响应，尤其对于小宽度的施扰建筑，在较小的折算风速时就会产生涡激共振问题。本书总结出一个简单的判别公式，可以推算不同结构之间产生涡激共振的临界折算风速。

（4）发生涡激共振的顺风向动力干扰因子会比非共振情况高出数倍以上，因此施扰建筑和受扰建筑的宽度比对顺风向动力干扰效应有非常大的影响，尤其应该关注截面尺寸比受扰建筑小的施扰建筑的影响。

（5）可以忽略高度为受扰建筑高度的一半以下的上游建筑的干扰作用。研究结果表明，随着施扰建筑高度的增加，顺风向动力干扰效应在增强，所以要尤其关注比受扰建筑高的建筑的干扰影响。

（6）粗糙化地貌的高湍流度会对上游施扰建筑尾流的旋涡形成产生一定的抑制作用，因而在 D 类地貌下的干扰因子要远远小于 B 类地貌情况，从而干扰效应大大降低。但试验中在 D 类地貌下观察到的干扰因子仍有 1.67（基本三建筑配置）和 3.18（高度比为 1.5 的三建筑配置）。

（7）本书对不同配置和工况间的包络干扰因子分布进行相关分析，结果表明不同高度比配置间的干扰因子存在较好的相关性，所有配置在不同地貌类型下的干扰因子数据的相关性亦较好。根据回归结果，采用基本配置在基本地貌（B 类）类型下的数据就可以推测得到其他配置和地貌情况的干扰因子。不同宽度比的包络干扰因子分布相似性较差，则应该分别区分对待。

第7章

横风向动力干扰效应

　　高层建筑的横风向动力响应相比而言要比顺风向动力响应更为复杂,因为通常顺风向动力响应主要和来流的湍流结构有关,而横风向动力响应除了和湍流成分有关之外,还和流体绕过该建筑时所产生的旋涡脱落有很大的关系。影响横风向动力干扰效应的因素有很多,包括地貌类型、建筑间的间距、施扰建筑物的高度和宽度、施扰建筑的个数、结构的截面类型、风向以及折算风速等。由于试验的工作量巨大,要十分全面地考虑所有这些因素是一件很困难的事,已有的工作也正是从不同的侧重点分别考虑了这些因素的作用。但从总体来看,绝大多数的研究均是以两个建筑间(即考虑一个对一个的影响)的干扰影响为主要研究内容,很少系统考虑三个建筑间的干扰作用。

　　本章主要分析在不同地貌、宽度比 B_r、高度比 H_r 的一个(双建筑配置)和两个施扰建筑(三建筑配置)在不同间距下对受扰建筑的横风向动力干扰效应。以受扰建筑的基底弯矩响应为主要分析内容,参考式(1-2)采用以下干扰因子来量化横风向动力干扰效应:

$$IF = \frac{\text{有干扰时的横风向基底弯矩响应均方值 } \sigma_{M_y, Re\,sp}}{\text{无干扰时的横风向基底弯矩响应均方值 } \sigma_{M_y, Re\,sp}} \qquad (7-1)$$

　　对于正方形截面的建筑,由于横风向的平均荷载一般都很小,可以忽略不计。在对于基于基阶振型沿高度呈线性分布假设的基础上,横风向基底弯矩响应和结构顶部位移存在简单的线性关系,故由式(7-1)定义的干扰因子同时也是以顶部横风向位移作为目标的干扰因子。

　　由第3.3.1节的讨论可知由式(7-1)定义的干扰因子也和折算风速有关的,本书一共计算了11种折算风速(2~12)的情况。由于所考虑的变化因素太多,在和已有研究结果比较的基础上,重点讨论折算风速在6~8的情况。

从便于引用和形成简洁条文的角度出发,同样用不同折算风速的干扰因子的包络值作为干扰因子的取值参考,最终在此基础上总结分析横风向包络干扰因子的分布规律。

7.1 基本建筑配置的结果与分析

所谓基本建筑配置是指施扰建筑和受扰建筑大小一样的情况,在本书研究对象中为 600 mm×100 mm×100 mm 的正方形截面建筑(图 2-12)。

7.1.1 和现有结果的比较以及双建筑配置的结果

1. 和现有结果的比较

要将所有文献的结果进行有效的比较是比较困难的,这主要是由于不同文献的试验条件有较大的差别。如不同地貌类型(主要是湍流度)对干扰响应有非常大的影响是一个已经达成共识的结论,而由于各国规范存在着差异,不同文献所采用的风剖面指数各不相同,相应的湍流度的差异就更大,另外模型配置采用方法不尽一致也有一些关系。同样采用和 Bailey 和 Kwok 的结果进行比较。考虑折算风速为 6 情况,将其结果和本书结果相比见图 7-1。由图中可见这两种结果还是具有一定的吻合性的,但相比之下本书的结果略高于 Bailey 和 Kwok 的结果。

误差固然可能源于两种试验的流场的湍流度、测试手段、模型的高宽比,但同时还和施扰试验模型的移动间隔步长有关。本书在 y 方向采用了 0.8 倍施扰模型宽度的移动间隔,因此其实测结果得到的干扰因子极有可能比更大间隔测出的干扰因子大。如图 7-2 为 $x = 6.1b$ 时的 IF 分布,其中"+"为实际测点,实线为神经网络预测的分布,虚线为采用较大步长($1b$)移动测试的分布预测。由图中按虚线分布可见,在 $y = 2b \sim 3b$ 的范围内,IF 的分布应该在 $1.4 \sim 1.6$,这个结果更接近于图 7-1(a)的分布,同时图 7-2 所显示出更大移动间距的 IF 曲线的波动情况更趋于平缓,故其相应的等值分布会显得更加规则,同时也造成了更大的偏差,原因和在顺风向动力干扰效应的分析一样。这再次说明了本书采用 0.8b 的移动间距的合理性,但更小的移动间距意味着需要更多的试验工况,这个矛盾在三建筑配置的干扰效应研究上显得更加突出。

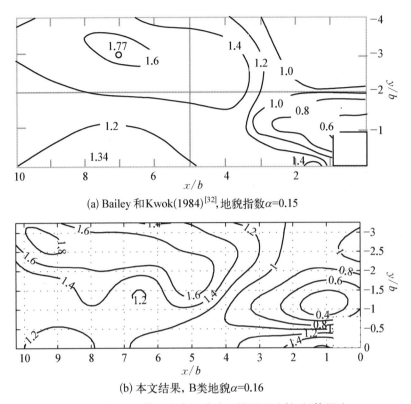

(a) Bailey 和 Kwok(1984)[32],地貌指数α=0.15

(b) 本文结果, B类地貌α=0.16

图 7‑1　双建筑配置横风向弯矩响应干扰因子比较,折算风速V_r＝6

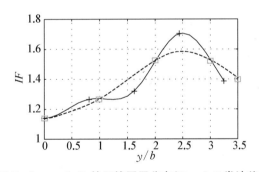

图 7‑2　x＝6.1b 的干扰因子分布(V_r＝6,B 类地貌)

2. 双建筑配置的结果

对于基本双建筑配置,图 7‑3 为在折算风速为 6 时不同流场条件下的试验结果,和顺风向动力干扰一样,地貌对结构间的干扰效应存在很大的影响。由图中可见随着地貌的粗糙化,干扰因子迅速下降,最大的 IF 值由均匀流场的 6.5 下降到 D 类流场的 1.3(直接出自试验结果)左右。

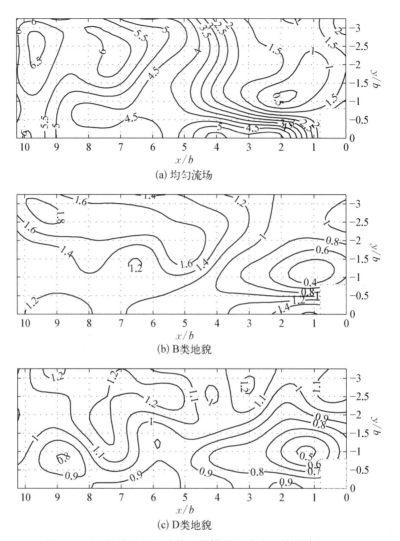

(a) 均匀流场

(b) B类地貌

(c) D类地貌

图 7-3 不同地貌下双建筑配置横风向动力干扰效应($V_r = 6$)

折算风速对横风向动力干扰效应也有影响,图7-4和图7-5列出B类、D类不同地貌下不同折算风速下横风向动力干扰因子的分布。由图中可以看出,尽管它们之间存在差别,但在总体上所显示的特征是一致的,同一地貌下的干扰因子的分布也比较相近。但这个结论仅对基本配置而言,对于其他配置如不同宽度比配置则情况会有很大的不同。

根据图中各干扰因子的总体分布特征和其分布趋势的推测可以划定其显著干扰区域为($4b$,$-2b$)~($10b$,$3.2b$)。对于B类地貌,在该区域内的干扰因子都比较高,在1.8以上,D类地貌则在1.3左右,这个结果也比较接近Kwok的观测结果。

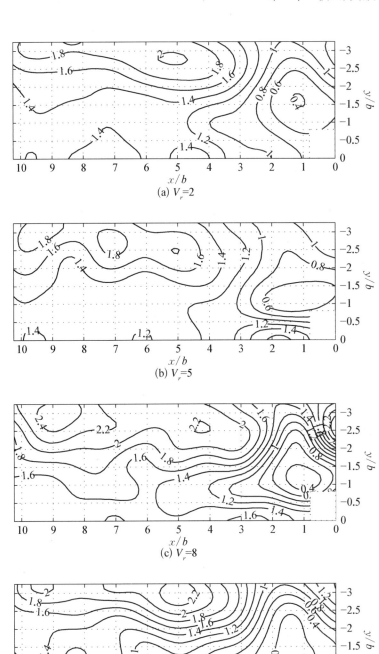

(a) $V_r=2$

(b) $V_r=5$

(c) $V_r=8$

(d) $V_r=10$

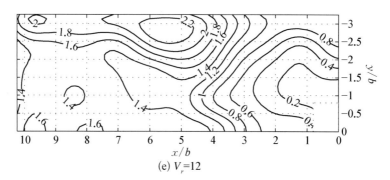

(e) $V_r=12$

图 7-4 不同折算风速的横风向动力干扰因子分布(基本双建筑配置、B 类地貌)

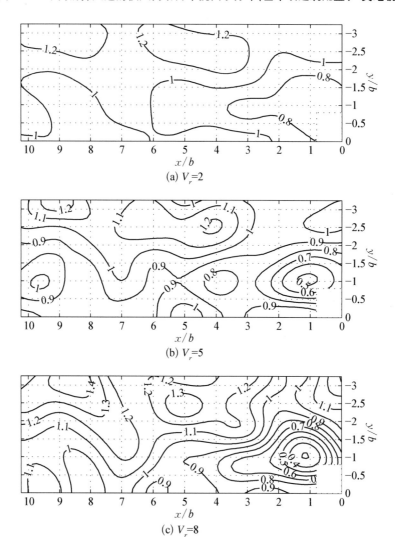

(a) $V_r=2$

(b) $V_r=5$

(c) $V_r=8$

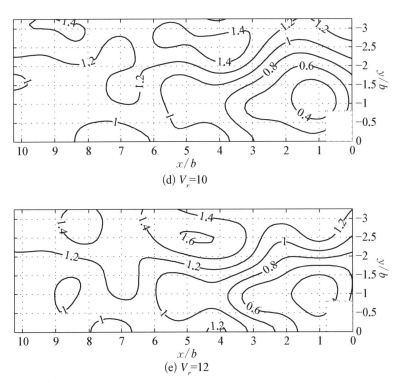

(d) $V_r=10$

(e) $V_r=12$

图 7 - 5　不同折算风速的横风向动力干扰因子分布（基本双建筑配置、D 类地貌）

当施扰建筑处于和受扰建筑斜列的附近区域时，由于遮挡和上游建筑的高湍流尾流干扰了下游的旋涡脱落机制，因而干扰因子均小于 1。在这种情况下，上游建筑只起到相当于遮挡的作用。这个区域在折算风速为 10 时最大，这主要是因为折算风速 $V_r = 10$ 为受扰建筑在孤立状态的共振折算风速，响应比较大，位于附近较大范围的施扰建筑均会破坏其旋涡脱落机制降低了其横风向的干扰力，从而在受扰后的响应反而比其在孤立的时候小。

注意到并列布置的某些折算风速下的干扰因子也比较大，如图 7 - 4(c)所示，它主要和由于施扰建筑的存在干扰了受扰建筑的旋涡脱落频率有关。

对应于远离受扰建筑且处于串列布置附近的区域，在 B 类地貌下，施扰建筑所起的作用主要是增加来流的湍流成分，因而导致受扰建筑的响应有进一步的增强，在 D 类地貌由于流场本身的湍流度较高，因而施扰建筑的干扰效应不太明显。

3. 位于不同干扰区域的干扰特征分析

分析受扰建筑受扰前后横风向倾覆弯矩的功率谱密度的变化情况，图 7 - 6

（a）—（c）分别为在位于以上不同的施扰区域的施扰建筑的影响下受扰建筑横风向倾覆弯矩功率谱密度函数和其相应孤立状态值的比较。由图中可见，当施扰建筑处于显著干扰区时，整个受扰建筑的横风向功率谱均有较显著的增大，见图7-6（a）；当施扰建筑位于与受扰建筑相距较远的串列位置时，干扰效应则不太显著，见图7-6（b）；位于受扰建筑附近的施扰建筑起到一种遮挡作用，邻近上游建筑的存在的不规则湍流破坏了受扰建筑的旋涡脱落机制，动力干扰影响转化为遮挡作用，见图7-6（c）；位于并列位置的施扰建筑干扰了受扰建筑的旋涡脱落频率，使得受扰建筑的横风向倾覆弯矩谱的谱峰发生向右的偏移（旋涡脱落频率变大），它使得相应的干扰因子在临界共振折算风速附近有很大的变化，见图7-6（d）。

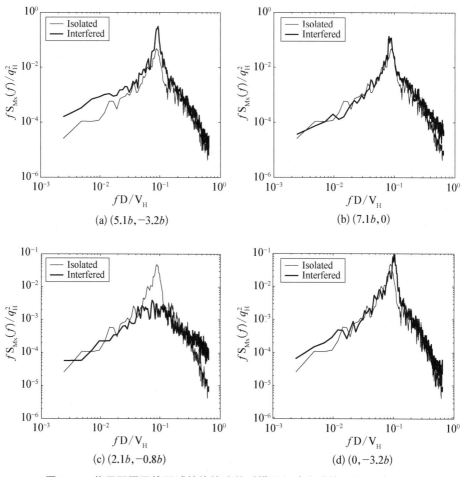

图7-6　位于不同干扰区域的施扰建筑对横风向功率谱的影响（B类地貌）

　　这种现象在均匀流场中更为明显,见图 7 – 7(a)—(b)。由于峰值发生偏移,故导致在折算风速 8 和 9 之间有非常大的干扰因子。旋涡脱落频率的提高意味着受扰建筑在较小折算风速下就会产生涡激共振问题,这种现象在横风向上尤为显著。

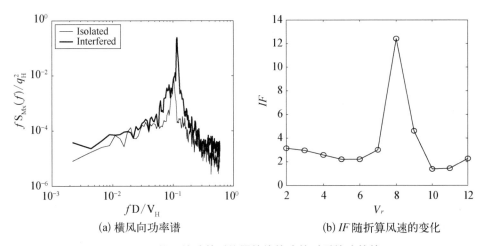

(a) 横风向功率谱　　　　　　　(b) IF 随折算风速的变化

图 7 – 7　位于特殊并列位置的施扰建筑对受扰建筑的
影响(均匀流场),施扰建筑位于(0,$-3.2b$)

　　不同地貌下对应于折算风速 8 的干扰因子分布见图 7 – 8。它属于一种共振分布,这是指建筑结构的横风向基阶固有频率接近结构受扰后的横风向倾覆弯矩功率谱的峰值频率。图 7 – 7(a)所显示的功率谱的峰值频率大致为 0.12,这理所当然会造成结构在折算风速为 8 时发生较大的共振响应。

　　在均匀流场下,位于(0,$-3.2b$)的施扰建筑的干扰因子高达 12.4,这个数值也要远远比当施扰物体位于其他位置的时候高。

　　对应于图 7 – 8(a)中的另外一显著干扰位置为($4.1b$,$-2.4b$),其 IF 值为

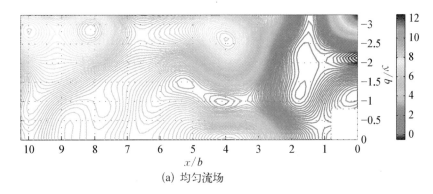

(a) 均匀流场

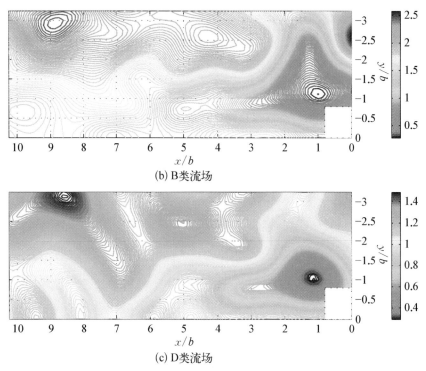

(b) B类流场

(c) D类流场

图 7 - 8 典型折算风速下不同地貌类型横风向动力干扰因子分布($V_r=8$)

8.03,相应的横风向功率谱密度函数和其孤立状态相比较以及干扰因子随折算风速的变化见图 7 - 9。该位置的干扰机理和并列位置不同,处于并列位置的施扰建筑起到的只是干扰并强化和受扰建筑的旋涡脱落机制,受扰后结构的横风

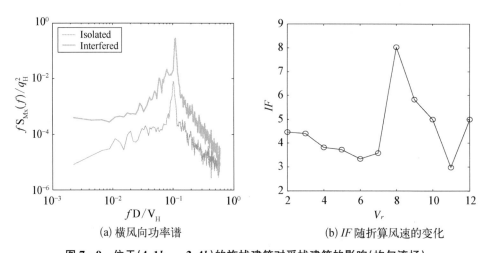

(a) 横风向功率谱

(b) IF 随折算风速的变化

图 7 - 9 位于($4.1b$,$-2.4b$)的施扰建筑对受扰建筑的影响(均匀流场)

向功率谱仅仅是在脱落频率附近得到加强;而置于斜列上游位置的施扰建筑的作用是使整个频段的功率谱密度值均有较大的增长,故不同折算风速下的干扰因子也普遍比较大,这和 B 类地貌情况的观测结论是一致的。

7.1.2　三建筑配置试验结果分析

1. 并列布置时的干扰特性分布

通过对双建筑配置情况的分析发现并列布置时的施扰建筑对受扰建筑的涡脱机制可能起到一种占很主要的干扰和强化作用。对于三建筑配置情况,试验结果发现,并列布置时横风向响应的最大值均出现在两个施扰建筑对称布置且位于$(0, 3.2b)$和$(0, -3.2b)$的时候,出现最大的干扰因子所对应的折算风速为8,均匀流场为7,见表 7 - 1。表中 IF_{max} 表示该配置在所有试验位置上的最大值。

表 7 - 1　三建筑并列布置的最大干扰因子

地　貌	IF	IF_{max}	V_r
均匀流场	6.53	28.19	7
B 类	4.55	4.55	8
D 类	1.66	1.83	8

对应于这三种情况,受扰建筑的横风向倾覆弯矩功率谱密度与其孤立状态比较分别见图 7 - 10(a)—(c)。

由图中可以看到,由于施扰建筑的存在,干扰了结构旋涡脱落的频率。几种地貌下受扰建筑的功率谱的峰值所对应的频率均升高了。这意味着,结构在较小的折算风速值就有可能产生横风向的涡激共振响应,应引起注意。

2. 最大干扰位置

分析 B 类地貌情况,仍考虑折算风速为8的情况,图 7 - 11 给出前 5 个最显著的干扰位置及其相应的干扰因子值。试验观测到的最大干扰因子为4.55,前3组位置为并列布置情况,非并列布置出现的最大值为3.39,发生在当两个施扰建筑处于$(3.1b, -3.2b)$和$(4.1b, -0.8b)$位置上。由于横风向动力干扰因子具有对称性,故在其和 x 轴对称的位置上同样具有相应的最大值。

而对应于双建筑配置情况,相应最大干扰因子值只有2.53,也处于并列布置的$(0, -2.4b)$上,见图 7 - 4(c),它比三建筑配置的最大值小79%,比第

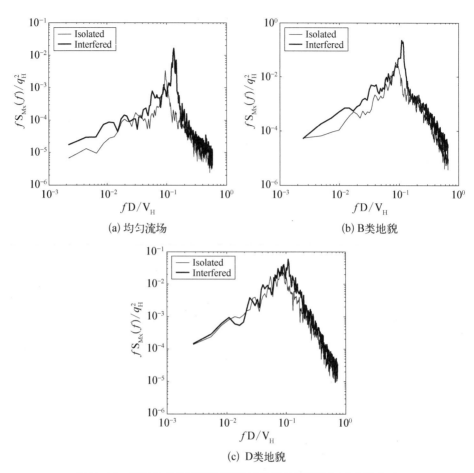

图 7-10　三建筑并列配置显著干扰位置的倾覆弯矩功率谱密度

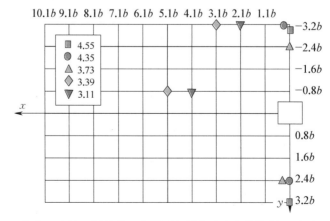

图 7-11　基本三建筑配置的前 5 个横风向最大动力干扰位置(B 类地貌,$V_r=8$)

二最大则小 72%,这和顺风向的动力干扰响应的观测结果基本一致。同样地, 这意味着在双建筑最大干扰效应的位置上,增加一个施扰建筑会使得其干扰因子增加 72% 以上,这再次说明三个建筑间的干扰影响更加不容忽视。

3. 典型位置干扰因子分布

由于涉及 4 个变化因素,要同时直观表示它们对干扰因子的影响是困难的, 以下给出一些典型位置的干扰因子分布。

先考虑当 A 建筑固定在和受扰建筑并列的 $(0, -2.4b)$ 时,处于不同施扰位置的 B 建筑对横风向动力干扰因子的影响,其干扰因子分布见图 7-12。由图中可见,此时的干扰因子分布仍和双建筑配置一样可以大致分为 4 个区域,即显著干扰区位于图中的上下两侧,且处于中上游位置;一般干扰区位于串列的中轴附近且在中上游位置;位于斜列且邻近受扰建筑的遮挡区域以及并列布置的显著增大区域。处于这 4 个区域的施扰建筑的干扰机理和双建筑配置大致相近, 这里不再重复。

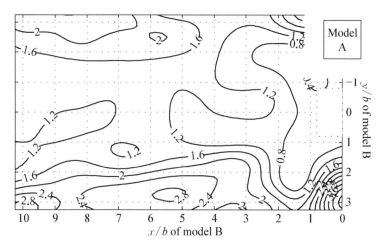

图 7-12　施扰建筑 A 位于 $(0, -2.4b)$ 时建筑 B 对干扰
因子分布的影响(B 类地貌,$V_r = 8$)

图 7-13 所显示的是一个特殊的峰值分布,施扰建筑 A 位于上述划定区域的边界上的 $(3.1b, -3.2b)$ 位置,IF 分布中出现了本配置的非并列位置的最大值。如果将 A 建筑固定在 $(5.1b, -0.8b)$,则相应干扰因子分布见图 7-14。由此两图可见该最大位置区域相对比较集中,注意此时两个施扰建筑位于同侧且相互错开排列位置,正是如此才对下游的受扰建筑构成非常大的影响。在此位置上受扰建筑的横风向功率谱密度和其孤立状态相比较见图 7-15。

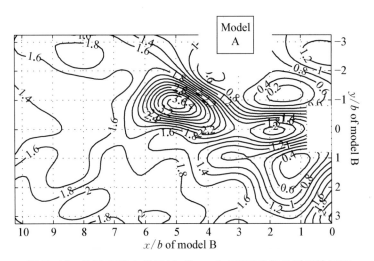

图 7‑13 施扰建筑 A 位于$(3.1b, -3.2b)$时建筑 B 对干扰因子
分布的影响(B 类地貌,$V_r=8$)

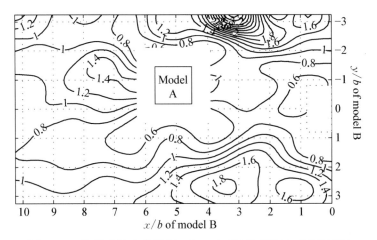

图 7‑14 施扰建筑 A 位于$(5.1b, -0.8b)$时建筑 B 对干扰因子
分布的影响(B 类地貌,$V_r=8$)

由图中可以看到,通过施扰建筑间的被加速的高湍流尾流,在提高了受扰建筑结构的涡脱频率时,也很大程度地提高其脉动力功率谱在整个高频部分的频谱分量,相应的干扰因子分布在低折算风速较大,而在折算风速大于 10 后反而小于 1,最大干扰因子发生在 $V_r=8$ 处,见图 7‑16。

当一个施扰建筑和受扰建筑处于不同的串列位置上时,其干扰因子分布见图 7‑17(a)—(c)。由图中可见,当施扰建筑 B 也位于串列布置附近时,这时两个施扰建筑起到一种遮挡作用,干扰因子一般都小于 1。

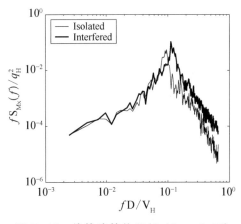

图 7‑15　施扰建筑位于(3.1*b*，−3.2*b*)和(5.1*b*，−0.8*b*)受扰建筑的功率谱密度和其孤立时的比较(**B 类**)

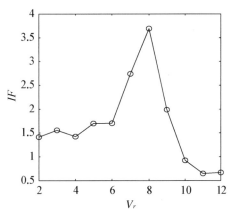

图 7‑16　施扰建筑位于(3.1*b*，−3.2*b*)和(5.1*b*，−0.8*b*)受扰建筑的干扰因子随折算风速的变化

当施扰建筑 B 位于上、下两侧时，会有比较明显的干扰效应。通常的显著干扰区域是带状的，但这其中仍存在某些峰值位置，此时两个施扰建筑和图 7‑13 一样构成错开的排列方式对受扰建筑造成较大的影响，如图 7‑17 的(b)、(c)、(d)所示。

4. 地貌影响

考虑不同地貌类型对于横风向动力干扰效应的影响。表 7‑2 列出不同地貌下横风向动力干扰因子及其发生的相应施扰建筑位置，表中最大干扰因子一栏内的括号内容数值为对应双建筑配置的最大值。由表中可见，干扰因子随

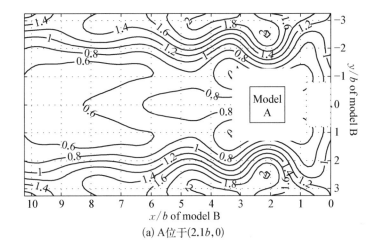

(a) A位于(2.1*b*，0)

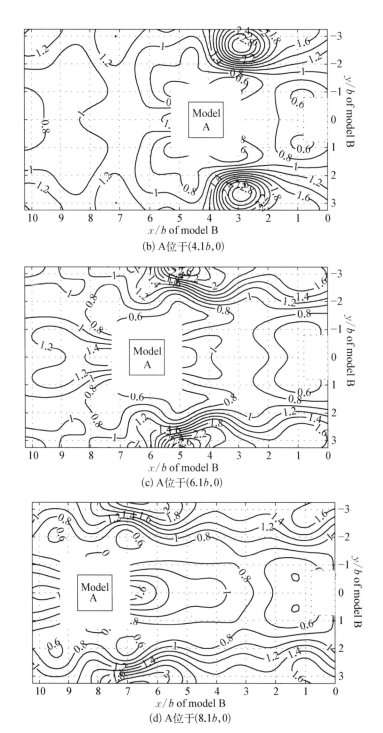

(b) A位于(4.1b,0)

(c) A位于(6.1b,0)

(d) A位于(8.1b,0)

图7-17　施扰建筑A和受扰建筑处于串列位置时的干扰因子分布(B类,V_r=8)

地貌的粗糙化迅速衰减,但在 D 类地貌下最大的干扰因子仍有 1.83。均匀流场下,三建筑的干扰效应最为明显,干扰因子可达 28.19,比相应双建筑配置情况高出 127%;其他 B 类、D 类流场的相应值分别相差 80% 和 29%,和顺风向的结果(见表 6-1)大致相当。这些均再次说明两个建筑的干扰效应均要比单个建筑的干扰效应强。

表 7-2　不同地貌类型下的最大干扰因子

地貌类型	IF_{max}	V_r	发生位置
均匀流场	28.19(12.4)	8	A(4.1b, -3.2b) B(6.1b, 0)
B 类	4.55(2.53)	8	A(0, -3.2b) B(0, 3.2b)
D 类	1.83(1.42)	8	A(0, -3.2b) B(0, 3.2b)

图 7-18 为均匀流场下,固定施扰建筑 A 于最大干扰位置上时,另外一个施扰建筑 B 所处不同位置对干扰因子的影响。根据其峰值所出现的位置并和同样流场下的顺风向情况(见图 6-12)比较发现,两种方向的最大动力干扰因子是一致的,出现最大干扰因子的施扰建筑位置也呈现一定的规律性。在图 6-12

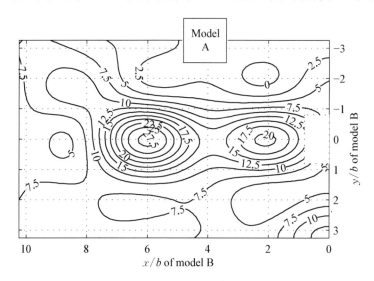

图 7-18　施扰建筑 A 位于 (4.1b, -3.2b) 时施扰建筑 B 对干扰因子
分布的影响(均匀流场,V_r=8)

的顺风向状况,施扰建筑通过所形成的尾流直接作用于受扰建筑的迎风面而显著增大了结构的顺风向动力响应;而对于横风向,施扰建筑形成的高速脉动尾流作用于受扰建筑的侧面而使得其横风向响应增强。两种情况的施扰建筑间距大致一致,均为错开的排列方式,但总的绝对位置不同。

图 7-18 的峰值位置所对应的受扰建筑横风向倾覆弯矩功率谱密度和其孤立状态相比见图 7-19。由图中可见,上游建筑的高速脉动尾流在普遍提高整个频段功率谱密度值的同时,还将其功率谱密度的峰值后移,这是导致结构在折算风速等于 8 时有非常大的干扰因子的主要原因,此时实际是对应于结构的涡激共振状态。

由于功率谱密度峰值的后移,使得原本应在折算风速为 10 左右的共振响应发生变化,相应的干扰因子也比较小,见图 7-20。

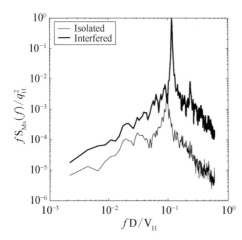

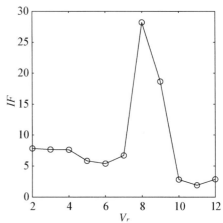

图 7-19 最显著干扰位置受扰建筑横风向基底弯矩和孤立状态的比较(均匀流场)

图 7-20 施扰建筑位于 A($4.1b$, $-3.2b$)和 B($6.1b$, 0)时的横风向动力干扰因子随折算风速的变化

7.1.3 基本配置干扰因子的包络分析

1. 双建筑配置

为了提供比较简洁的干扰因子结果,同样采用回归分析的方法来考察不同地貌下的干扰因子数据间的关系。对于 B 类地貌,由上可得 $V_r = 2 \sim 9$ 的干扰因子包络分布见图 7-21。

以上述结果作为基本参考,可以回归得到 D 类地貌、均匀流场下相应的包

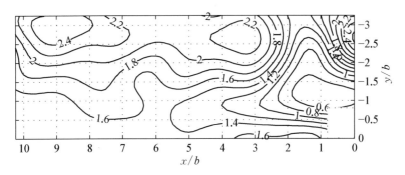

图 7 - 21　基本双建筑配置的横风向包络干扰因子分布(B 类, $V_r = 2 \sim 9$)

络干扰因子分布为

$$IF_D = 0.614 + 0.316 IF_B \qquad (7 - 2)$$

$$IF_{Smooth} = -0.06 + 3.163 IF_B \qquad (7 - 3)$$

其中, B 类和 D 类地貌的数据具有较好的相关性, 回归分析中反映回归精度的剩余标准差为 0.079, 数据间的相关系数为 0.88。B 类和均匀流场间分析的结果差些, 但相应的误差和相关系数为 1.64 和 0.66, 这里误差较大主要还取决于均匀流场下的干扰因子较大的缘故, 图 7 - 22 列出几种地貌下的干扰因子回归结果的比较。

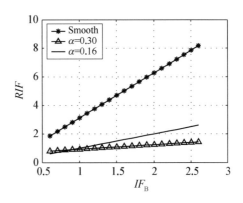

图 7 - 22　不同地貌干扰因子的回归关系(双建筑配置)

由图中可见, 地貌对横风向干扰因子有着强烈的影响, 从统计平均分析上评估, 均匀流场的干扰因子是 B 类地貌下的 3.16 倍。

2. 三建筑配置

由于多数横风向的最大干扰因子均发生在折算风速为 7~8, 所以取 $V_r = 2 \sim 9$ 的包络干扰因子分布大致和以上的分析结果相当。

由表 7 - 2 可以看出, 三建筑配置的横风向最大干扰因子要显著高于双建筑配置最大干扰因子。不同于顺风向情况, 横风向的最大干扰因子通常也多见于折算风速为 8 的时候, 因此在取 2~9 间不同折算风速的干扰因子包络值的最大值时基本和折算风速为 $V_r = 8$ 时的相差不大。对于基本三建筑配置, B 类地貌下,包络干扰因子的最大值仍然为 4.55。由于很难用简单的图形等值分布方式直接描述三建筑配置的干扰因子的分布特性,以下仍采用简化方式描述(其本质也是一种包络取值)。

1) 显著干扰位置分布

根据试验得到的包络干扰因子并结合神经网络方法的分析建模结果进行精细化分析,由所得结果按照可分原则分 2.4、2.6、3.4、4.0 共 4 档区域,结果见图 7-23。按图例可见最显著干扰(包括并列布置)的包络干扰因子在 4 以上,最大干扰位置出现在三个建筑呈并列布置且间距为 3.2b 的时候,最大干扰因子为 4.55。

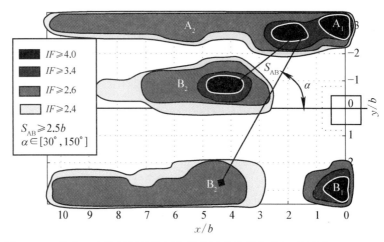

图 7-23　基本三建筑配置的横风向显著干扰位置分布(B 类地貌,$V_r = 2 \sim 9$)

图中标有 A_1 和 A_2 为 A 建筑的界定区域,标有 B_1 和 B_2 为 B 建筑的界定区域。α 为 AB 和 x 轴的夹角,S_{AB} 为 AB 建筑的间距。图中表示当 A、B 两个建筑位于图中的界定区域时,且满足 $S_{AB} \geq 2.5b$,$30° \leq \alpha \leq 150°$ 时,其横风向包络干扰因子可能会比较显著。这同样意味着当两个建筑建筑相距较近(间距小于 2.5b)或接近于串列布置时(此时 $\alpha > 150°$ 或 $\alpha < 30°$)的干扰因子不会超过 2.4。如当 A、B 两个施扰建筑位于中白线所界定的最深色区域的包络干扰因子会超过 4.0。注意到 IF 分布的对称性,故以上区域也存在关于 x 轴($y = 0$)的对称区域。

2) 包络干扰因子的折减分布

显著干扰因子分布并不能非常确切地表示出完全的干扰因子分布特性。结合以上讨论,也可以按第 5.4 节有关折减干扰因子分布的定义,用折减分布描述包络干扰因子的分布,见图 7-24。

折减分布和图 7-23 的显著干扰因子分布一样也是一种准定量的包络描

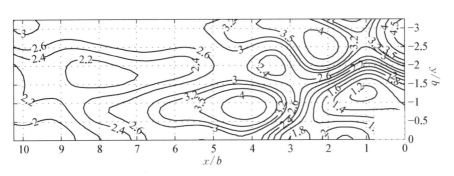

图 7‑24　横风向包络动力干扰因子的极值分布（B 类地貌）

述,由于它们都是取自所有实际分布的保守值,这两种方式本质上仍是一种包络简化。实际取值可以考虑参考这两种方式,取其下限可望得到更加接近真实的包络干扰因子值。

3) D 类地貌情况

用回归分析考察 B 类和 D 类地貌包络干扰因子的相关性,结果见图7‑25。由图中可见,对于绝大多数施扰建筑位置,在 B 类和 D 类地貌下的包络干扰因子均存在较好的线性相关性,只有并列布置的试验结果和线性回归结果(图中的实直线)的差别较大,照顾到这个问题,采用三次多项式进行回归得到的结果则较为理想(虚线)。

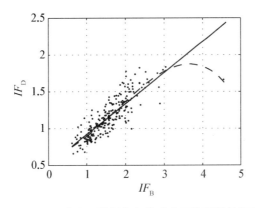

图 7‑25　不同地貌下横风向包络动力干扰因子的相关性

由图可见,线性和三次回归结果在 $IF_B \leqslant 3$ 以下所反映的规律大致相当,它实际包括了图 7‑23 中除了严重干扰区域以外的所有区域。由于在 D 类地貌的试验中采用更大的试验移动间隔,对应于 B 类地貌的严重干扰区域,在 D 类地貌中只测试了并列布置的一种情况,故对于图中的严重干扰区域,回归结果可能有些片面。对应于图中两种回归结果的方程为：

$$IF_D = 0.493 + 0.421 IF_B \qquad (7-4)$$

$$IF_D = 0.62 + 0.078 IF_B + 0.238 IF_B^2 - 0.045 IF_B^3 \qquad (7-5)$$

7.2 施扰建筑宽度的影响

在施扰建筑和受扰建筑等高的情况下，取 $B_r = 0.5$、0.75、1.0、1.5、2.0 五种不同的宽度比的一个和两个施扰建筑，分析它们对受扰建筑的影响，先分析双建筑配置情况。

7.2.1 双建筑情况

1. 干扰因子的一般分布特征

在 B 类地貌下，不同宽度比的横风向动力干扰因子分布见图 7 - 26 的 （a）—（e）。

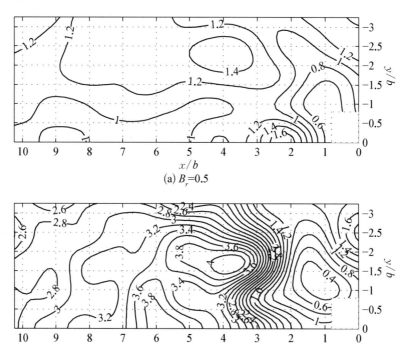

(a) B_r=0.5

(b) B_r=0.75

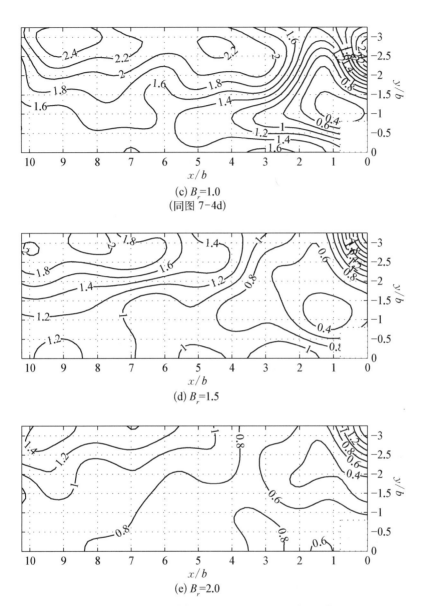

(c) $B_r=1.0$
(同图 7-4d)

(d) $B_r=1.5$

(e) $B_r=2.0$

图 7‑26　不同宽度比的横风向动力干扰因子分布(B 类,$V_r=8$)

在同一种折算风速的情况下,以上不同宽度比配置的干扰区域仍然可以分为和基本双建筑配置一样的四个区域。另外以上干扰因子分布和图 6‑19 所示的效应顺风向动力干扰效应的分布不相一致,但存在一定的共性,就是 $B_r=0.75$ 配置的干扰效应均比较显著。

图中显示,显著的干扰因子均发生在受扰建筑处于施扰建筑的尾流边界附近,上游建筑脱落的旋涡增加了尾流中的脉动成分使得湍流得以增强,最终导致受扰建筑产生较大的响应。同时注意到在并列布置时,在一定间距时,施扰建筑会对受扰建筑构成较为显著的影响。

2. 尾流涡激共振问题

注意到在以上分布中,$B_r = 0.75$ 配置的最大干扰因子明显要大于其他几种情况,且显著干扰区域比其他几种的大。和顺风向动力干扰一样,这主要是由尾流涡激共振引起的。根据表 6-2,宽度比为 0.5 和 1 的施扰建筑对受扰建筑可能产生涡激共振的折算风速分别为 5 和 10,在这种情况下它们所对应的干扰因子分布见图 7-27。由图中可见,等宽度配置情况在折算风速等于10 时的干扰因子并没有像顺风向动力干扰效应一样有较大幅度的提高(相应见图 6-20(c)),这主要是对应于折算风速为 10,结构孤立状态的横风向动力响应本身就比较高,受扰后其干扰因子的变化就没有其他宽度比配置的那么大,在这种情况下其干扰因子分布比较接近于一般非共振折算风速下干扰因子分布。

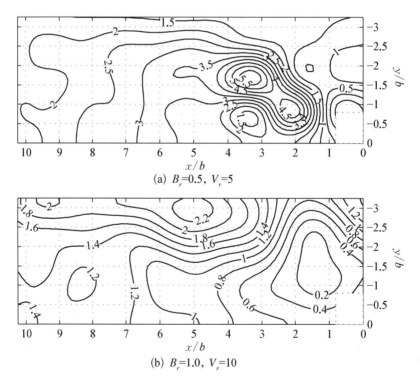

(a) B_r=0.5, V_r=5

(b) B_r=1.0, V_r=10

图 7-27 不同宽度比施扰建筑对应涡激共振时的横风向动力干扰因子分布(B 类)

对应于图 7-27(a)和图 7-26(b)中的峰值干扰位置,图 7-28 分别给出这两种配置的受扰建筑的横风向倾覆弯矩功率谱密度和其孤立状态的比较。由图中可见,受扰后结构的功率谱密度中,在上游结构旋涡脱落频率处对应的谱分量占了显著的成分,因此在该频率点所对应的折算风速处,结构有非常大的动力响应而产生较大的干扰因子。

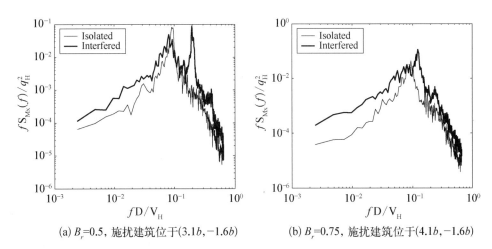

(a) B_r=0.5, 施扰建筑位于$(3.1b, -1.6b)$ (b) B_r=0.75, 施扰建筑位于$(4.1b, -1.6b)$

图 7-28　施扰建筑位于共振干扰位置时受扰建筑的横风向倾覆弯矩功率谱密度和其孤立状态的比较(B 类)

对于宽度比为 0.5 的配置,试验还观察到整个配置的横风向动力最大干扰因子出现在折算风速为 6 的时候;最大干扰因子为 7.09,出现在当施扰建筑位于$(3.1b, 0)$处。对应的干扰因子等值分布见图 7-29(a),其显著的干扰位置比较集中。在峰值的干扰位置上,受扰建筑的横风向倾覆弯矩功率谱密度和其孤立状态相比见图 7-30。由图中可见,受扰建筑的横风向功率谱全部为上游施扰建筑的旋涡脱落所控制,由于此时的受扰建筑是完全处于施扰建筑的尾流区内,功率谱的峰值频率要比当受扰建筑处于高速的尾流边界的时候小些,所以最后的峰值折算风速为 6,而不是 5。同样的现象在 D 类地貌中也有所体现,结果见图 7-29(b)。

3. 包络分布及不同地貌数据的相关性

1) 包络分布

对于基本双建筑配置,第 7.1.3 节的图 7-21 已给出了其包络分布。对于其他配置情况,相应的包络分布见图 7-31。

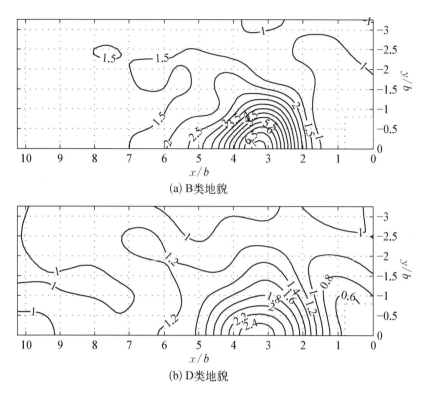

(a) B类地貌

(b) D类地貌

图 7‑29　$B_r = 0.5$ 施扰建筑的横风向动力干扰因子分布（$V_r = 6$）

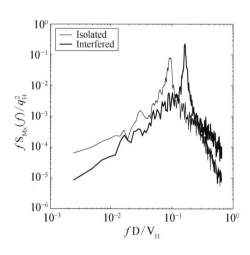

图 7‑30　施扰建筑位于(3.1b, 0)时受扰建筑的横风向倾覆弯矩功率谱密度和其孤立状态的比较(B类)

和基本双建筑配置相比，由于较小宽度比的施扰建筑在所考虑的折算风速内会产生涡激共振问题，其相应干扰因子的包络分布也具有典型的共振分布特征，彼此之间不具备分布上的相似性，故两种小宽度比的包络干扰因子包络分布和相应基本配置情况的相关性较差，或基本不具有相关性。较大的两种配置则较好，图7‑32为两种较大的施扰建筑的包络干扰因子和基本配置情况回归结果的比较，其相应的回归关系为：

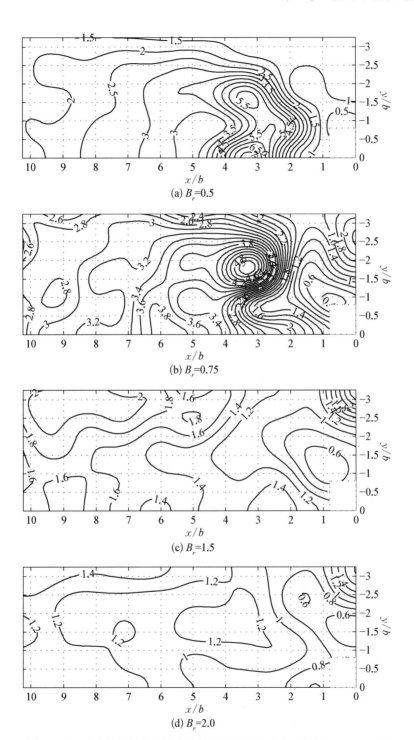

(a) B_r=0.5

(b) B_r=0.75

(c) B_r=1.5

(d) B_r=2.0

图 7-31 双建筑配置的横风向包络干扰因子分布(B 类地貌,V_r=2~9)

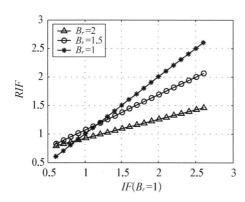

图 7 - 32 不同宽度比配置包络干扰因子
的相关性分析($V_r = 2 \sim 9$,B 类
地貌)

$$RIF = \begin{cases} 0.45 + 0.619IF & B_r = 1.5 \\ 0.589 + 0.335IF & B_r = 2 \end{cases}$$

以上也同时反映出在同样的地貌下,施扰建筑的宽度越大,横风向干扰效应越小的这样一个统计趋势。这和已有的一些研究结论是一致的。

2)地貌影响

不同的配置在 B 类和 D 类地貌下的包络干扰因子具有较好的相关性。图 7 - 33 为 $B_r = 0.75$ 配置在 B 类和 D 类地貌下的包络干扰因子的比较,线性回归结果的剩余标准差为 0.11,两种配置数据间的相关系数为 0.85。

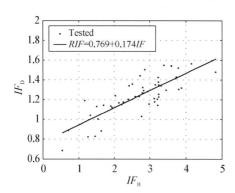

图 7 - 33 $B_r = 0.75$ 在 B、D 类地貌下
包络干扰因子的回归比较

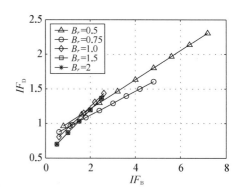

图 7 - 34 不同配置在 B、D 类地貌下的
包络因子的回归结果比较
(双建筑配置)

对于其他配置情况,将由两种地貌下包络因子回归结果进行比较,结果见图 7 - 34。由于不同配置在 B 类地貌下的取值范围不同,因而绘制的回归关系曲线也长短不一,图中不同配置的回归关系为:

$$IF_D = \begin{cases} 0.792 + 0.21IF_B, & B_r = 0.5 \\ 0.769 + 0.174IF_B, & B_r = 0.75 \\ 0.614 + 0.316IF_B, & B_r = 1.0 \\ 0.531 + 0.333IF_B, & B_r = 1.5 \\ 0.601 + 0.329IF_B, & B_r = 2.0 \end{cases} \quad (7 - 6)$$

7.2.2　三建筑配置情况

通过对双建筑配置的分析可以看出,宽度比对受扰建筑横风向动力干扰效应有非常大的影响,本节将对三建筑配置情况进行详细的分析和讨论。

1.基本统计分析

首先采用统计方法分析观察不同地貌类型,折算风速为 3、5、6、8、10 下各种宽度比配置的横风向动力干扰因子的分布统计特性,结果见图 7-35。由图中可见,对于 B 类地貌,和双建筑配置观测的一样仍存在尾流涡激共振问题,发生较大干扰因子的折算风速与其对应的宽度比之规律和双建筑情况一样。在图中列出的几种折算风速中,$V_r=3$ 不存在涡激共振问题;$V_r=5、8$ 的最大干扰因子分别出现在 $B_r=0.5、0.75$ 的配置上。同时,对于基本三建筑配置,在折算风速为 10 的情况下,其干扰因子也明显要高于其他配置情况(见图 7-35(e)和图 7-35(j))。

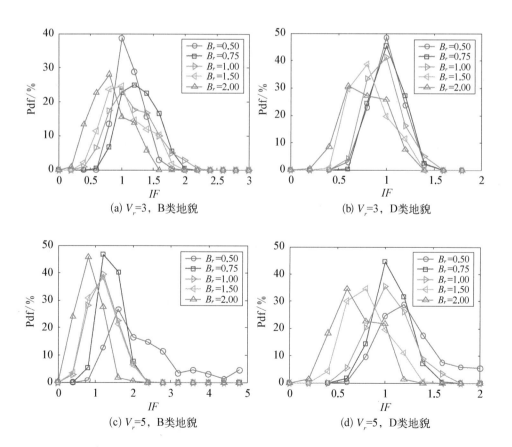

(a) $V_r=3$,B 类地貌　　　　　　　　(b) $V_r=3$,D 类地貌

(c) $V_r=5$,B 类地貌　　　　　　　　(d) $V_r=5$,D 类地貌

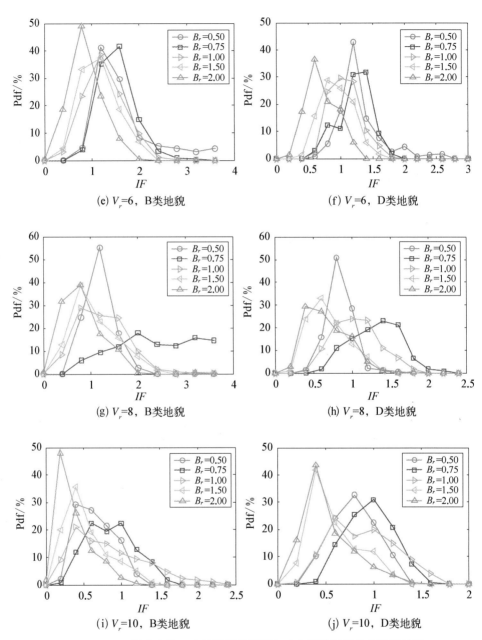

(e) V_r=6，B类地貌   (f) V_r=6，D类地貌

(g) V_r=8，B类地貌   (h) V_r=8，D类地貌

(i) V_r=10，B类地貌   (j) V_r=10，D类地貌

图 7-35　不同宽度比三建筑配置的横风向动力干扰因子分布统计特性

　　在试验中的施扰模型移动范围内，宽度比大于 1 的结构的干扰效果要小于宽度比小于 1 的结构。在两类地貌中可以看出小宽度比的施扰建筑在高折算风速下的干扰效应在大大降低。

由于在三建筑配置试验中采用了较粗的移动网格,在 $V_r = 6$ 中没有观测到较大的干扰因子情况,但对应于 $B_r = 0.5$,在两种地貌的干扰因子在折算风速为 6 时仍要比其配置的大。采用神经网络可以预测到当一个施扰建筑在 $(3.5b, 0)$ 附近时,对受扰建筑会产生较大的影响,见图 7-36。当然对于三建筑物配置,并非当一个施扰建筑在 $(3.5b, 0)$ 时的干扰效应就会很大。图 7-37 给出施扰建筑固定在 $(4.1b, 0)$ 时,另一个施扰建筑位于不同位置时对受扰建

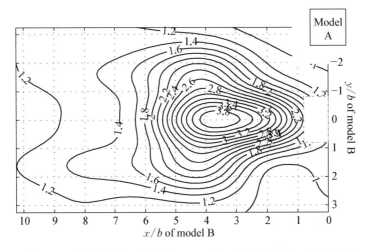

图 7-36　施扰建筑 A 位于 $(0, -3.2b)$ 时施扰建筑 B 对干扰因子分布的影响(B 类地貌,$V_r = 6$)

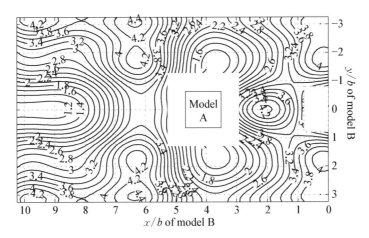

图 7-37　施扰建筑 A 位于 $(4.1b, 0)$ 时施扰建筑 B 对干扰因子分布的影响(B 类地貌,$V_r = 6$)

筑的影响。

应该指出的是,尽管采用这种预测的方法只能预测到这种随位置变化非常剧烈的峰值位置的存在,但对其峰值大小的预测误差会较大,实际情况的峰值可能会远大于图7-36所示的数值,这一点再次显示群体干扰问题的复杂性。用少数几个移动位置的测量结果很难对干扰效应有比较完整的了解,故必须实施比较完整细致的试验工作。

2. 显著干扰因子分布特征

上节采用统计方法定性地分析了不同宽度比的两个施扰建筑对受扰建筑的横风向动力干扰影响,以下将对各种配置方案的最显著干扰位置情况进行比较分析。

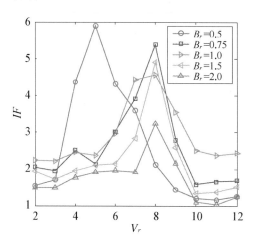

图7-38　最大横风向动力干扰因子随折算风速的变化(B类地貌)

表7-3列出了B类地貌下不同折算风速所出现的最大横风向动力干扰因子值及其相应的施扰建筑位置。将表中各种宽度比配置的最大干扰因子随折算风速变化绘制成曲线,见图7-38。由图中可见,各种宽度比的施扰建筑的最大干扰因子随折算风速的变化均存在明显的峰值,但只有宽度比为0.5和0.75的情况与涡激共振有关,其他三种均是处于并列布置时所引起的,其原因和第7.1.2.1中针对基本三建筑并列配置的分析一样。

对于表7-3重点圈出的两个涡激共振响应位置,进一步考察其干扰因子的分布规律,固定一个施扰建筑于最大干扰位置的一个位置上,改变另外一个施扰建筑的位置,其干扰因子分布见图7-39。

从总体上看,宽度相同的三个建筑间的横风向动力干扰效应最为显著,且横风向的干扰效应随施扰建筑的宽度增加而降低。图7-35也同样显示出这种趋势。随着宽度比的增大,最大的干扰位置在向上下两侧移动,大于1的双建筑物配置的所有最大干扰位置均为两个施扰建筑分置上下两端的情况,且对于D类地貌,在$B_r > 1$时情况也基本如此。

D类地貌下,不同折算风速所出现的最大横风向动力干扰因子值及其相应

表 7 - 3 B 类地貌下不同折算风速和施扰建筑宽度的最大横风向动力干扰因子

折算风速	$B_r=0.5$	位置 $(x/b, y/b)$	$B_r=0.75$	位置 $(x/b, y/b)$	$B_r=1.0$	位置 $(x/b, y/b)$	$B_r=1.5$	位置 $(x/b, y/b)$	$B_r=2.0$	位置 $(x/b, y/b)$
2	1.54	(2.1, −1.6)(4.1, 1.6)	2.05	(7.1, −3.2)(5.1, 2.4)	2.24	(10.1, −3.2)(4.1, 2.4)	1.94	(6.1, −3.2)(10.1, 3.2)	1.5	(2.1, −3.2)(10.1, 1.6)
3	1.71	(4.1, −1.6)(4.1, 1.6)	1.95	(7.1, −3.2)(5.1, 2.4)	2.21	(10.1, −3.2)(4.1, 2.4)	1.73	(6.1, −3.2)(10.1, 3.2)	1.49	(3.1, −3.2)(10.1, 2.4)
4	4.37	(2.1, −3.2)(2.1, −1.6)	2.51	(4.1, −1.6)(4.1, 1.6)	2.46	(0, −3.2)(2.1, −1.6)	1.95	(8.1, −3.2)(10.1, 3.2)	1.77	(2.1, −3.2)(8.1, 1.6)
5	5.89	(4.1, −1.6)(6.1, 1.6)	2.14	(2.1, −3.2)(2.1, 0)	2.37	(10.1, −3.2)(7.1, 2.4)	2.1	(8.1, −3.2)(10.1, 3.2)	1.92	(2.1, −3.2)(6.1, 0)
6	4.33	(6.1, −3.2)(4.1, 0)	3.02	(2.1, −1.6)(4.1, 0)	2.97	(2.1, −2.4)(4.1, −0.8)	2.14	(8.1, −2.4)(10.1, 3.2)	1.96	(2.1, −3.2)(6.1, 0)
7	3.59	(10.1, −1.6)(2.1, 0)	3.91	(2.1, −1.6)(4.1, 0)	4.43	(2.1, −2.4)(4.1, −0.8)	2.84	(2.1, −2.4)(4.1, −0.8)	1.92	(0, −3.2)(10.1, −3.2)
8	2.12	(10.1, −1.6)(2.1, 0)	5.39	(2.1, −3.2)(4.1, 0)	4.56	(0, −3.2)(0, 3.2)	4.90	(0, −3.2)(0, 3.2)	3.24	(0, −3.2)(0, 3.2)
9	1.44	(7.1, −3.2)(3.1, 2.4)	2.79	(2.1, −3.2)(4.1, 0)	3.55	(0, −3.2)(0, 3.2)	2.58	(0, −3.2)(0, 3.2)	2.15	(0, −3.2)(0, 3.2)
10	1.2	(0, −3.2)(0, 3.2)	1.58	(8.1, −3.2)(10.1, −3.2)	2.50	(0, −3.2)(4.1, 3.2)	1.34	(8.1, −3.2)(10.1, 3.2)	1.10	(0, −3.2)(0, 3.2)
11	1.16	(2.1, −3.2)(8.1, 3.2)	1.66	(8.1, −3.2)(10.1, −3.2)	2.37	(4.1, −3.2)(7.1, 3.2)	1.37	(8.1, −3.2)(10.1, −3.2)	1.04	(0, −3.2)(10.1, −3.2)
12	1.26	(7.1, −3.2)(4.1, 2.4)	1.69	(6.1, −3.2)(4.1, −1.6)	2.44	(10.1, −3.2)(4.1, 2.4)	1.52	(4.1, −3.2)(6.1, 3.2)	1.25	(6.1, −3.2)(10.1, −3.2)

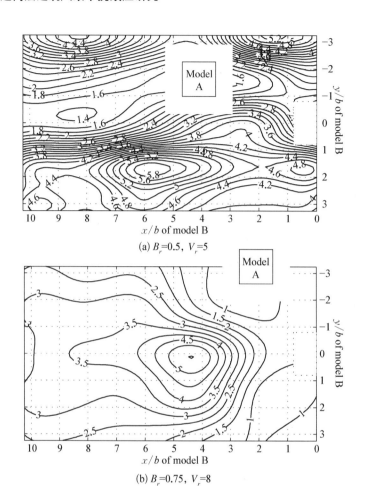

(a) $B_r=0.5$, $V_r=5$

(b) $B_r=0.75$, $V_r=8$

图 7-39 两种小宽度比配置对应于涡激共振风速的干扰因子分布(固定 A 建筑,B 类)

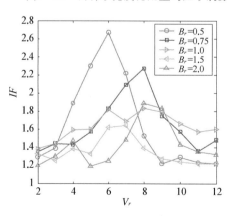

图 7-40 最大横风向动力干扰因子随折算风速的变化(B 类地貌)

的施扰建筑位置见表 7-4,相应不同施扰建筑宽度的最大干扰因子随折算风速变化见图 7-40。由于高湍流度的流场对上游脱落的旋涡的形成起到较大的抑制作用,所以对 0.5、0.75 和 1 三种宽度比的施扰建筑,尽管在涡激共振风速附近的干扰因子仍比较大,但相对 B 类地貌情况已经衰减了许多,不过此时对于 $B_r=0.5$ 的干扰因子仍有 2.67,$B_r=0.75$ 的情况则为 2.27。

表 7 - 4　D 类地貌下不同折算风速和施扰建筑宽度的最大横风向动力干扰因子

折算风速	$B_r=0.5$	位置 $(x/b, y/b)$	$B_r=0.75$	位置 $(x/b, y/b)$	$B_r=1.0$	位置 $(x/b, y/b)$	$B_r=1.5$	位置 $(x/b, y/b)$	$B_r=2.0$	位置 $(x/b, y/b)$
2	1.29	(2.1, -1.6) (4.1, 1.6)	1.35	(7.1, -3.2) (4.1, 2.4)	1.38	(4.1, -3.2) (10.1, 3.2)	1.33	(7.1, -3.2) (8.1, 3.2)	1.2	(0, -3.2) (0, 3.2)
3	1.39	(2.1, -1.6) (4.1, 1.6)	1.44	(7.1, -3.2) (6.1, 2.4)	1.44	(7.1, -3.2) (5.1, 2.4)	1.25	(8.1, -3.2) (8.1, 3.2)	1.3	(0, -3.2) (0, 3.2)
4	1.89	(2.1, -3.2) (2.1, 1.6)	1.43	(10.1, -3.2) (10.1, 3.2)	1.59	(0, -3.2) (2.1, 1.6)	1.38	(7.1, -3.2) (8.1, 3.2)	1.47	(0, -3.2) (0, 3.2)
5	2.3	(2.1, -3.2) (4.1, 0)	1.57	(0, -3.2) (2.1, -1.6)	1.6	(0, -3.2) (2.1, -1.6)	1.33	(8.1, -3.2) (8.1, 3.2)	1.19	(6.1, -3.2) (8.1, 3.2)
6	2.67	(0, -3.2) (2.1, 0)	1.83	(8.1, -3.2) (10.1, 3.2)	1.82	(7.1, -3.2) (5.1, 2.4)	1.62	(8.1, -3.2) (10.1, 3.2)	1.25	(7.1, -3.2) (8.1, 2.4)
7	2.22	(6.1, -3.2) (2.1, 0)	2.09	(0, -3.2) (4.1, 1.6)	1.69	(7.1, -3.2) (5.1, 2.4)	1.64	(0, -3.2) (0, 3.2)	1.48	(0, -3.2) (0, 3.2)
8	1.53	(6.1, -3.2) (2.1, 0)	2.27	(2.1, -3.2) (4.1, 0)	1.83	(0, -3.2) (10.1, 3.2)	1.39	(0, -3.2) (0, 3.2)	1.89	(0, -3.2) (0, 3.2)
9	1.22	(0, -3.2) (4.1, -3.2)	1.75	(2.1, -3.2) (4.1, 0)	1.79	(0, -3.2) (4.1, 3.2)	1.27	(0, -3.2) (10.1, 3.2)	1.83	(0, -3.2) (0, 3.2)
10	1.29	(4.1, -3.2) (4.1, 3.2)	1.57	(6.1, -3.2) (8.1, 3.2)	1.66	(4.1, -3.2) (10.1, 3.2)	1.24	(0, -3.2) (10.1, 3.2)	1.43	(0, -3.2) (0, 3.2)
11	1.23	(0, -3.2) (8.1, -3.2)	1.36	(4.1, -3.2) (6.1, 3.2)	1.57	(4.1, -3.2) (6.1, 3.2)	1.22	(0, -3.2) (10.1, -3.2)	1.35	(0, -3.2) (2.1, -3.2)
12	1.22	(4.1, -3.2) (4.1, 3.2)	1.48	(8.1, -3.2) (10.1, 3.2)	1.6	(4.1, -3.2) (10.1, 3.2)	1.22	(7.1, -3.2) (8.1, 2.4)	1.32	(0, -3.2) (2.1, -3.2)

对于表 7-4 所圈出的两个涡激共振响应位置,固定一个施扰建筑于最大干扰位置的一个位置上,改变另外一个施扰建筑的位置,其干扰因子分布分别见图 7-41。注意到同样配置在不同地貌下分布的相似性如图 7-41(b)和图 7-39(b)以及图 7-41(a)和图 7-36 所示,正是由于这种特性保证了后续进行相关分析的可行性。

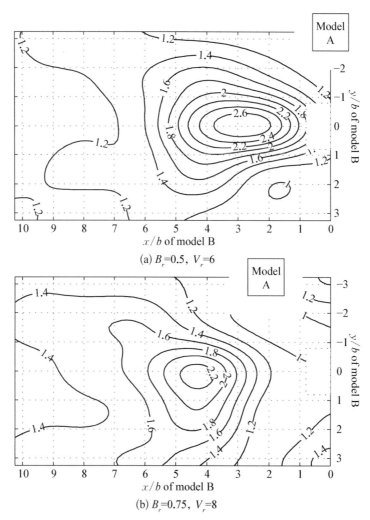

(a) $B_r=0.5$, $V_r=6$

(b) $B_r=0.75$, $V_r=8$

图 7-41　两种小宽度比配置对应于涡激共振风速的干扰因子分布(固定 A 建筑,D 类)

3. 涡激共振机理

和双建筑配置情况一样,当折算风速和宽度比满足式(6-7)时,位于某些位置上的施扰建筑形成的旋涡冲击在受扰建筑上,会产生涡激共振问题。有些文献认为上游建筑脱落的旋涡和下游受扰建筑的旋涡同步,从而产生更大的涡激振动问题,但这种解释恐怕只适应于基本配置情况。

在 B 类地貌下,考察不同宽度比配置,当两个施扰建筑位于表 7 - 3 中各宽度比的最显著干扰因子所对应的坐标时,受扰建筑横风向倾覆弯矩功率谱密度和其孤立状态的比较见图 7 - 42($B_r = 1$ 的等宽度配置的最大干扰因子为并列情况已讨论,故选用第二最大位置)。

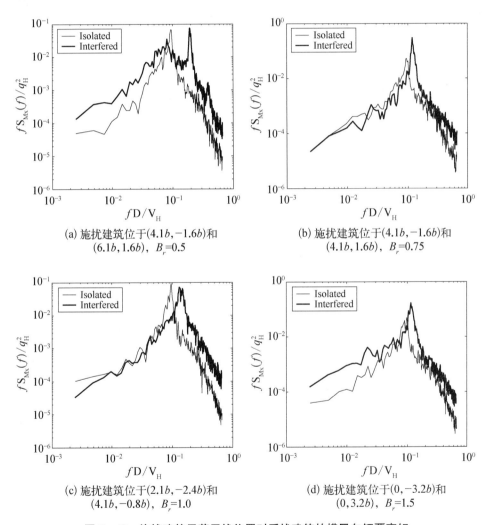

(a) 施扰建筑位于$(4.1b, -1.6b)$和
$(6.1b, 1.6b)$, $B_r = 0.5$

(b) 施扰建筑位于$(4.1b, -1.6b)$和
$(4.1b, 1.6b)$, $B_r = 0.75$

(c) 施扰建筑位于$(2.1b, -2.4b)$和
$(4.1b, -0.8b)$, $B_r = 1.0$

(d) 施扰建筑位于$(0, -3.2b)$和
$(0, 3.2b)$, $B_r = 1.5$

**图 7 - 42 施扰建筑显著干扰位置时受扰建筑的横风向倾覆弯矩
功率谱和其孤立状态的比较(B 类)**

对于 $B_r = 0.5$ 的配置情况,干扰的结果在横风向倾覆弯矩的功率谱中增加

了折算频率为 0.2 的峰值见图 7 - 42(a)。所以当折算风速为 5 时,横风向动力干扰因子就显得特别大。当宽度比为 0.75 时,位于显著干扰位置的施扰建筑的尾流控制了受扰建筑的横风向力的生成,峰值频率移后造成在折算风速为 8 时产生较大的响应。对于等宽度配置情况,位于非并列的显著干扰位置的两个施扰建筑产生的尾流对受扰建筑的作用结果主要也是增大其横风向倾覆弯矩功率谱的峰值频率,从而在较低折算风速时产生较大的响应。当然建筑受扰后的功率谱密度在整个高频段均有很大的增强,因而在所考虑的折算风速区域,干扰效应均比较显著。$B_r = 1.5$ 属并列位置,其作用干扰机理和基本三建筑并列布置的情况一样。

对应于图 7 - 42 中 4 种配置的四个位置,计算出它们的干扰因子随折算风速的变化,结果见图 7 - 43。

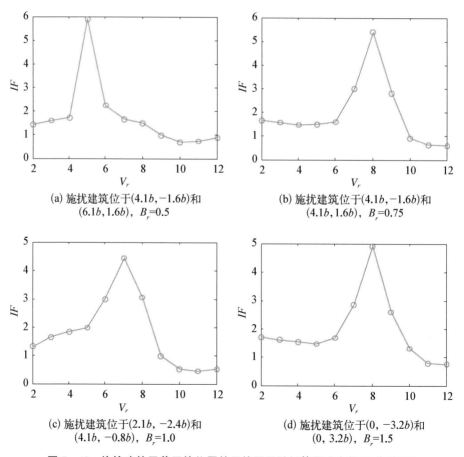

(a) 施扰建筑位于 $(4.1b, -1.6b)$ 和
$(6.1b, 1.6b)$,$B_r = 0.5$

(b) 施扰建筑位于 $(4.1b, -1.6b)$ 和
$(4.1b, 1.6b)$,$B_r = 0.75$

(c) 施扰建筑位于 $(2.1b, -2.4b)$ 和
$(4.1b, -0.8b)$,$B_r = 1.0$

(d) 施扰建筑位于 $(0, -3.2b)$ 和
$(0, 3.2b)$,$B_r = 1.5$

图 7 - 43 施扰建筑显著干扰位置的干扰因子随折算风速变化(B 类地貌)

　　由以上的分析可见,对于宽度比 $B_r < 1$ 的施扰建筑,在按式(6-7)算出的折算风速时,施扰建筑处于某些特定的排列位置上,尾流形成的涡流作用受扰建筑上会产生比较大的涡激共振响应。在这种情况下,处于该施扰位置上的施扰建筑对受扰建筑的动力干扰效应就和折算风速有非常大的关系。而 $B_r \geqslant 1$ 的情况会在并列排列时产生较大的干扰效应,且此时的最大干扰因子发生在 $V_r = 8$ 的时刻,显然该干扰因子随折算风速的变化不会是一个简单的递减关系。一般情况下,在峰值折算风速的左边干扰因子随折算风速的增大而增大,在峰值折算风速的右边,则相反。整个分布趋势取决于峰值的位置,但如果去除峰值的影响,则总的来看 IF 值还是有一种随折算风速的增大而递减的趋势。

　　4. 包络干扰因子分布特征

　　1) 不同配置间的数据相关性

　　B 类地貌下,以基本配置为参考,考虑其不同宽度比配置的包络干扰因子和基本配置情况包络值分布的相关性,结果和双建筑配置的情形差不多。由于在所考虑的折算风速范围内,小宽度比配置的施扰建筑存在非常显著的涡激共振问题,这导致其干扰因子分布和基本配置情况相差甚远,如下图所示。

　　由图中可见它们之间毫无相似之处,故不存在可以简化数据结果的直接回归规律。但对于比受扰建筑断面大的施扰建筑,数据间仍存在相关性,见图7-45。对于更大的宽度比情况,回归结果要稍比 $B_r = 1.5$ 的差些。图7-46给

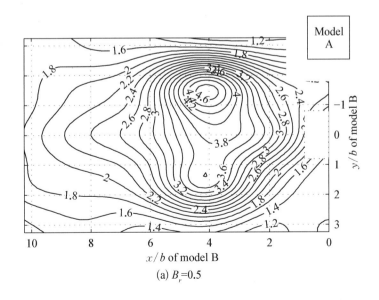

(a) $B_r = 0.5$

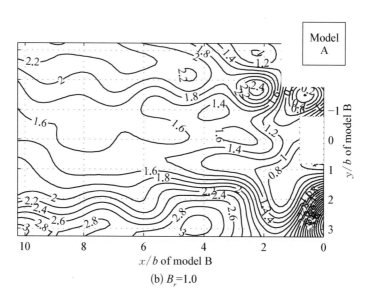

(b) $B_r=1.0$

**图 7-44　不同宽度比的干扰因子包络分布,三建筑配置,
固定 A 于(0,－3.2b),B 类地貌**

出了两种大宽度比结果的比较,由图中同样可以看出,从统计的角度出发,横风
向的动力干扰效应随着施扰建筑的宽度比的增大而减弱,这和双建筑配置所得
结果是一致的。图中两种配置回归关系为:

$$RIF = \begin{cases} 0.436 + 0.331IF + 0.123IF^2 & B_r = 1.5 \\ 0.28 + 0.352IF + 0.048IF^2 & B_r = 2.0 \end{cases} \qquad (7-7)$$

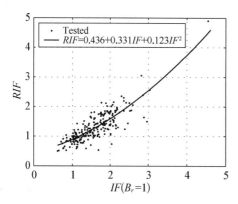

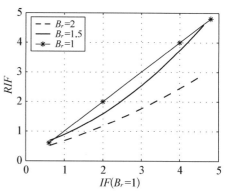

**图 7-45　$B_r=1.5$ 和基本配置包络干扰
因子的相关性(B 类地貌,三
建筑配置)**

**图 7-46　不同宽度比回归结果的比较
(B 类地貌,三建筑配置)**

2）$B_r \leqslant 1$ 配置 IF 包络值的显著区域分布

对于小宽度比结果，仿照顺风向动力干扰因子情况的处理方法（第 6.2.2.6 节）。根据试验结果数据进行训练建模然后精细细化预测，由其结果进行分区可以得到各种配置下的相应干扰因子区域分布，结果见图 7 - 47。

3）不同地貌下数据的相关性

对于不同宽度比情况，分析它们在 B 类和 D 类地貌下的横风向包络干扰因子的分布特征，基本三建筑配置的包络干扰因子在这两类地貌下的相关性已在第 7.1.3 节给以描述，以下给出其他配置的分析结果。

分析中为了尽可能准确描述 B 类和 D 类地貌下数据的统计规律，根据具体的试验结果，尽可能采用较高次数的多项式形式，结果见图 7 - 48。其中图(f)为图(a)—(e)的各个回归关系在其各自取值范围内的比较。

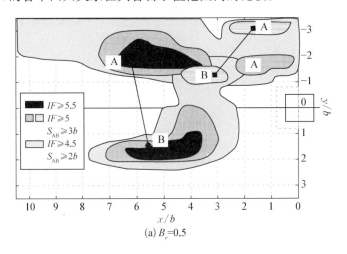

(a) B_r=0.5

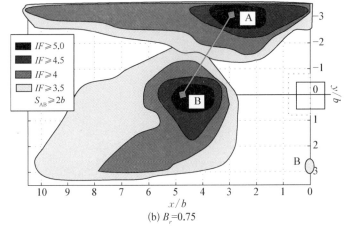

(b) B_r=0.75

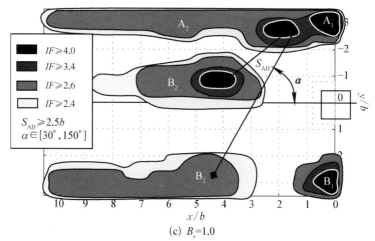

(c) $B_r=1.0$

(同图 7-23，在并列布置的区域A₁B₁，IF包络值有可能达到5)

图7-47 小宽度比横风向动力干扰因子包络值显著分布(B类地貌，$V_r=2\sim9$)

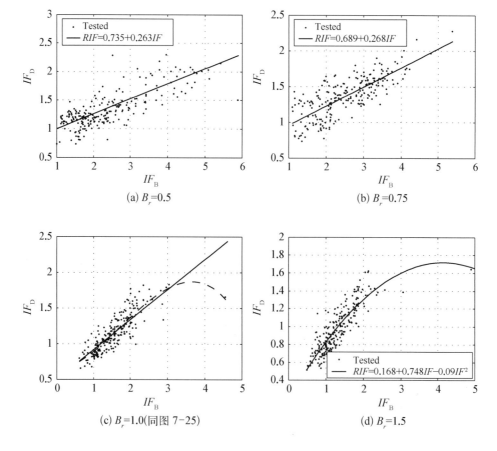

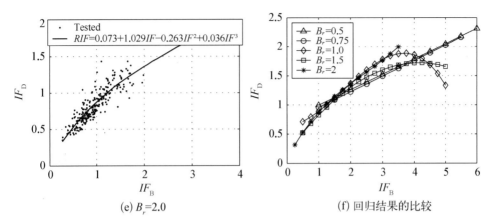

(e) $B_r=2.0$　　　　　　　　(f) 回归结果的比较

图 7‑48　不同宽度比三建筑配置在 B、D 类地貌下横风向包络动力干扰因子的相关分析

图中对于不同配置的相应回归关系分别为：

$$IF_{\mathrm{D}}=\begin{cases}0.735+0.263IF_{\mathrm{B}}, & B_r=0.5\\0.689+0.268IF_{\mathrm{B}}, & B_r=0.75\\0.62+0.078IF_{\mathrm{B}}+0.238IF_{\mathrm{B}}^{2}-0.045IF_{\mathrm{B}}^{3}, & B_r=1.0\\0.168+0.748IF_{\mathrm{B}}-0.09IF_{\mathrm{B}}^{2}, & B_r=1.5\\0.073+1.029IF_{\mathrm{B}}-0.263IF_{\mathrm{B}}^{2}+0.036IF_{\mathrm{B}}^{3}, & B_r=2.0\end{cases}$$

$$(7\text{-}8)$$

7.3　施扰建筑高度的影响

在施扰建筑和受扰建筑等宽度的情况下，取 $H_r=0.5$、0.75、1.0、1.25、1.5 五种不同的高度比的一个和两个施扰建筑，分析它们对受扰建筑的影响。

7.3.1　双建筑情况

1. 干扰因子的一般分布特征

分析折算风速为 8 的情况。B 类地貌下不同高度配置比干扰因子等值分布见图 7‑49。由图可见，$H_r=0.5$ 的施扰只有在远离受扰建筑的上游处才有比较明显的影响，这主要是孤立状态的流场湍流度较低，施扰建筑的存在起到了增加湍流度的作用，这和顺风向的观测结果类似。相对于其他高度比情况，$H_r=$

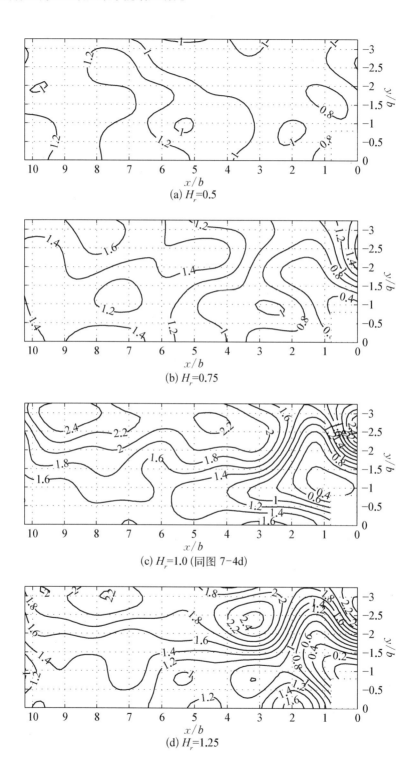

(a) H_r=0.5

(b) H_r=0.75

(c) H_r=1.0 (同图 7-4d)

(d) H_r=1.25

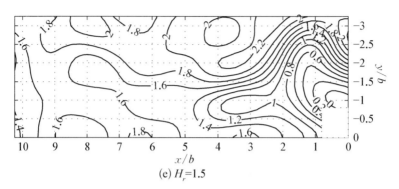

$$(e)\ H_r=1.5$$

图 7‑49 不同高度比配置横风向动力干扰因子分布(B 类,$V_r=8$)

0.5 的施扰建筑在近间距的情况下对受扰建筑的横风向动力响应几乎没有构成任何不良的影响,这种效应在高湍流度的 D 类地貌中将明显降低,并且 $H_r=0.75$ 的情况也是如此。

从以上各图中可以看出,显著的干扰状态均当受扰建筑处于受扰建筑尾流边界的时候,但当结构高度为受扰建筑高度的 1.5 倍时,施扰建筑在整个上游位置均有比较显著的干扰影响。

2. 包络分布及相关分析

1) 高度比影响

在 B 类地貌下,考虑 $V_r=2\sim9$ 间干扰因子的包络分布,并以基本配置分布(见图 7‑21)为参考,考察其他几种高度比配置的包络干扰因子分布和基本配置包络干扰因子的相关性,并做比较,结果见图7‑50。

分析中,由于 $H_r=0.5$ 配置的干扰较小,数据的相关性较差,但统计回归结果也基本反映出这种配置的干扰因子的分布特征,并且从得到的结果上看,总得说来,还是应该偏于保守的。

对应于图中 5 种配置的回归关系式为:

$$RIF=\begin{cases}0.986+0.087IF, & H_r=0.5 \\ 0.67+0.392IF, & H_r=0.75 \\ IF, & H_r=1.0 \\ 0.108+1.053IF, & H_r=1.25 \\ 0.107+1.119IF, & H_r=1.5\end{cases} \quad (7\text{‑}9)$$

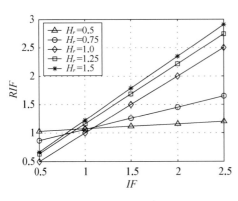

图 7-50 不同高度比配置的包络干扰因子回归结果比较（B类地貌，双建筑配置）

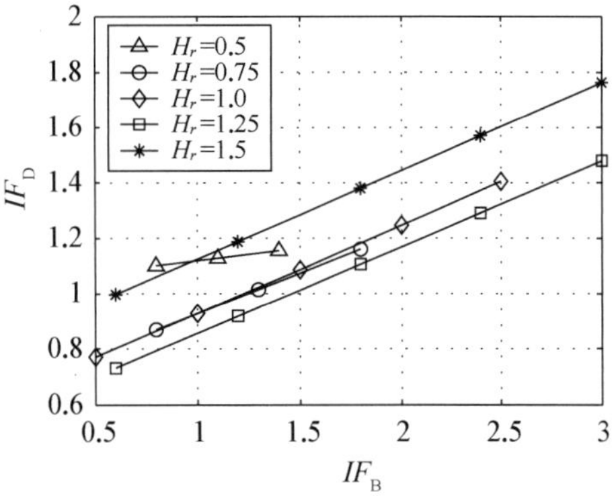

图 7-51 不同高度比配置在B、D类地貌下的包络干扰因子相关性（双建筑配置）

2）不同地貌影响

分析不同高度比配置在 B 类和 D 类地貌下包络干扰因子的相关性，结果见图 7-51。其中 $H_r = 0.5$ 的配置情况，由于在两种地貌下的干扰因子均不是非常显著，因此相关性较差，但从所给出的结果上看仍是合理的，且偏于保守。对应于图中 5 种配置的回归关系为：

$$IF_D = \begin{cases} 1.026 + 0.093 IF_B, & H_r = 0.5 \\ 0.636 + 0.291 IF_B, & H_r = 0.75 \\ 0.614 + 0.316 IF_B, & H_r = 1.0 \\ 0.546 + 0.311 IF_B, & H_r = 1.25 \\ 0.807 + 0.318 IF_B, & H_r = 1.5 \end{cases} \tag{7-10}$$

7.3.2 三建筑情况

1. 统计分析

在不同地貌和典型折算风速下，用统计的方法分析不同高度比对不同位置干扰因子的分布规律的影响，结果见图 7-52(a)—(f)。由图中可见，只有当施扰建筑高度比超过 0.75 时，对受扰建筑的横风向动力响应才会有比较显著的影响。

从总体上看，横风向的干扰效应随施扰建筑的增高略有增加，图中也显示在 B 类地貌下，高度小于受扰建筑高度一半的施扰建筑的影响可以忽略不计。而

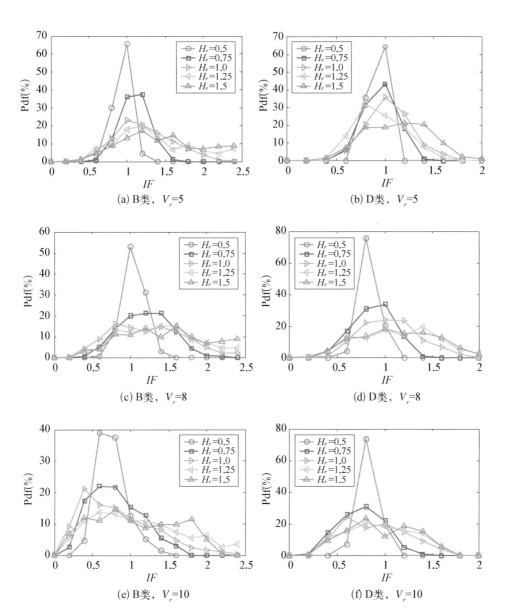

图 7‑52　不同高度比三建筑配置的横风向动力干扰因子分布统计特性

在 D 类地貌下,只有当施扰建筑的高度比超过 0.75 时,其干扰作用才比较明显。

2. 高度比对包络分布的影响

考虑 B 类地貌下高度比变化对包络分布的影响,分析其他高度比配置的包络因子和基本配置情况相应值的相关性,不同配置的回归结果为:

$$RIF = \begin{cases} 1.022 + 0.068IF, & H_r = 0.5 \\ 0.495 + 0.645IF - 0.068IF^2, & H_r = 0.75 \\ IF, & H_r = 1 \\ -0.292 + 1.372IF - 0.086IF^2, & H_r = 1.25 \\ -0.333 + 1.553IF - 0.153IF^2, & H_r = 1.5 \end{cases} \quad (7-11)$$

上述关系的相互比较见图 7-53。

3. 不同地貌情况

分析同样一种高度比配置在不同地貌下的包络干扰因子分布间的相关性，并作回归分析。图 7-54 为这 5 种不同高度比配置 IF 分布之间回归关系的比较。

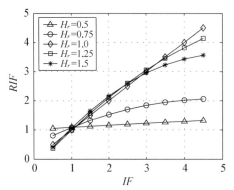

图 7-53　不同高度比的横风向包络动力干扰因子分布相关特性（B 类地貌，三建筑配置）

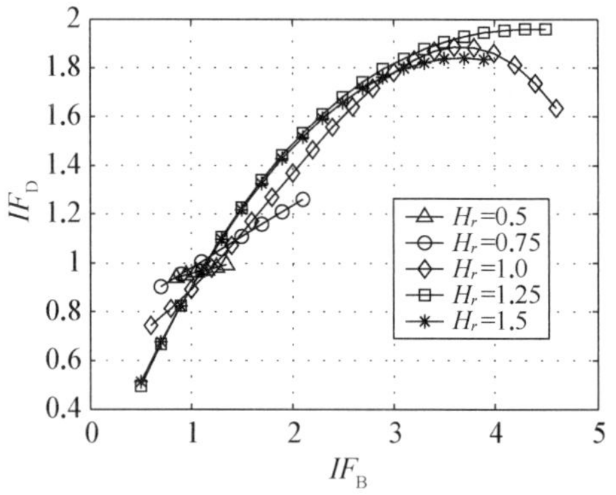

图 7-54　不同高度比的横风向动力干扰因子分布相关特性（B 类地貌，三建筑配置）

相应的回归关系为：

$$IF_{\mathrm{D}} = \begin{cases} 0.853 + 0.103IF, & H_r = 0.5 \\ 0.725 + 0.255IF, & H_r = 0.75 \\ 0.62 + 0.078IF_{\mathrm{B}} + 0.238IF_{\mathrm{B}}^2 - 0.045IF_{\mathrm{B}}^3, & H_r = 1.0 \\ 0.072 + 0.951IF_{\mathrm{B}} - 0.122IF_{\mathrm{B}}^2, & H_r = 1.25 \\ 0.059 + 0.97IF_{\mathrm{B}} - 0.132IF_{\mathrm{B}}^2, & H_r = 1.5 \end{cases}$$

$$(7-12)$$

7.4　本章小结

本章以横风向基底弯矩响应为研究对象,在不同地貌下,对两个和三个建筑间的横风向动力干扰影响进行了详细研究,考虑并分析不同的 5 种宽度比、高度比以及地貌的影响,并对干扰机理进行了分析。

对于双建筑配置的横风向动力干扰影响,将本书结果和现有文献的结果作了比较,结果比较满意。针对三建筑配置的试验结果变化因素多的问题,用统计分析和相关分析方法,分析比较了不同配置情况对所研究干扰效应的影响,结合神经网络分析方法,在采用基本试验数据建模并精细化处理后统计出不同档次的包络干扰因子分布区域。由以上分析可以得出以下的结论:

(1) 高层建筑位于上游施扰建筑高速尾流边界时会产生较单体情况强烈的横风向动力响应。试验结果显示当施扰和受扰建筑并列或串列时,横风向的干扰响应也非常明显。

(2) 和考虑一个建筑对另一个建筑的双建筑配置的干扰效果比较,两个施扰建筑的动力干扰效果更为明显。对于大小一样的基本配置情况,在 B 类地貌下三建筑配置测出的干扰因子会比双建筑配置增加 80%,而在 D 类地貌仍有较为显著的差别。

(3) 位于上游特定区域的施扰建筑所脱落的旋涡会使得受扰建筑产生涡激共振响应,尤其对于小宽度的施扰建筑;在较小的折算风速时就会产生涡激共振问题,在顺风向动力干扰效应分析中总结出的判别公式,同样可以用于推测横风向涡激共振的折算风速。

(4) 发生涡激共振的横风向动力干扰因子会比非共振情况高出数倍以上,因此宽度比对横风向动力干扰效应有非常大的影响。尤其要指出的是在等高双建筑配置试验且宽度比为 0.5 的试验中,观察到最大干扰因子为 7.09,出现在当施扰建筑位于(3.1b, 0)和受扰建筑串列之处且折算风速为 6 的时候。

(5) 可以忽略高度不到受扰建筑一半高度的上游建筑的干扰作用,横风向动力干扰效应随施扰建筑高度的增加而增强,且显著的干扰区域在变大,所以要尤其关注比受扰建筑高的建筑的干扰影响。

(6) 粗糙化地貌的高湍流度会对上游施扰建筑尾流的旋涡形成产生一定的抑制作用,因而在 D 类地貌下的干扰因子要远远小于 B 类地貌情况,从而动力干扰效应大大降低。但试验中在 D 类地貌下观察到的干扰因子仍有 1.83(基本三建筑配置)和 2.13(高度比为 1.5 的三建筑配置)。

（7）不同配置横风向动力包络干扰因子的相关分析结果显示,不同高度比配置间的干扰因子存在较好的相关性,所有配置在不同地貌类型下的干扰因子数据的相关性亦较好。宽度比小于 1 配置的干扰因子和基本配置的干扰因子分布的相似性较差,应该分别区分对待。根据相应的回归分析结果,采用基本配置在基本地貌(B 类)类型下的数据就可以推测得到其他配置和地貌情况的干扰因子。

第8章

局部脉动风压分布特性

高层建筑的覆面层如玻璃幕墙设计的荷载主要取决于直接作用结构表面的风压值,第5.5节曾对受扰建筑的特征断面上的平均风压的干扰影响进行了分析,结果显示位于远于受扰建筑的一个上游施扰建筑可以使受扰建筑的平均风压增大40%,而在施扰建筑附近非并列布置的两个施扰建筑则有可能将其增大80%~100%。在应用中,设计风荷载要考虑脉动风的作用,对于覆面结构,应该以反映包括平均风荷载的峰值风压作为结构的设计荷载。根据式(3-21)对试验测出的脉动压力信号在频域进行修正,用式(8-1)计算均方根压力系数和峰值压力系数。

$$C_{p,\,rms} = \sqrt{\int_0^\infty S_{Cp}(f)\mathrm{d}f} = \sqrt{\int_0^\infty \frac{S_{Cpx}(f)}{\mid H(f)\mid^2}\mathrm{d}f} \tag{8-1}$$

$$C_{p,\,peak} = \mid \overline{C}_P \mid + gC_{p,\,rms} \tag{8-2}$$

其中,$\overline{C}_p$ 为平均风压系数;g 是峰值因子。由于脉动风压不再是高斯过程,参考有关文献[87],本书取 g 为 3.5。由此定义基于峰值压力系数的干扰因子:

$$IF = \frac{\text{有干扰时的峰值压力系数} C_{p,\,peak}}{\text{无干扰时的峰值压力系数} C_{p,\,peak}} \tag{8-3}$$

本章考虑在不同地貌、不同宽度比、不同高度比的一个(双建筑物配置)和两个施扰建筑(三建筑配置)在不同间距下对受扰建筑的峰值压力系数的干扰效应。考虑压力系数变化的可选目标太多,难以逐一进行详细的分析和研究。对于正方形断面结构,本书取 3/4 高度处的截面压力分布为研究对象,布置了四个测压点见图 2-17。根据其在孤立状态压力分布特征(图 1-2)和高层建筑结构的覆面层设计通常以负压控制为主的特点,本章主要取在孤立状态平均风压最

大的 P_1 点的峰值压力系数进行分析。在不引起混淆的情况下,将峰值压力系数简称为压力系数,而干扰因子没有特殊注明也是指基于峰值压力系数的干扰因子。

8.1 基本配置的结果与分析

所谓基本配置是指施扰建筑和被扰建筑同样大小的情况,在本书研究中受扰建筑为 600 mm×100 mm×100 mm 的正方形建筑(图 2 - 12)。

8.1.1 双建筑配置的结果

1. 基本干扰因子分布

对于基本双建筑配置,图 8 - 1(a)—(c)给出不同地貌下干扰因子分布的试验结果。从总体上看,在两个建筑并列布置时,由于狭管效应会造成局部风

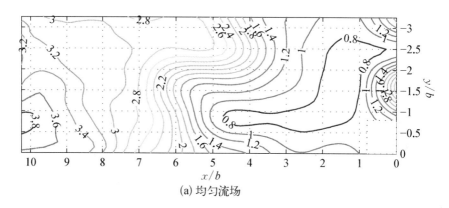

(a) 均匀流场

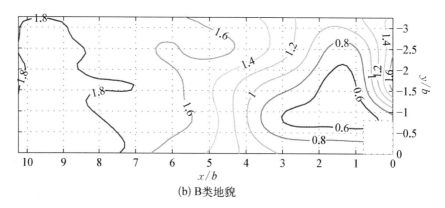

(b) B类地貌

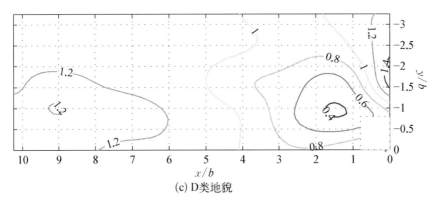

(c) D类地貌

图 8-1 不同流场条件下双建筑配置的峰值风压干扰因子分布

压升高,且这种效应随地貌的平坦化而增强;在非并列的近间距布置时,施扰建筑对所测点基本起到一种遮挡作用,干扰因子值均小于1;当施扰建筑位于 $4b$~$5b$ 的上游位置时,其较规则的尾流又会对受扰建筑的局部风压构成不利影响,在这些区域内的峰值风压值的干扰因子均大于1;在所观测的 $10.1b$ 的上游位置,仍看不到这种影响有减弱的趋势,且随着地貌平坦化这种影响在增强。

2. 显著干扰位置的干扰因子对比

将不同地貌下的最大干扰因子及其相应的临界位置做比较,结果见表8-1。其中括号内内容表示对应施扰建筑的位置坐标。由表中可以看到,即使对于D类地貌,在位于 $(9.1b, 0)$ 的上游建筑仍然可以使下游建筑上的局部风压值升高 31%,在B类地貌,情况更加严重,增大增加幅度可达93%。

表 8-1 双建筑配置峰值风压 IF 最大分布

地貌类型	并列布置	其他布置
均匀流场	$2.53(0, -1.6b)$	$3.86(10.1b, -0.8b)$
B类	$1.73(0, -1.6b)$	$1.93(10.1b, -0.8b)$
D类	$1.5(0, -1.6b)$	$1.31(9.1b, 0)$

由表 8-1 可以看到,在低湍流度地貌,上游建筑的干扰影响甚至超过并列时由于狭管效应所引起的影响,而即使是在湍流度较高的D类地貌,远离受扰建筑的上游施扰建筑的影响仍和并列布置时的影响相当。对于平均风压分布的影响,狭管效应占主要因素。因而由于狭管效应的建筑并列情况所引起的干

扰效应要远大于当施扰建筑位于上游情况；但对于脉动风压，情况则恰恰相反，上游建筑显著增大了其脉动部分，最终导致峰值风压增大而使干扰因子大大增加。

图 8-2 为两种不同地貌下当施扰建筑位于显著施扰位置时（非并列和并列）受扰建筑的脉动风压系数的功率谱密度函数和其孤立状态的比较。由图中可见，受扰后反映脉动风压部分的功率谱密度和其孤立状态相比均显著增强，且 B 类地貌下的功率谱变化要比在 D 类地貌的显著。对比分析图 8-2(a) 和 (c) 以及图 8-2(b) 和 (d) 可见，在相同地貌下，位于上游显著施扰位置的施扰建筑对测点脉动风压的影响也比相应并列情况强。

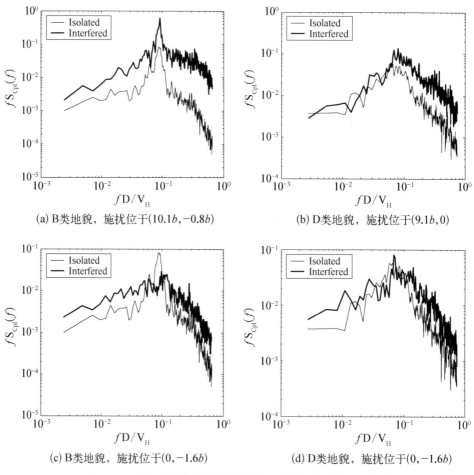

(a) B类地貌，施扰位于(10.1b,−0.8b)   (b) D类地貌，施扰位于(9.1b,0)

(c) B类地貌，施扰位于(0,−1.6b)   (d) D类地貌，施扰位于(0,−1.6b)

图 8-2　施扰建筑位于显著干扰位置时受扰建筑风压系数的
功率谱和其孤立状态的比较（双建筑配置）

3. 不同地貌下干扰因子的相关性

由图 8-1 的等值曲线可见不同地貌下的基本双建筑配置的干扰因子分布存在一定的相似性,故可用回归分析方法对不同配置间的干扰因子进行回归。以 B 类地貌的数据做参考,将均匀流场和 D 类地貌数据和其做比较,结果见图 8-3。

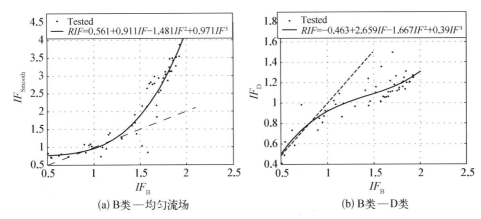

(a) B类—均匀流场　　　　　　(b) B类—D类

图 8-3　不同地貌峰值压力系数干扰因子的回归比较(双建筑配置)

对于均匀流场—B 类地貌数据的关系,可以用以下的三次多项式较好描述。

$$IF_{Smooth} = 0.561 + 0.911IF_B - 1.481IF_B^2 + 0.971IF_B^3 \qquad (8-4)$$

这点和前述章节的分析类似,对于 B 类—D 类地貌的结果,图中亦采用三次多项式回归进行描述,但其结果和线性回归的结果大致相当,回归方程为

$$IF_D = -0.463 + 2.659IF_B - 1.667IF_B^2 + 0.39IF_B^3 \qquad (8-5a)$$

或

$$IF_D = 0.412 + 0.444IF_B \qquad (8-5b)$$

根据以上关系,可以从 B 类地貌的数据推测到其他地貌的结果。由图中的回归结果也可见,均匀流场的干扰因子要普遍高于 B 类流场,而 B 类流场则相应要高于 D 类流场,即峰值风压的干扰效应随着流场的粗糙化而降低。

8.1.2　三建筑试验结果分析

1. 最大干扰位置的干扰因子比较

和双建筑配置一样,对于基本三建筑配置,根据试验结果分析得到的最大干扰因子仍随着地貌平坦化而增强如表 8-2 所示。由于干扰机理不同,表中仍然

分并列布置情况和非并列布置情况。并列布置情况主要和狭管效应有关;非并
列布置情况则和上游建筑尾流的干扰有关。表中的数据栏内的括号内数据为相
应施扰建筑的位置坐标。对于并列情况,不同地貌下的最大干扰位置均固定于
同一位置,即两个施扰建筑分别处于$(0,-3.2b)$和$(0,-1.6b)$上,这和双建筑
配置情况类似。

表 8-2　三建筑配置峰值风压 *IF* 最大分布

地貌类型	并列布置	其他布置
均匀流场	$2.23(0,-3.2b)(0,-1.6b)$	$4.53(2.1b,-3.2b)(6.1b,-1.6b)$
B 类	$1.89(0,-3.2b)(0,-1.6b)$	$2.19(1.1b,-2.4b)(6.1b,-0.8b)$
D 类	$1.71(0,-3.2b)(0,-1.6b)$	$1.74(0,-1.6b)(8.1b,1.6b)$

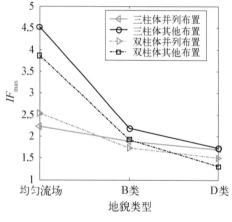

图 8-4　不同基本配置峰值风压
IF 最大值的比较

比较三建筑和双建筑配置情况,
将不同布置最大干扰因子随地貌的变
化放在一起比较见图 8-4。由图中可
见,不同配置的最大干扰因子均随地
貌的粗糙化而降低,但从图中也可见
由"狭管效应"引起的峰值压力升高受
地貌的影响也相对较小。

从总体上看,在不同地貌下,三建
筑配置的最大干扰因子均要比双建筑
配置的高。对应于均匀流场、B 类和
D 类 情况 分别增大 17%、13% 和
16%。由于是考虑局部风压的变化,
这两类配置之间的差异没有前述章节关于整体动态合力的分析结果的差异
大。注意到图中显示的并列布置时的三建筑配置在均匀流场下的结果反倒没
有双建筑配置大,这可能是并列时导致狭管效应的程度对建筑的间距非常敏
感有关。

由上述结果也可以看到,即使是在 D 类地貌,位于上游的施扰建筑仍然可
以使受扰建筑表面的峰值风压提高 74%;而在 B 类地貌中,相应的增大量可高
达 119%,这意味着结构的表面覆面结构所承受的荷载要比孤立的单体状态高
出 1 倍左右,这的确是一个应该引起关注的结果。

现有文献对三建筑并列布置的研究报道也偏少,本书虽然对这种配置的干扰特征进行了分析,但本书的测试点数仍偏少且移动间隔偏大,暂不能较好地表示和反映并列布置的干扰特征和可以达到弄清干扰机理的目的。

2.典型位置干扰因子分布

考察 B 类地貌情况,根据表 8-2 所列出的最大干扰因子所出现的位置,进一步分析干扰因子的分布规律。固定两个施扰建筑中的一个于(6.1b,-0.8b),考察另外一个施扰建筑在不同位置对干扰因子的影响,结果见图 8-5。

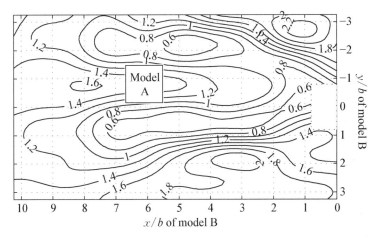

图 8-5　固定 A 于(6.1b,-0.8b)时施扰建筑 B 对干扰因子分布的影响(B 类地貌)

将上述情况和双建筑配置时作比较,对于施扰位置(6.1b,-0.8b),由图 8-1(b)可知,对应于双建筑配置,其干扰因子应该在 1.6 以上。而图 8-5 的结果显示,其周围存在的另外一个施扰建筑对这种增强的干扰效应产生一种抑制的作用,但当这两个施扰建筑构成某种错开的排列方式时却可能强化这种干扰效应,进一步使得其干扰升高到 2.2(这是预测结果,实际测量位置的测量值为2.19)。

如果将一个施扰建筑 A 位置固定在(1.1b,-2.4b),改变另一个建筑 B 的施扰位置,则所得到的干扰因子随建筑 B 变化的规律见图 8-6。同样和双建筑物情况的图 8-1(b)比较并由图 8-6 可以看出,位于(1.1b,-2.4b)的施扰建筑 A 所起的作用是进一步强化了上游建筑的尾流对受扰建筑脉动风压的干扰作用。

根据不同的两个施扰建筑位置及其所对应的 P_1 点的风压系数干扰因子数据,采用神经网络方法进行训练建模,然后进行细化分析,同样可以以包络形式

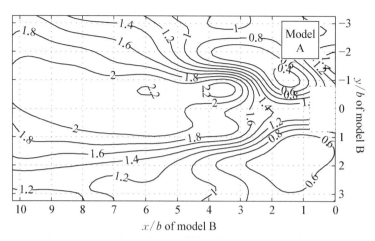

图 8-6 固定施扰建筑 A 位于 $(1.1b,-2.4b)$ 时施扰建筑 B
对干扰因子分布的影响(B 类地貌)

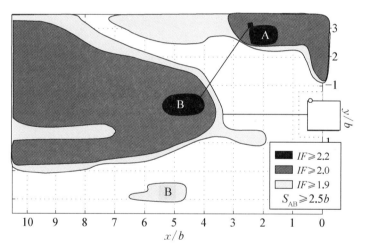

图 8-7 P_1 点极值风压系数干扰因子的显著分布(B 类地貌,三建筑配置)

得到这种配置干扰因子的分布,结果见图 8-7。

由图可见,在 B 类地貌下针对 P_1 点的最显著施扰建筑位置也并非处于并列位置而是斜列排列位置上,注意最显著的干扰区域亦并非出现在远离受扰建筑的上游处而是处于被测区域的中下游处,它充分体现了对受扰建筑的影响是两个施扰建筑协同作用的结果。在图示的 $IF>2.2$ 的区域,神经网络的预测结果显示最大的干扰因子可以达到 2.34,这个结果要比直接测出的最大值 2.19 高,当然这个结果也是合理的。

3. 干扰因子的统计分布特征

对于基本三建筑配置,用统计的方法分析比较不同地貌下干扰因子的分布规

律,结果见图 8-8。由图中可见,从总体
统计的角度上看,峰值脉动风压的干扰
因子仍随地貌的粗糙化而降低。在 D 类
和 B 类地貌下,分布接近于正态分布,但
均匀流场明显不服从正态分布,且在 D
类地貌中,有半数的施扰位置的干扰在
1.1 以上,而在 B 类地貌相应的平均 IF
值则在 1.4 左右。

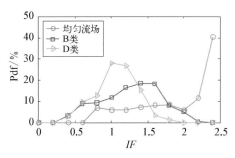

**图 8-8　三建筑配置干扰因子的
统计分布特征**

4. 不同地貌的数据相关性

以上统计分析显示,干扰因子随地貌的粗糙化而降低。和双建筑配置一样,
不同地貌下的数据存在一定的相关性,以 B 类地貌的数据作为基准,将 D 类和
均匀流场的结果和 B 类进行比较与回归,结果见图 8-9。

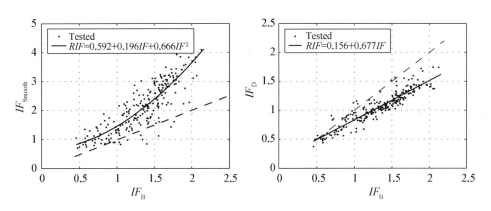

图 8-9　不同地貌峰值压力系数干扰因子的回归比较(三建筑配置)

图中虚线为对应 B 类地貌的参考数据,将其和各自回归结果比较也可见,B
类地貌的干扰因子要远普遍高于 D 类地貌情况,而均匀流场的相应结果则更要
高于 B 类地貌情况。图中两对数据的回归结果为:

$$IF_{Smooth} = 0.592 + 0.196IF_B + 0.666IF_B^2 \qquad (8-6)$$

$$IF_D = 0.156 + 0.677IF_B \qquad (8-7)$$

8.2 施扰建筑宽度的影响

8.2.1 双建筑配置情况

分析 B 类地貌情况,考察不同宽度比的等高上游建筑对受扰建筑测点峰值脉动风压的影响,结果见图 8 - 10。

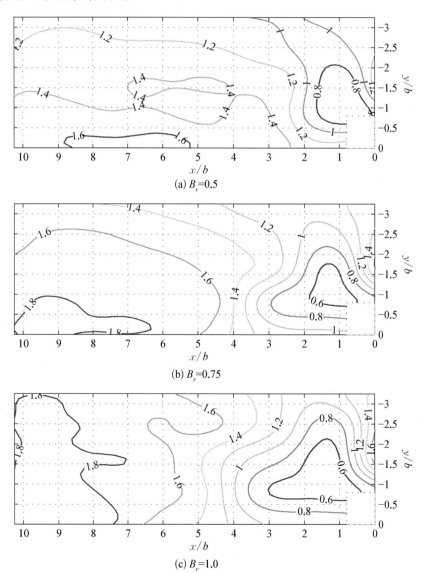

(a) B_r=0.5

(b) B_r=0.75

(c) B_r=1.0

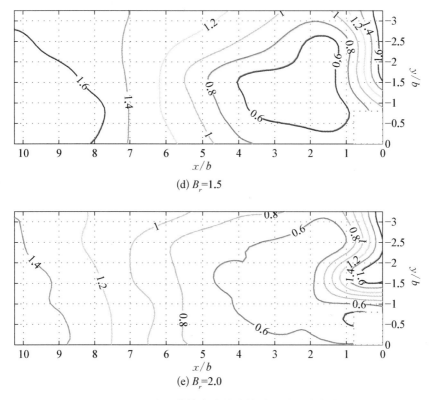

(d) $B_r=1.5$

(e) $B_r=2.0$

图 8–10　不同宽度比的等高施扰建筑对受扰建筑脉动风压的
影响(双建筑配置,B 类地貌)

从总体看来,断面尺寸大的上游施扰建筑的遮挡效应越明显,因而干扰因子随宽度比的增大而减少。而对于截面尺寸小的上游施扰建筑则情况恰好相反,因而在试验的 5 种宽度比中,以大小和受扰建筑一致的上游建筑(即基本配置情况)对 P_1 点脉动风压的影响最大,宽度比为 1.5 的次之。

对于不同宽度比配置,D 类地貌下的干扰因子分布和 B 类地貌之间存在较好的相关性,两种地貌下不同配置的回归关系为:

$$IF_D = \begin{cases} 0.516+0.465IF_B, & B_r=0.5 \\ 0.446+0.441IF_B, & B_r=0.75 \\ 0.412+0.444IF_B, & B_r=1.0 \\ 0.318+0.518IF_B, & B_r=1.5 \\ 0.171+0.675IF_B, & B_r=2.0 \end{cases} \tag{8-8}$$

8.2.2 三建筑配置情况

1. 基本统计分析比较

B 类地貌下，采用统计方式分析不同地貌下 P_1 点脉动风压干扰因子的统计特性，结果见图 8-11。由图中可以定性看出，在 $IF < 1$ 的区域，宽度比越大其相应 IF 所占的分布比例越高，这说明两个上游建筑的遮挡效应随施扰建筑宽度的增加而增强；与此同时，由图也可以看出在 B 类地貌下，以 $B_r = 1$ 和 1.5 两种宽度比所产生的不利影响最为明显，这和双建筑配置的观测结果是类似的。

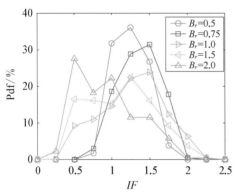

图 8-11 不同宽度比施扰建筑的干扰因子统计分布（三建筑配置，B 类地貌）

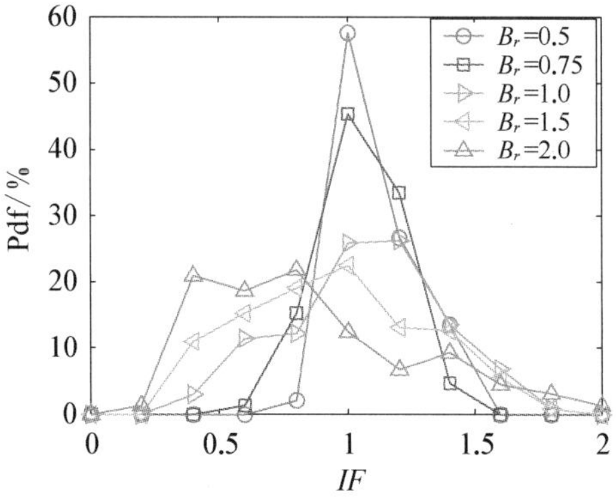

图 8-12 不同宽度比施扰建筑的干扰因子统计分布（三建筑配置，D 类地貌）

对于 D 类地貌，相应的统计分析结果见图 8-12，它所显示的基本趋势和 B 类地貌一样，但图中也显示对于 $B_r = 2$ 的情况的显著干扰效应最为明显，这体现在 $IF \geqslant 1.75$ 时它所占的干扰比例最高，但分析具体对应这种情况的施扰建筑位置发现，它们均是处于和受扰建筑构成并列的位置上，这也说明在并列布置时，宽度越大的施扰建筑所产生的施扰建筑所产生的狭管效应更为明显（这其中也和宽度越大的施扰建筑所对应的建筑间的净距越小有关）。之所以在 B 类地貌中没有观察到此类现象，估计和本书试验的施扰建筑的移动区域仍然偏小有关。对于处于上游建筑的施扰建筑，其干扰的规律性仍和 B 类地貌类似。

比较两种地貌情况也可发现，高湍流度的 D 类流场的干扰效应明显要低于低湍流度的 B 类地貌情况，这也和前述章节关于基于合力的动力干扰效应中有关湍流度的影响规律一致。

2. 相关分析

先考虑宽度比的影响，B 类地貌下，和基本配置接近的两种宽度比（指 $B_r = 0.75$ 和 $B_r = 1.5$ 情况）配置的干扰因子和基本配置的对应干扰因子存在较好的相关性见图 8 - 13。

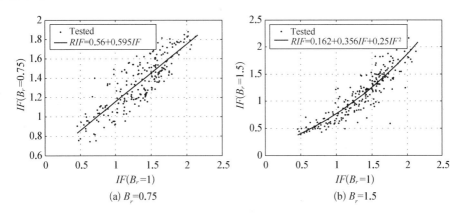

(a) $B_r = 0.75$　　　　　　　(b) $B_r = 1.5$

图 8 - 13　不同宽度比干扰因子的回归结果（B 类地貌，三建筑配置）

其他两种宽度比和基本配置干扰因子的相关性差些，但从定性比较的角度出发，他们仍然具有一定的参考价值。以下为几种宽度比和基本配置干扰因子进行比较得到的回归关系，图 8 - 14 为列出的几种回归结果的比较：

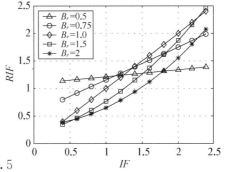

图 8 - 14　不同宽度比干扰因子的回归结果的比较（B 类地貌，三建筑配置）

$$RIF = \begin{cases} 1.088 + 0.125IF, & B_r = 0.5 \\ 0.56 + 0.595IF, & B_r = 0.75 \\ IF, & B_r = 1.0 \\ 0.162 + 0.356IF + 0.25IF^2, & B_r = 1.5 \\ 0.331 + 0.028IF + 0.291IF^2, & B_r = 2.0 \end{cases} \quad (8-9)$$

回归结果显示，基本配置在 5 种配置中所产生的干扰效应最显著，它体现在 $IF > 1$ 的范围内，$B_r = 1$ 的干扰因子最大，其他两种 B_r 值与其相近的施扰建筑的干扰效果也比较显著。在 $IF < 1$ 的变化趋势也显示出宽度比越大的遮挡效果越显著，这也是符合常理的。这些结果也和图 8 - 11 的定性描述相吻合。

对基本三建筑配置的分析已显示 B 类和 D 类地貌下的干扰因子具有线性

相关性并可用式(8-7)描述。对于其他配置情况所对应的回归分析,结果显示两类地貌的数据仍存在较好的相关性,见图8-15。

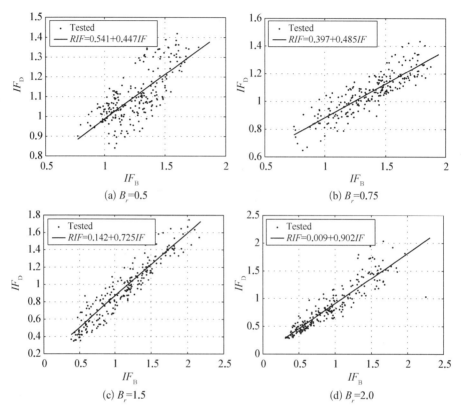

(a) $B_r=0.5$ (b) $B_r=0.75$

(c) $B_r=1.5$ (d) $B_r=2.0$

图8-15　不同宽度比配置在 B、D 两类地貌下干扰因子的相关性分析(三建筑配置)

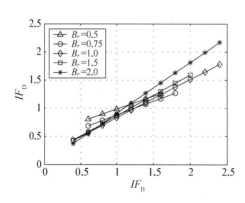

图8-16　不同宽度比配置干扰因子在 B、D 两类地貌下的回归关系的比较(三建筑配置)

将 5 种配置的回归结果做比较结果见图 8-16。由图中可见,几种配置的回归结果大致相当,这反映了地貌的粗糙度对不同配置的上游建筑的干扰效应的影响是一致的。这里应该指出的是在以上诸图中有些离回归直线较远的点大都出现于并列布置情况,这种现象在第 7 章中讨论横风向动力干扰效应尤为明显,它显示流场湍流度对上游建筑的干扰效应和对并列布置的干扰效应的影响的差异。

以下是 5 种宽度比配置的回归方程,以上讨论说明它们可能不太适合并列布置时的干扰因子推测。

$$IF_D = \begin{cases} 0.541 + 0.447 IF_B, & B_r = 0.5 \\ 0.397 + 0.485 IF_B, & B_r = 0.75 \\ 0.156 + 0.677\ IF_B, & B_r = 1.0 \\ 0.142 + 0.725 IF_B, & B_r = 1.5 \\ 0.009 + 0.902 IF_B, & B_r = 2.0 \end{cases} \qquad (8\text{-}10)$$

8.3 施扰建筑高度的影响

这里应该指出的是,测压测点取在受扰模型的 2/3 高度处(参见图 2-12),以下的讨论均应该对于这个高度而言。对于其他不同高度的风压测点,不同高度的施扰建筑对其影响是不同的,实际上即使是同一高度上的不同测点的风压的受扰情况也是不同的,这也反映了本问题的复杂性。

8.3.1 双建筑配置

1. 干扰因子等值分布

图 8-17 分别列出在 B 类地貌下,高度比 $H_r = 0.5$、0.75、1.0、1.25、1.5 的等截面上游建筑对 P_1 点脉动风压的影响,由图中可见,比测点位置高度低的施扰建筑(指 $H_r < 0.5$)的影响基本可以忽略不计;当施扰建筑的高度和测点位置相当时的干扰效应就变得较为明显,且显著干扰位置出现在串列布置的时候,后续分析将指出它和气流流经施扰建筑所产生的三维过速(overspeed)效应

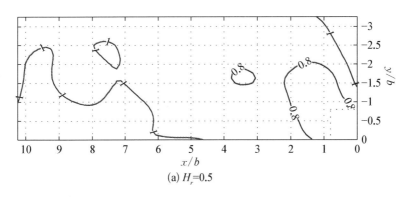

(a) H_r=0.5

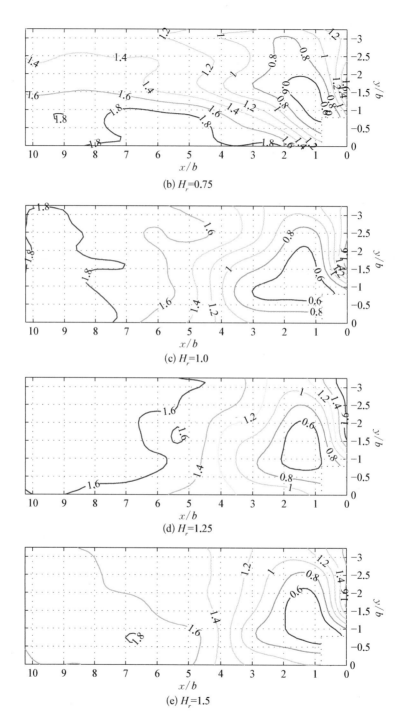

(b) H_r=0.75

(c) H_r=1.0

(d) H_r=1.25

(e) H_r=1.5

图 8-17　不同高度比的单个等截面施扰建筑对受扰
建筑上 P_1 点的风压的影响(B 类地貌)

有关,而在斜列情况下干扰因子则相对较低。图 8-17(c) 显示等高的上游建筑的干扰影响在试验所采用的五种施扰建筑高度方案中最为明显,而高度比为1.25 和 1.5 的两种施扰建筑的影响大致持平。

图中也显示,在试验的施扰建筑移动范围内,位于 $4b$ 以上的高度大致相当或更高的施扰建筑所产生的干扰效应可以使受扰建筑的结构表面脉动风压提高 40% 以上,在 $9b$ 的上游间距左右可以把这种脉动风压进一步提高到80% 左右。

2. 统计分析比较

总的说来,B 类地貌下,等高的施扰建筑对所测点脉动风压的影响最为显著。图 8-18 为不同高度施扰建筑的干扰影响的统计分析比较,由图也可以看出在低湍流的 B 类地貌,等高施扰建筑所产生的干扰效应要比其他高度的强,它体现在干扰因子大于 1.8 的区域要比其他几种高度的高;在高湍流度的 D 类地貌中,情况则有所不同,高度大于或等于受扰建筑测点高度以上的施扰建筑的干扰影响则趋于一致。当然高度比为 0.5 的施扰建筑在这两种地貌中的干扰因子值均集中在 1 附近,显示其影响可以忽略不计。

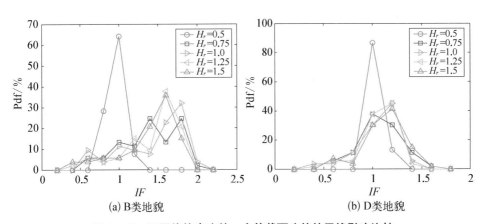

(a) B 类地貌　　　　　　　　　　(b) D 类地貌

图 8-18　不同施扰高度的一个等截面建筑的干扰影响比较

以基本配置的干扰因子为参考,将其他几种配置情况的相应结果和它做对比并进行回归分析,结果见图 8-19。由图中可见,除了高度比 $H_r = 0.75$ 配置以外,其他几种配置间的干扰因子均存在较强的相关性;对于高度 $H_r = 0.75$ 的配置情况,由于存在和其他配置不同的干扰机制,造成有不少数据点偏离了总体的回归结果(图 8-19(b))。

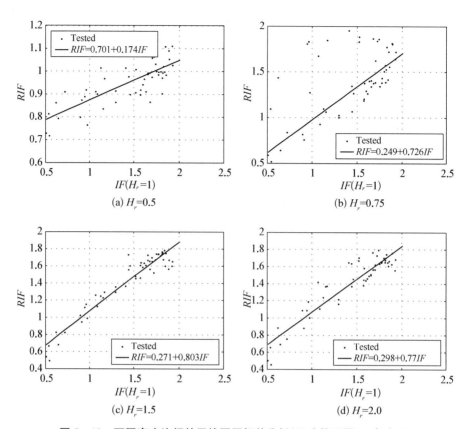

图 8-19　不同高度比间的干扰因子相关分析(双建筑配置,B 类地貌)

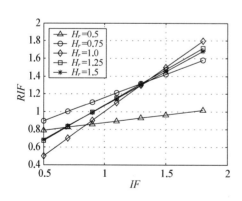

图 8-20　不同高度比间的干扰因子回归结果比较(双建筑配置,B 类地貌)

对于高度比为 0.75 的配置,本书采用鲁棒回归分析方法以期得到能反映大多数数据的变化趋势的结果。将以上的几种回归结果进行比较,结果见图 8-20。由图中可见,高度比为 0.5 配置的干扰因子变化基本为一小于 1 的水平直线;大于 1 的两种高度比的回归结果大致相当,这和以上的分析结论一样。等高配置的放大干扰效应在 5 种配置中最强,同时该配置所显示的遮挡效应也最为明显,它体现在 $IF>1$ 的区域,$H_r=1$ 的最大值最大;而在 $IF<1$ 的区域,$H_r=1$ 的最小值最小。

以上现象将在第 8.4 节给出统一的解释,图中的回归直线所对应的方程为:

$$RIF = \begin{cases} 0.701 + 0.174IF, & H_r = 0.5 \\ 0.249 + 0.726IF, & H_r = 0.75 \\ IF, & H_r = 1 \\ 0.271 + 0.803IF, & H_r = 1.25 \\ 0.298 + 0.77IF, & H_r = 1.5 \end{cases} \quad (8-11)$$

其中，IF 表示基本配置，即 $H_r = 1$ 配置的干扰因子；RIF 为回归得到非基本配置的推测结果。

3. 地貌影响

仍采用回归分析方法来比较不同高度比配置的干扰因子在不同地貌中的分布特征，结果显示和基本配置的图 8 - 3(b)一样，数据间仍存在线性相关性，见图 8 - 21。

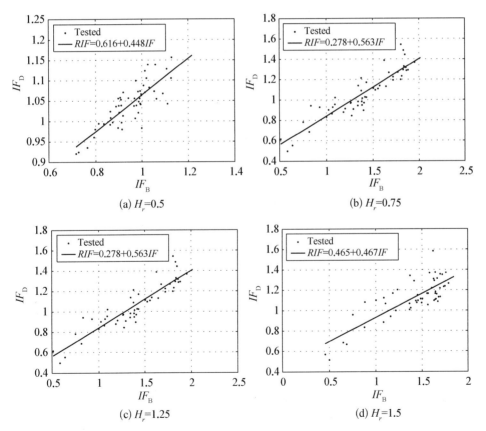

图 8 - 21　不同高度比配置在 B、D 两类地貌下峰值压力系数
干扰因子的比较(双建筑配置)

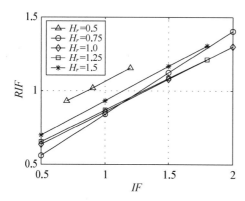

图 8 - 22　不同高度比配置在 B 类和 D 类
地貌下峰值压力系数回归结果
的比较(双建筑配置)

以下为对应于以上 5 种配置在 B 类和 D 类地貌下的回归关系,图 8 - 22 为 5 种回归结果的比较。

$$IF_{D} = \begin{cases} 0.616 + 0.448 IF_{B}, & H_r = 0.5 \\ 0.278 + 0.563 IF_{B}, & H_r = 0.75 \\ 0.412 + 0.444 IF_{B}, & H_r = 1.0 \\ 0.437 + 0.431 IF_{B}, & H_r = 1.25 \\ 0.465 + 0.467 IF_{B}, & H_r = 1.5 \end{cases}$$
(8 - 12)

根据这些关系和相应 B 类地貌下得到的结果(式(8 - 11)),可以用 B 类地貌基本配置的结果推测到其他地貌下不同配置的结果。如考虑 D 类地貌下 $H_r = 0.5$ 的情况,根据以上结果,它可以直接从基本配置在 B 类地貌下测得的结果推测得到,为:

$$IF_{D, H_r = 0.5} = 0.616 + 0.448 IF_{B, H_r = 0.5}$$
$$= 0.616 + 0.448(0.701 + 0.174 IF_{B, H_r = 1})$$
$$= 0.93 + 0.078 IF_{B, H_r = 1}$$

而采用以上两组数据直接回归的结果为 $IF_{D, H_r = 0.5} = 0.941 + 0.07 IF_{B, H_r = 1}$,结果大致相当。

以上结果同时也显示,相对于 B 类地貌下基本配置的干扰因子而言,高度比 $H_r = 0.5$ 的施扰建筑在 D 类地貌下的影响几乎可以忽略不计。

8.3.2　三建筑配置情况

1. 基本统计分析

采用统计方式分析不同高度的两个等截面施扰建筑对受扰建筑表面脉动风压的影响,结果见图 8 - 23。

由图从总体看来,$H_r = 0.5$ 的两个施扰建筑的干扰效果依然较小,尤其在高湍流度地貌,几乎占 95% 以上的施扰建筑配置的干扰因子均在 1 左右。其他 4 种配置的干扰因子分布大致相当,但在两类地貌的数据中,仍可以看出 $H_r = 0.75$ 的影响要略高于其他配置情况。

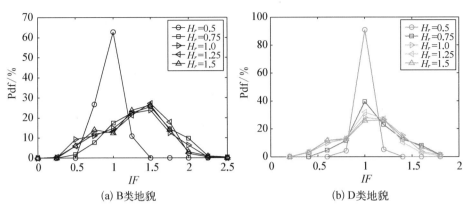

(a) B类地貌　　　　　　　　　　(b) D类地貌

图 8‑23　不同高度的两个等截面施扰建筑对受扰建筑表面脉动风压的影响

2. 显著干扰因子分布

考虑不同施扰建筑高度对最大干扰因子的影响,图 8‑24 为 B 类和 D 类地貌下 P_1 点脉动风压的最大干扰因子随高度变化。由图中大致可见,干扰效应最强的是高度为 $0.75h$ 的施扰建筑。换言之,对 P_1 点脉动风压影响最大是高度和测点高度相当的施扰建筑。

图 8‑25 给出以上不同高度施扰建筑在不同地貌下的临界干扰位置的

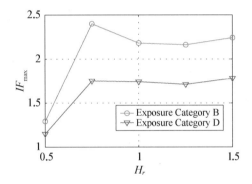

图 8‑24　不同高度的施扰建筑的最大干扰因子随高度变化

分布。由图中可以看出,$H_r \leqslant 0.75$ 的两种情况的临界施扰位置中,均有一个施扰建筑位于受扰建筑的上游,另外一个则和受扰建筑处于并列位置,这种情况的干扰机理和双建筑配置是一致的,即绕过上游建筑的尾流是使得受扰建筑 P_1 点的脉动压力得以增强,侧面并列的另外一个施扰建筑形成狭管效应进一步起到一种强化作用。

图 8‑26 为孤立情况脉动风压 Cp_1 功率谱密度和当两个 $H_r = 0.75$ 的施扰建筑位于显著干扰位置 $(0, -1.6b)$ 和 $(6.1b, 0)$ 时的相应值的比较。由图中可见,绕过上游 $(6.1b, 0)$ 的建筑顶部的尾流完全干扰了受扰建筑的漩涡脱落机制,在受扰后风压功率谱密度中和旋涡脱落相关的峰值完全消失。

对于 $H_r \geqslant 1.0$ 的施扰建筑的临界施扰位置则和以上情况有本质的区别,在两种地貌下的临界干扰位置的两个施扰建筑均处于交错的斜列位置,各种配置

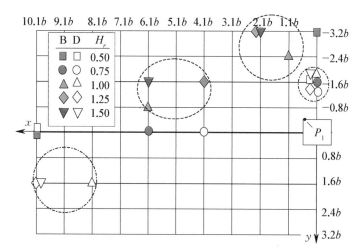

图8-25 不同高度施扰建筑的最大干扰因子对应的施扰建筑位置

的临界位置和图8-7所显示的基本三建筑配置的显著干扰位置的结果基本相同。

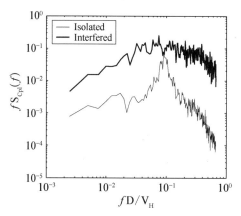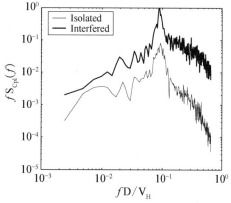

图8-26 高度比为0.75的施扰建筑位于显著干扰位置时P_1点脉动风压功率谱(B类地貌)

图8-27 高度比为1.5的两施扰建筑位于显著干扰位置时P_1点脉动风压功率谱(B类地貌)

事实上$H_r \leqslant 0.75$的临界干扰因子也在图8-7所示的区域范围内,只不过他们不是处于最显著的位置上。和$H_r = 0.75$配置情况不同,当$H_r \geqslant 1.0$的施扰建筑在其最显著干扰位置上时,受扰后目标测点C_{p1}的功率谱密度中和旋涡脱落频率相关的峰值位置基本保持不变,只是功率谱在整个频率段内均显著增强,见图8-27。

3. 不同高度比配置干扰因子的相关分析

同样以等高三建筑配置的干扰因子为基本参考,将其他几种配置情况的干扰因子分析与基本配置情况做比较,结果见图 8 - 28。由图中可见,$H_r = 0.5$ 配置由于本身干扰效应不太显著,导致数据的相对离散性较大;和双建筑配置一样,对于和测点高度相当的高度比为 0.75 的施扰建筑配置,由于他和基本配置间存在不同的干扰机制,故数据的相关性也不太理想,较大的离散点主要是当施扰和受扰建筑处于并串列布置时的情况。

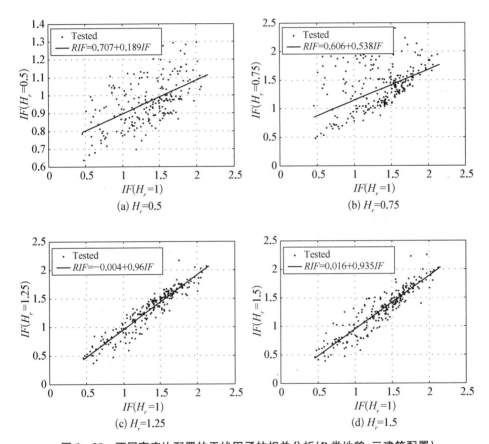

图 8 - 28　不同高度比配置的干扰因子的相关分析(B 类地貌,三建筑配置)

对于比受扰建筑更高的施扰建筑,结果则显示非常好的线性相关性,且回归结果也显示出基本配置所产生的最不利影响略要高于其他两种更大高度配置情况,后者的结果则极为相近,见图 8 - 29。几种配置间的回归关系为:

$$RIF = \begin{cases} 0.707 + 0.189IF, & H_r = 0.5 \\ 0.606 + 0.538IF, & H_r = 0.75 \\ IF, & H_r = 1 \\ -0.004 + 0.96IF, & H_r = 1.25 \\ 0.016 + 0.935IF, & H_r = 1.5 \end{cases} \quad (8-13)$$

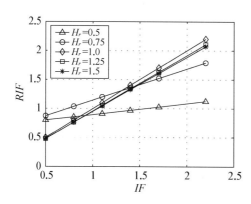

图 8 - 29　不同高度比间的干扰因子回归结果比较（三建筑配置，B 类地貌）

以上的回归关系基本刻画出不同配置间干扰因子分布的相互关系，根据以上关系采用基本配置的结果就可直接推测到其他配置的结果。但这里应该指出的是，基于以上已经指出的原因，在以上回归关系中，$H_r = 0.75$ 的回归结果大致只适应于非串列布置情况，对于这种配置当施扰建筑处于串列布置时，其实际干扰因子可能会远高于以上的回归分析结果。

4. 不同地貌间数据的相关性

从前述章节的研究结果显示不同配置在 B 类和 D 类地貌下的不同类型干扰因子数据均具有较好的相关性，对于不同高度比三建筑配置的极值风压干扰因子在 B 类和 D 类地貌下情况依然如此，基本配置情况的相应结果已在第8.1.2.4 节中讨论。图 8-30 为其他 4 种配置情况在两类地貌下的干扰因子的回归分析结果。

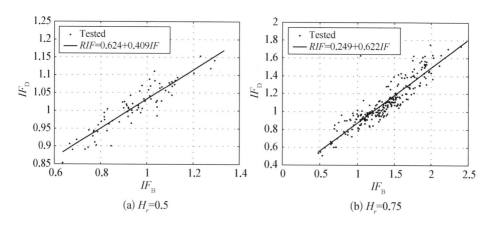

(a) $H_r = 0.5$　　　　　　　　(b) $H_r = 0.75$

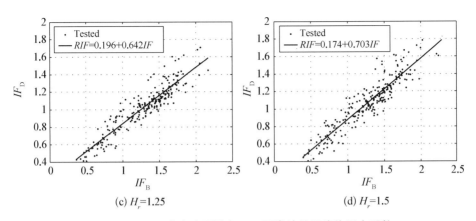

(c) $H_r=1.25$　　　　　　　(d) $H_r=1.5$

**图 8 - 30　不同高度比配置在 B、D 两类地貌下峰值压力系数
干扰因子的相关分析(三建筑配置)**

包括基本配置情况的回归结果显示,地貌对不同高度比三建筑配置风压干扰因子的影响大致相当,图 8 - 31 为 5 种配置的干扰因子回归结果的比较。由图中可见,$H_r \geqslant 0.75$ 以上的 4 种情况的回归结果几乎是一致的。由于 $H_r = 0.5$ 高度比的施扰建筑,在两类地貌尤其是 D 类地貌的影响已经较弱,因此其回归结果显示出与众不同的特征。

图中 5 条直线所对应的方程为:

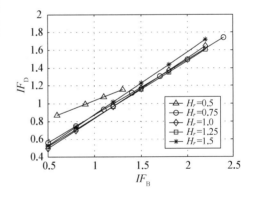

**图 8 - 31　不同高度比三建筑配置在 B、
D 两类地貌下峰值压力系数
干扰因子回归结果的比较**

$$IF_D = \begin{cases} 0.624 + 0.409IF_B, & H_r = 0.5 \\ 0.249 + 0.622IF_B, & H_r = 0.75 \\ 0.156 + 0.677IF_B, & H_r = 1.0 \\ 0.196 + 0.642IF_B, & H_r = 1.25 \\ 0.174 + 0.703IF_B, & H_r = 1.5 \end{cases}$$

$$(8 - 14)$$

8.4　干扰机理分析

以上详细讨论并比较了不同配置的干扰因子的分布特征,考虑位于上游的建筑对受扰建筑的脉动风压的影响,本书认为上游建筑的尾流依然起着比较重

要的影响,尤其是在气流流经施扰建筑所脱落的旋涡的影响更为显著。这其中绕流可以大致分为两种情况。

8.4.1 顶部绕流干扰

首先是流体绕过施扰建筑顶部所形成的高速尾流,Becker(2002)的流场试验结果显示尾流区的湍流区的气流脉动情况要远高于其他区域,且在低湍流场中还含有比较明显的旋涡,见图 8-32。这股尾流将直接影响到下游受扰建筑和其高度相当的表面处的风压值。

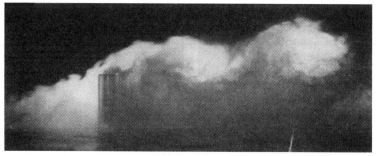

(a) 均匀流场

(b) 剪切流场(在模拟的边界层中)

图 8-32　不同来流条件的建筑绕流激光流场显示结果(Becker,2002[87])

这就可以解释高度为 $0.75h$ 的施扰建筑在位于受扰建筑上游时所产生的显著影响,见图 8-17。图 8-33 为在 B 类地貌下串列布置时不同高度比施扰建筑对测点脉动风压影响的比较。

在湍流度更高的 D 类流场,以上所讨论尾流的旋涡的产生受制于流场湍流的影响而降低了对受扰建筑的干扰作用。对应于图 8-17(b)。在 D 类地貌下的干扰因子等值分布见图 8-34。由两图相比可见,在 D 类地貌下,由于上游建筑尾流的旋涡减弱,干扰影响要比 B 类地貌下的小,干扰因子由 1.8 左右降至 D

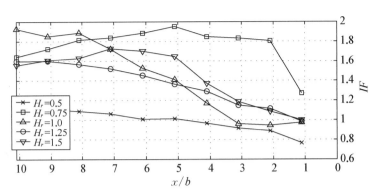

图 8‑33 串列布置时不同高度比施扰物体对测点脉动风压干扰因子的影响(B 类地貌)

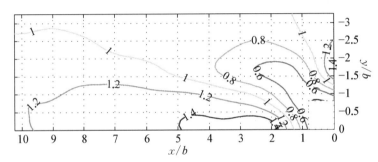

图 8‑34 D 类地貌下,$H_r = 0.75$ 的施扰建筑对受扰建筑 P_1 点脉动风压的干扰影响

类地貌下的 1.4 左右。

图 8‑35 为 $H_r = 0.75$ 的施扰建筑在 B 类和 D 类地貌下位于最显著干扰位置时测点脉动风压的功率谱密度函数和其孤立状态的比较。由图中可见,在孤

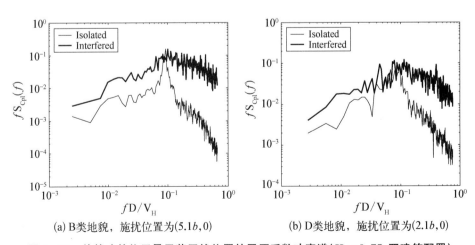

(a) B 类地貌, 施扰位置为(5.1b,0) (b) D 类地貌, 施扰位置为(2.1b,0)

图 8‑35 施扰建筑位于最显著干扰位置的风压系数功率谱($H_r = 0.75$,双建筑配置)

立状态两种地貌下的测点脉动风压功率谱密度均显示出和旋涡脱落相关的峰值,而受扰后,绕过上游建筑顶部的尾流完全干扰受扰建筑的旋涡脱落,在整个频段上功率谱密度普遍升高,这使得在最终脉动风压大大升高;同时还注意到在两种地貌下,受扰后脉动风压的功率谱的分布趋于一致。

对于高度高于受扰建筑的施扰建筑,由于越过施扰建筑高度所产生的尾流要高于被测截面的高度,所以在串列布置时观测不到显著高于其他布置情况的干扰影响(图 8‑17(d)—(e))。

8.4.2 侧向绕流干扰

另一方面,在流体流经柱形建筑顶部产生三维绕流的同时,更多的是伴随绕过结构两个侧面的复杂流动过程,其中包含着复杂的流动分离以及旋涡的形成和脱落。以正方形截面建筑为例,Okada 分析模拟了这种过程,结果见图 8‑36。图中显示,流动的分离源于结构的 3/4 高度处并向下进一步扩展分离卷成一个锥形旋涡(Conical Vortex),最后向下游脱落,它在向下游传播过程会进一步衰减或破碎,从而增加了流场的湍流程度。由于这种涡的具体特征决定它对于 2/3~3/4 高度的流动影响最为强烈,当然它最终对于下游建筑在此高度上的测点脉动压力的影响也最为强烈。这就可以进一步解释图 8‑18(a)和图 8‑20 所显示的 B 类地貌下几种不同高度的施扰建筑中以等高建筑对受扰建筑测点风压的影响(指放大效应)最为显著。在 D 类地貌,旋涡的形成受到抑制,传播过程涡的能量也要受到流场的耗散,故几种不同高度的施扰建筑的影响则显示趋于一致(高度只有 0.5h 的除外)。

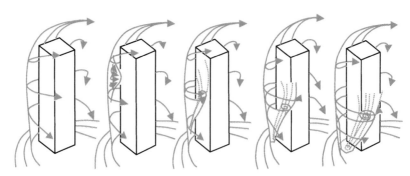

图 8‑36 正方形方柱的侧面旋涡的形成和脱落过程(Okuda,1994[88])

当施扰建筑处于遮挡位置(指 $IF < 1$ 的情况)由于顶部的三维绕流效应它使得真正绕过施扰建筑侧面上部的风速相对降低,这使得最终流向受扰建筑受

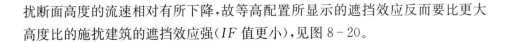

扰断面高度的流速相对有所下降,故等高配置所显示的遮挡效应反而要比更大高度比的施扰建筑的遮挡效应强(IF值更小),见图 8-20。

8.5　本　章　小　结

本章以典型断面测点脉动风压为研究对象,在不同地貌下,分析了一个和两个不同宽度和高度的施扰建筑对受扰建筑表面脉动风压的干扰影响。结合已有的一些流场显示结果对干扰机理进行了分析,同时采用统计分析和相关分析方法分析比较不同配置情况对所研究干扰效应的影响。由以上分析可以得出以下的结论:

(1) 对于双建筑配置,位于上游的建筑可以显著地增强下游建筑侧面的脉动风压,但干扰效应随地貌的粗糙化而显著减弱,在试验的模型移动范围内,B类和D类地貌下测的最大干扰因子分别为 1.93 和 1.31。显著干扰位置均处于远离受扰建筑 9~10 倍受扰建筑宽度的上游位置。在 B 类地貌下上游建筑的干扰因子甚至超过了并列布置时由于狭管效应所引起的干扰因子。

(2) 对于各自的显著干扰位置,两个施扰建筑的联合作用会对受扰建筑产生比一个施扰建筑更为不利的影响。结果显示在不同地貌下,三建筑配置的最大干扰因子均要比两个建筑配置的高,对应于均匀流场、B类和D类情况分别增大 17%、13% 和 16%。在 D 类地貌下,两个施扰建筑所产生的干扰因子仍可高达 1.74。

(3) 相距较近的两个上游建筑一般起到遮挡作用,但不同于双建筑配置;相距一定距离且错开排列的两个施扰建筑有可能产生较强烈的干扰作用;在 B 类地貌下的基本三建筑配置中测得的最大干扰因子可高达 2.19。

(4) 较宽的施扰建筑总体上产生更大的遮挡效果,即宽度比 B_r 越大,相应的干扰因子越小,但同时截面较小的施扰建筑由于对流场的扰动也越小,所以最终以等截面结构所产生的干扰效应最强。

(5) 可以忽略显著高度比测点位置低的施扰建筑的影响,当施扰建筑的高度和测点高度大致相当且和受扰建筑构成串列位置时,会产生较为显著的顶部绕流干扰效应。高度大于测点高度的不同施扰建筑的最大干扰效应相当,尤其在高湍流度的 D 类地貌下的最大干扰因子则更为接近,不同高度施扰建筑的显著干扰位置也基本一致。

（6）相关分析结果显示,不同配置在不同地貌类型下的脉动风压干扰因子存在较好的相关性;而在 B 类地貌下,高于受扰建筑的施扰建筑的干扰因子和其相应的基本配置情况具有较好的相关性,宽度和基本配置情况接近的配置的干扰因子和基本配置情况的干扰因子的相关性也较好,故根据基本地貌和基本配置的结果和得到相应的回归关系式,可以大致推测其他配置和地貌的干扰因子分布。

第9章
可供实际应用参考的主要条款

有很多的因素对建筑间的干扰影响产生直接的影响,这些因素包括上游地貌类型、建筑间的间距、截面相对大小和高度、折算风速、施扰建筑的个数等。本书采用高频底座天平测力技术,在部分复现已有的两个建筑间干扰效应的研究结果并和相关文献进行对比的基础上,比较详细地考虑上述因素对超高层建筑干扰效应的影响,较为详细和系统地研究了三个建筑间的干扰影响。

本章在前述章节的基础上,再进一步地归纳、总结并简化各种因素的影响,以最简化的数据形式统一描述各种不同参数的影响和典型配置的干扰因子分布,可作为工程应用参考。

9.1 静力干扰效应

9.1.1 两个建筑间的干扰效应

不同地貌类型对于静力干扰效应存在不同的影响。多数情况下,上游建筑对下游建筑呈现遮挡效应,且这种效应随地貌的平坦化而增强。对于相同大小的施扰建筑,可取 B 类地貌的结果作为基本取值参考,见图 5-4。对于处于 D 类地貌情况,可根据图 5-4 结果进行修正得到式(5-2)。

对于均匀流场则可考虑采用 B 类地貌结果推测得到式(5-3)。

本书没有实施规范中 A 类和 C 类地貌的试验,根据干扰因子随地貌的变化规律,可以考虑根据以上结果进行插值得到。

9.1.2 三个建筑间的干扰效应

多数情况下，两个施扰建筑从总体上会产生更大的静力遮挡效应，但由于涉及更多的变量，使得其遮挡关系难于采用简单的干扰因子等值曲线描述。从简易适用性出发，对复杂的多变量试验结果进行映射变换后，可采用图5-33(a)折减干扰因子等值图来描述两个建筑的干扰效应。由图对于位于 $P_A(x,y)$ 和 $P_B(x,y)$ 两个施扰建筑的干扰效应可以用式(5-17)估计。实际取值时应注意它是关于 x 轴对称的。式(5-17)所给出的干扰因子估计一般要高于其实际值故属偏于保守的估计。

以上结果仍然是出自B类地貌的结果，对于其他地貌（如D类和均匀流场）情况，应考虑采用式(5-4)和式(5-6)加以修正。

9.1.3 静力狭管效应

对于针对静力顺风向倾覆弯矩的影响而言，其干扰因子 IF 基本都小于1，呈现遮挡效应。但当施扰建筑和受扰建筑构成并列布置时会有不利的静力放大作用。并列布置的一个同样大小的施扰建筑在间距为 $3.2b$ 时会产生 1.04 的干扰因子，对称布置和同样间距的两个同样大小施扰建筑物则会进一步使干扰因子升至 1.10，这意味着并列布置的单个和两个施扰建筑在 $3.2b$ 间距时会使受扰建筑的顺风向平均荷载升高4%和10%。

图5-33(a)只是给出保守估计，最大干扰因子出现在两个施扰建筑物分置受扰建筑上下两侧的时候。但两个施扰建筑同处来流方向一侧时，最大干扰因子只有5%左右，这和这两个建筑配置的狭管效应相当。

9.1.4 施扰建筑大小和高度的影响

1. 截面尺寸的影响

B类地貌下，对于不同宽度比的双建筑配置，对图5-16的回归结果的系数进行进一步的回归可得

$$RIF = (0.189\,4 - 0.321\,4IF)B_r^2 - (0.905\,1 - 1.124\,1IF)B_r \\ + 0.719 + 0.212IF \tag{9-1}$$

故对于其他宽度比配置情况，可根据基本配置的结果应用式(9-1)进行推测得到。根据式(5-9)进一步回归可得其他宽度比三建筑配置的相应修正关系为

$$RIF = (0.173 - 0.186\,9IF)B_r^2 - (0.798\,9 - 0.735\,4IF)B_r$$
$$+ 0.628\,8 + 0.434\,1IF \tag{9-2}$$

以上的 B_r 的取值范围只在 $[0.5, 2.0]$。同时应当指出的是,以上方法只适应于估计遮挡效应,不适应于估计由于狭管效应所引起的静力放大作用。图 5-18 所显示静力放大效应干扰因子随施扰建筑宽度的增大而增大,一个截面尺寸是受扰建筑两倍的施扰建筑会使受扰建筑的平均荷载增加 16%,它所出现的间距也大致在 $3.2b$。对称布置的两个施扰建筑可以进一步增大这种放大效应。但临界间距会随宽度比的变化有所变化。由于狭管效应所引起的静力放大效应引起足够的关注,尤其是三个并列建筑间的情况更为明显,应引起重视。

2. 施扰建筑高度的影响

遮挡效应亦和施扰建筑的高度有关。相对于基本配置情况,其他配置的干扰效应随高度比的减少而迅速衰减。建议统一采用式(5-12)来描述双建筑和三建筑配置的干扰效应随高度比的变化。

可由其各自基本配置的试验结果推测到其他配置情况,对于中间的变化参数,可考虑用插值方式选取。

以上方法只适应于估计遮挡效应,即处理 $IF \leqslant 1$ 的情况,不适应于估计由于狭管效应所引起的静力放大作用。更高的施扰建筑所产生的狭管效应放大会更大,$H_r = 1.5$ 的施扰建筑可使最大的 IF 值由基本配置的 1.04 左右增至 1.06,相应两个 $H_r = 1.5$ 的施扰建筑可将最大的 IF 值由基本配置的 1.10 左右增至 1.13,均出现在并列布置的时候。

3. 地貌影响

比较干扰因子的相关分析的结果,并从简化且偏于保守的角度出发,对于不同配置在 B 类和 D 类地貌下的换算,建议采用式(5-14)作为统一的折算公式。

9.2　顺风向动力干扰效应

9.2.1　基本成因和分析判据

顺风向动力干扰问题主要是由于上游建筑的尾流引起,当受扰建筑位于施扰建筑的尾流边界附近区域时,会产生较大的动力响应。

在低湍流度地貌,上游建筑的尾流中会有较规则的旋涡。当这些旋涡脱落的频率和受扰建筑结构的固有频率一致时会产生较大的涡激共振响应。

和考虑一个建筑对另一个建筑的双建筑配置的干扰效应比较,考虑两个施扰建筑的协同干扰影响的三个建筑配置的动力干扰效应更为明显。对于大小一样的基本配置情况,在 B 类地貌且折算风速为 8 的情况下,三个建筑物配置的干扰因子会比双建筑配置增加79%,而在 D 类地貌仍有30%的差别。由于更高的折算风速更接近临界值,故考虑更高的折算风速范围的包络干扰因子分布则差别会进一步增大。

另外,由于结构的风振响应和风速有关,故评价干扰效应的干扰因子也和风速有关,当然也和结构本身的结构动力特性有关,这些影响被统一折算成折算风速形式,即干扰效应随折算风速的不同而不同。作为希望归纳成可以快速参考的条文,本书取 $V_r = 2 \sim 9$ 的干扰因子包络值来评价动力干扰效应。

9.2.2 基本配置情况

对于基本双建筑配置,建议以 B 类地貌下的图 6-15 作为取值参考,将其作为 B 类地貌下大小相当的双建筑配置的顺风向动态因子干扰的包络推荐分布。取值时,尤其应该关注位于图中的虚线围成的区域内的施扰建筑的影响。

由于三建筑配置试验结果表现的困难性,基本配置的包络干扰因子分布建议参考图 6-17 判定。对处于显著干扰区域内的施扰建筑的干扰影响应予足够的关注。由试验结果分析显示,最显著的干扰位置通常是当两个施扰建筑和受扰建筑构成等边三角形排列的时候。

另外,当两个施扰建筑相距较近或处于或接近串列布置时的干扰效应较小,这个特征也同样适合于其他非基本配置情况。

9.2.3 施扰建筑截面宽度的影响和尾流涡激共振的临界风速

由于大尺度断面的施扰建筑产生较大尺度的涡进而产生较大的脉动速度,所以从总体上看,在非涡激临界折算风速下,顺风向响应的 IF 值随施扰建筑的断面尺寸的增大而略有增大。

对于小断面的施扰建筑,会在较小折算风速下产生尾流涡激共振而导致较高的干扰效应。对于不同宽度比且高度大致相当的施扰建筑,其涡激共振的临界折算风速可用式(6-7)估算,也可以用式(9-3)直接估算结构顶部的临界风速。

$$V_{H.Cr} = \frac{fDB_r}{S_t} \qquad (9-3)$$

其中,f 为建筑结构的自振频率;D 为受扰建筑结构的特征宽度;B_r 为施扰和受扰建筑的宽度比;S_t 为施扰建筑的斯脱洛哈数。通常发生涡激共振的顺风向动力干扰因子会比非共振情况高出数倍以上。

对于干扰因子的包络分布取值,由于涡激共振造成分布上的较大差异,不同配置间的干扰因子分布相关性较差,故包络干扰因子取值建议根据不同配置各自的分布选取,参见图6-22和图6-35。

9.2.4 施扰建筑高度的影响

对于双建筑配置和三建筑配置,不同高度比的施扰建筑的包络干扰因子可以从基本配置结果按式(6-11)和式(6-13)推测。

从总体上看,顺风向动力干扰效应随着施扰建筑高度的增加而增加,所以要尤其关注比受扰建筑高的建筑的干扰影响。同时可以忽略高度不到一半受扰建筑高度的上游建筑的干扰作用,对于中间的变化参数,可考虑用插值方式选取。

9.2.5 地貌粗糙度的影响

同样配置在不同地貌下包络干扰因子数据存在较好的相关性,但不同配置在不同地貌间的回归结果存在一定差异,应分别加以区分考虑。

1. 不同宽度比

双建筑配置,从偏于保守的角度出发,取 $B_r = 1.5$ 的回归结果作为取值标准,见式(6-9);三建筑配置见式(6-10)。

2. 不同高度比

双建筑配置见式(6-12)。三建筑配置,考虑到回归的数据仍存在一定的离散性,从偏于保守的角度出发,建议取 $H_r = 1.5$ 的结果作为不同高度比配置在两种地貌下干扰因子的转换关系,见式(6-15)。

这样,由基本B类地貌数据可以快捷地推测到D类地貌情况。注意以上结果和反映平均遮挡效应地貌影响的式(5-14)有很大的差异。

9.3 横风向动力干扰效应

9.3.1 基本成因和涡激共振判据

产生横风向动力干扰的部分成因和第 9.2.1 节所列的顺风向干扰类似,式(9-3)仍然适合于横风向尾流涡激共振的临界风速估计。

不同于顺风向干扰影响的是并列布置和串列布置的施扰建筑物均会显著干扰受扰建筑的风荷载,尤其应注意其并列布置且间距为 $2.5b \sim 3.2b$ 左右时在横风向的干扰影响;而对于结构断面比受扰建筑小的施扰建筑还需注意其在串列布置时的显著干扰影响。

9.3.2 基本配置情况

对于双建筑配置,B 类地貌下的包络干扰因子可参考图 7-21 的结果,其显著的干扰区域在 $y = 2.5b$ 附近,且 $3b \leqslant x \leqslant 10b$ 的区域。不同于顺风向动力干扰效应,施扰和受扰建筑构成并列布置且间距为 $2.5b$ 左右的干扰影响也较为显著。

三建筑配置则建议参考图 7-23 所给出的区域分布,最大干扰位置出现在三个建筑呈并列布置,且间距为 $3.2b$ 的时候,最大干扰因子可高达 4.6。

9.3.3 施扰建筑截面宽度的影响

考虑不同宽度比的双建筑配置,由于存在涡激共振响应问题,导致不同配置间的包络干扰因子存在差异,不同宽度比配置的干扰因子分布的相似性较差,不能用简单的回归关系来描述,故建议参考图 7-31 选取。

三建筑配置的包络干扰因子,对于宽度比小于 1 的配置建议参考图 7-47 选取。截面宽度比受扰建筑大的干扰影响和基本配置情况存在相近之处,可用式(7-7)由基本配置的结果直接推测。

9.3.4 施扰建筑高度的影响

横风向动力干扰效应同样随着施扰建筑高度的增加而增加,所以要尤其关注比受扰建筑高的建筑的干扰影响。不同高度比配置的包络干扰因子存在较好的相关性,可以根据基本配置的结果由式(7-9)和式(7-11)直接推测其他高度比的双建筑配置和三建筑配置的横风向包络动力干扰因子。

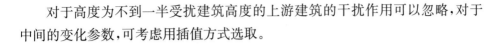

对于高度为不到一半受扰建筑高度的上游建筑的干扰作用可以忽略，对于中间的变化参数，可考虑用插值方式选取。

9.3.5　地貌粗糙度的影响

横风向干扰效应的机理要比顺风向的复杂，因此地貌粗糙度的影响也就显得更加复杂一些，对于不同配置的双建筑和三建筑配置可以由式(7 - 6)、式(7 - 8)、式(7 - 10)和式(7 - 12)由基本配置推测得到相应的包络干扰因子。

9.4　结构表面的脉动风压

基于结构表面风压分布的干扰效应问题更加复杂，本书主要考虑并分析结构侧面迎风点 P_1，(见图 2 - 17)的极值风压变化情况。研究结果显示，不但并列布置时由于狭管效应会引起局部风压的升高，而且处于某些特殊排列形式的上游建筑有时会更显著地干扰并增大受扰建筑的风压系数。

9.4.1　基本配置情况

对于基本双建筑配置，B 类地貌下，风压干扰因子的分布规律可参见图 8 - 1(b)。而对于三建筑配置，干扰因子分布则可参考图 8 - 7 的包络简化结果。三建筑配置的干扰影响除了比双建筑配置情况大之外，最主要的一点是，双建筑的显著干扰位置是处于 $8b \sim 10b$ 上游区域，而三建筑配置的显著干扰位置则处于 $5b$ 左右的中下游位置，三个建筑间构成等边(或锐角三角形)三角形排列的干扰影响较为显著。

9.4.2　截面尺寸的影响

从统计角度看来，断面尺寸大的上游施扰建筑的遮挡效应也比较明显，因而干扰因子随宽度比的增大而减少。对于截面尺寸小的上游施扰建筑则情况恰好相反，故在试验的 5 种宽度比中，以大小和受扰建筑一致的上游建筑(基本配置)对 P_1 点脉动风压的影响最大，宽度比为 1.5 的次之。对于基于极值风压系数的干扰因子，不同宽度比的干扰因子间的相关性依然较弱，尤其是尺度相差较大的相关性越差。

对于双建筑配置具体的干扰因子分布建议参考图 8 - 10 结果。

对于三建筑配置,可以考虑由基本配置的包络分布(图8-7)再根据式(8-9)近似推测,该组回归关系大致反映了不同断面宽度对干扰因子影响的统计趋势,但这里应该指出的是式(8-9)的 $B_r = 0.5$ 和 $B_r = 2$ 的回归精度较差,同时它们不太适合于并列布置时的狭管效应分析。

9.4.3 高度影响

和受扰建筑的测压点高度相当的施扰建筑在串列布置时由于三维效应会对等高部位附近的风压造成较大的影响,它同时是造成其干扰因子分布和其他分布差异的主要原因。

除此之外,不同高度比的施扰建筑的干扰影响仍具有较好的相关性,因此根据基本配置的结果可以采用式(8-11)和式(8-13)推测其他配置的结果。

可以忽略显著比测点位置低的施扰建筑的影响,同时鉴于 $H_r > 1$ 的两种高度比配置施扰建筑的干扰效应非常接近,故对于 $H_r > 1.5$ 以上的施扰建筑可认为其对受扰建筑的影响不再发生变化。

9.4.4 地貌影响

总得说来,干扰效应随着地貌的粗糙化而衰减,但这种衰减没有动力干扰效应那么显著,参见表8-2和图8-4。不同地貌下的干扰因子数据存在较好的相关性,根据B类地貌下的试验结果,可由式(8-8)、式(8-10)、式(8-12)和式(8-14)推算相应配置在D类地貌的干扰因子。

9.5 本章小结

本章进一步对前述章节所得的主要结论进行汇总和分析,多数复杂的非基本配置的干扰因子分布可由其相应的基本双建筑或三建筑配置的结果由一系列的简单关系推测得到,D类地貌的相应值也可以从B类地貌的结果推测得到。采用这种方式从总体上可以较大程度地简化本书复杂的数据研究结果。但这种简单的互推关系,根据问题的性质有着不同的局限性,应用中有以下几点需予以关注:

(1)由于具有较高的回归精度和数据相关性,特别适合于用于静态遮挡效应的估算。

（2）对于动态问题，由于干扰效应对施扰建筑断面尺度的敏感性，而导致其相关性较差，故不同宽度比间干扰因子之间的相互推算结果精度较差，有些则必须单独处理。

（3）不同高度比配置情况的数据相关性较好，回归得到的推算关系也具有较高的可信度和精度。

（4）不同地貌下的干扰因子数据的相关性亦较好，尤其对于静态干扰效应问题。采用这种方式可避免对任何地貌下采用同一干扰因子方式，使荷载的取值更趋于合理和科学。

第**10**章

结论与展望

10.1 研 究 总 结

本书采用高频底座天平测力方法和电子扫描测压方法系统研究了处于群体环境中的超高层建筑的风荷载特性。文中首先对这两种测试方法在使用过程中存在的信号畸变问题进行了分析并提出了修正方法,提高了试验的精度。在试验实施上,设计了一套施扰建筑模型移动轨道系统,大大地提高了试验效率。

在针对本书主要任务的风致干扰效应问题的研究上,在不同地貌下,实施了大量的试验,测试分析了 5 种不同宽度比和 5 种高度比的两个建筑物间干扰效应的同时,系统和详细地考察了三个建筑间的静力和动力干扰效应以及结构特征断面的典型位置上风压系数在受扰下的变化规律,工作比目前国内外的相关研究更为细致和深入。针对本研究涉及大量的试验工况和需处理的海量试验数据问题,在数据分析中采用了神经网络、统计分析、谱分析、相关分析等方法,并为此开发了一个集成这些方法的高效软件系统,对各种干扰配置下的干扰特性和机理进行分析,数据库技术也被用于对试验及分析结果的管理。书中首次采用相关分析方法对不同配置以及同样配置在不同地貌下的干扰因子分布特性进行了分析,得到具有系统性的新结论。本书系统性的研究同时也澄清了已有研究文献提出的一些片面甚至是错误的结论。

以下就三个方面进一步总结本书对群体超高层建筑干扰效应领域研究的主要贡献和所得出的主要结论。

10.1.1 本书的创新性工作

对于超高层建筑干扰效应的这个研究领域,本书的研究中具有创新意义或所做对于该领域有重要参考价值的工作有:

(1) 系统性地开展了对三个建筑间干扰效应的研究

开发设计了提高本研究效率所需的软、硬件系统。在这些条件的支撑下,通过大量的试验,系统性地展开了两个和三个建筑间干扰特性的详细研究,工作比目前国内外的相关研究更为细致和深入。由大量的试验研究和细致的分析得出了系统性的新结论。

(2) 建立起一个用于群体高层建筑干扰效应的分析软件平台

本试验工况繁多、试验工作量以及后续的数据处理工作量巨大。为此,在软件方面花费相当大的精力编写了针对本研究数据分析的专用软件分析平台,实现了对试验结果的快速高效的处理和分析。该系统集成了神经网络建模、统计分析、谱分析、相关分析、进行测压管路动态信号畸变修正、相关的数值分析以及相应功能强大的图形输出等功能,数据库技术也被用于对试验分析结果的存储和管理。所开发的软件系统在完成本研究的过程中起着关键性的作用,该系统也将在本书所展望的后续研究中进一步完善并发挥重要的作用。

(3) 对三个建筑间干扰特性的研究提出有效的表示方法

同时考虑两个施扰建筑的影响时,在同一种配置下的干扰变化因素有四个(即反映两个施扰建筑相对位置的四个坐标值),直接采用图形方法表示它们对干扰因子的影响比较困难。根据试验得到的干扰因子采用神经网络方法进行建模后作细化分析,根据不同施扰位置配置情况所对应干扰因子的最大值,按照可分原则分若干个区域来表示当施扰建筑落入这些区域时的干扰因子的大致取值范围。这种方式本质上也是一种包络取值,它以一个二维的图形方式有效地表示出两个施扰建筑对受扰建筑的动力干扰效应,对于三个建筑间的静力干扰效应亦采用相近的方法处理。

这项工作解决了三个建筑物间干扰效应 IF 分布难以表示的难点,它使得三个建筑物间干扰效应得以定量描述,也是以下考虑不同参数影响的相关分析的基础。

(4) 将相关分析方法引入到本领域的研究上

本书首次采用相关和回归方法对不同参数间的 IF 分布进行了分析,得到若干描述不同参数影响下的 IF 分布间关系的定量结果。此项工作突破了长期以来该领域研究在分析不同参数影响时多采用定性而非定量的分析方法的局面,它大大简化了群体建筑干扰研究结果描述的繁杂性,使得受扰建筑结构的风荷载取值变得简洁和合理,为本书研究结果的应用推广创造了条件,并且这种分析方法在该领域的研究中具有较为广泛的参考价值。

(5) 修正了已有研究中的几个错误或片面的结论

群体建筑风致干扰效应问题具有高度复杂性。由于试验工况太少或者采用不同的实验测试手段等原因,已有一些研究存在一定的问题。本书的系统研究结果发现并修正了 Kareem(1987),Taniike(1988),Saunders 和 Melbourne (1979)等人提出的一些错误或者是片面的结论,详见第 10.1.2 节的论述。

(6) 提出了可供实际应用参考的一些条款

基于本书的大量试验和详细的数据分析得到了一系列关于群体高层建筑干扰效应的系统性结论,总结并提出了两个和三个建筑间干扰效应的一些建议条款,可供规范修订、补充时参考。

10.1.2 应该澄清的已有研究中的一些片面结论

已有一些研究由于试验工况太少或者采用不同的实验测试手段,导致其得出的结论存在一定的片面性或甚至是错误的。这些结论在实际应用过程中,可能会对建筑结构的设计产生误导。通过本书的系统性分析和研究,这里特澄清如下:

(1) 关于折算风速的影响(Kareem,1987)

Kareem(1987)指出动力干扰因子有随折算风速增加而降低的趋势,该结论对于该文献中的对象和所考虑的折算风速范围以及施扰建筑所处的特定位置可能是对的,但这并不具有普遍性。

事实上,如果所考虑的施扰建筑在常规折算风速范围内存在共振折算风速,则在更多的情况下动力干扰因子随折算风速的变化基本遵循这样一条原则,在该临界(共振)折算风速以前,干扰因子应该是随折算风速的增加而增加;过了临界折算风速后情况则相反。

临界折算风速和结构受扰后的基底弯矩功率谱的峰值频率有关,而该峰值在很大程度上取决于来流中的漩涡频率。图 10-1 为结构受扰前后的经过拟合处理的典型顺风向倾覆弯矩的功率谱密度 PSD 的比较(具体参见图 6-11a),受扰后结构的 PSD 存在一非常显著的峰值,该峰值所对应的频率的倒数即为临界折算风速($V_{r,Cr}$,或共振折算风速,在所列的特例中 $V_{r,Cr}=8$)。

显然，当 $V_r < V_{r,Cr}$ 时，受扰建筑的响应随折算风速的增加而增加；而当 $V_r > V_{r,Cr}$，受扰建筑的响应随折算风速的增加而减少，相应的干扰因子随折算风速的变化见图 10-2。

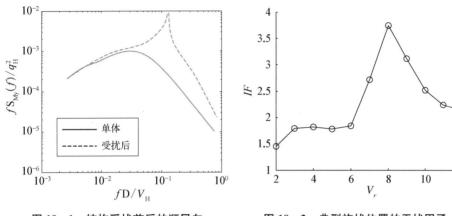

图 10-1　结构受扰前后的顺风向　　　　图 10-2　典型施扰位置的干扰因子
　　　　基底弯矩功率谱密度　　　　　　　　　　随折算风速的变化

其他情况可参见本书的图 6-26 和图 6-28。对于更为一般的情况,折算风速的影响可能比较复杂,干扰因子随折算风速的变化可能还会波动而不是简单的递增和递减的过程,故建议不要一概而论,否则容易引起误导。

（2）关于施扰建筑尺寸的影响（Taniike，1988）

Taniike（1988）根据其研究总结出顺风向动力响应随着施扰建筑尺寸增大而加大的趋势,并认为这是由大尺寸的上游建筑上脱落下更大的旋涡并由此增大了流动的脉动速度所引起的。此结论出现在该论文的摘要中,但它恰恰和他在正文中观察到的小尺度结构（ $B_r = 0.4$ ）在低折算风速的剧烈的涡激共振干扰效应的特殊现象自相矛盾,在其试验中, $B_r = 0.4$ 的小宽度比的施扰建筑在折算风速为 5～6 时观测到的顺风向动力干扰因子可高达 10 以上（开阔地貌）,这个结果显然要比更大的施扰建筑测得的干扰因子为 4 要大得多。

尽管 Taniike 所观测到的共振干扰影响只是发生在一个较为狭小的区域,但这主要和其研究所采用较小的施扰建筑宽度以及采用气弹模型技术、没有在所有可能的折算风速下对所有的施扰建筑位置的干扰效应进行分析有关,这是气弹模型技术的缺陷! 气弹模型试验的结果和其动力特性相关而使其普适性受到限制,难以考虑不同折算风速的影响。

事实上,发生涡激共振的显著干扰区域也基本上随着宽度比的增大而增大

(本书的宽度比为 0.5 和 0.75)，相应的干扰因子分布请参见本书的图 6 - 20 和图 6 - 22。所以，对于 Taniike 总结出的结论尽管不能完全否定，但它至少也是片面的，并且在应用的层面上，它可能会造成误导，使结构设计人员忽视了断面比受扰建筑断面小的施扰建筑所会产生的更加严重的干扰影响。

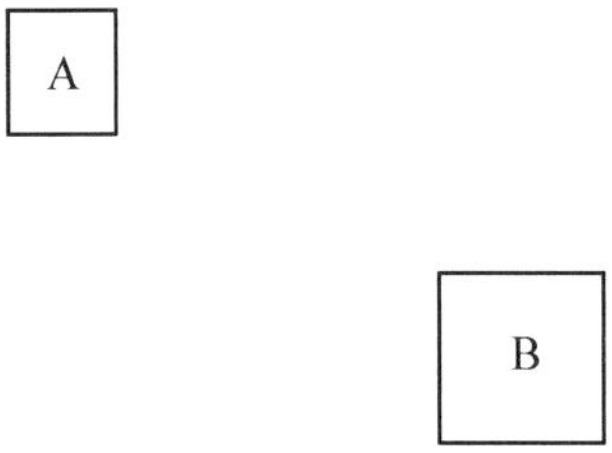

如图 10 - 3 考虑等高不同断面大小的两个建筑间的顺风向动力干扰影响。按照 Taniike 的结论，设计者肯定会认为截面大的 B 建筑对截面小的 A 建筑的干扰效应大，但实际上恰恰相反，A 建筑在较低的常见风速下就可能对 B 建筑造成非常不利的动力干扰影响。

图 10 - 3　不同断面大小施扰建筑的干扰效应

（3）关于施扰建筑个数的影响（Saunders 和 Melbourne，1979，Kareem，1987）

在少有的两篇考虑两个施扰建筑的干扰影响的文献中，主要结论就存在矛盾之处。Saunders 和 Melbourne 在 1979 年通过初步试验就指出对称排列的两个上游建筑位于(8b，±3b)时比在同样位置的一个对一个情况的干扰因子会高出 80%。但 Kareem 在 1987 年对位于四个特定位置的施扰建筑的干扰效应进行了研究，就得出了两个和单个上游建筑的干扰效应近似的结论。这显然是试验的干扰位置太少的缘故，导致 Kareem 得出了片面的结论。

事实上，Saunders 和 Melbourne 的试验是在大幅度简化试验工况的基础上进行的，在其显著干扰位置上观测到的干扰因子要远比在本书发现的显著干扰位置观测到的干扰因子小。本书已通过多次对比指出，两个施扰建筑的协同施扰作用要远比单个施扰建筑的施扰作用强。

10.1.3　主要结论

本书通过大量的试验系统性地展开了两个和三个建筑间干扰特性的详细研究，得出的主要结论有以下几点。

1. 对于静力干扰效应

（1）对于大小一样的两个正方形截面建筑配置，将本书的试验结果和现有结果进行了比较，静态干扰效应的试验结果和现有的一些经验公式进行比较吻合得相当好；包括动力干扰效应和国际上已编入规范的一些文献试验结果进行比较，结果也较为满意。其他配置下的结果和一些基本的主要特征和已有的结果也具有相当大的可比性。这些都充分说明本研究结果的可靠性。

（2）针对静力顺风向倾覆弯矩的干扰影响，结果得到的干扰因子 IF 基本都小于 1，呈现遮挡效应，但当受扰建筑和施扰建筑并列布置时，由于狭管效应会产生较为显著的静力放大作用，某些配置下其干扰因子值可高达 1.20。

（3）分析结果表明，其他配置和基本配置情况以及同样配置在不同地貌下的干扰因子分布存在非常强的线性相关性。这样根据基本配置在基本地貌的试验数据，由回归分析得到的结果就可直接推测其他地貌和配置的干扰因子分布。

（4）采用不同的回归关系定量地描述不同地貌下的静力干扰因子的关系应具有较高的可信度，相对于对所有地貌均采用统一的过度简化的量化方法，本书的处理方法更为合理。

2. 对于动力干扰效应

（1）顺风向和横风向动力干扰所导致的不利响应问题主要都是由于上游建筑的尾流引起。当受扰建筑位于施扰建筑的高速尾流边界区附近时，会产生较大的动力响应。研究结果同时也显示，并列布置的施扰建筑同样会对受扰建筑的横风向响应产生极为不利的影响。

（2）和考虑一个建筑对另一个建筑的双建筑配置的干扰效应比较，两个建筑的干扰影响的三建筑配置的动力干扰效应更为明显。对于施扰建筑和受扰建筑大小一样的基本配置情况，在 B 类地貌下折算风速为 8 时的三建筑配置测出的干扰因子会比双建筑配置的增加 80%，而在 D 类地貌仍有 25%～30%的显著差别。对于考虑 2～9 折算风速范围的包络干扰因子分布或非基本配置情况，差别会进一步增大。这些均显示出本书开展系统研究三个建筑物间干扰效应的价值和重要性。

（3）位于上游特定区域的施扰建筑所脱落的旋涡会使得受扰建筑产生涡激共振响应，尤其对于宽度小的施扰建筑，在较小的折算风速时就会产生涡激共振问题，动力干扰效应并非绝对随 B_r 的增大而增大。本书总结出一个简单的判别公式，可以推算不同结构之间产生尾流涡激共振的临界折算风速。

（4）发生涡激共振的动力干扰因子会比非共振情况高出数倍以上，因此施扰建筑和受扰建筑的宽度比对动力干扰效应有非常大的影响。在等高双建筑且宽度比 $B_r=0.5$ 配置的试验中，在 B 类地貌种观察到最大干扰因子为 7.09，出现在当施扰建筑位于 $(3.1b, 0)$ 和受扰建筑构成串列布置且折算风速为 6 的时候。在 D 类地貌中其干扰因子也较为显著。

（5）可以忽略高度为受扰建筑高度的一半以下的上游建筑的干扰作用。研究结果表明，动力干扰效应随着施扰建筑高度的增加而增强，所以要尤其关注比受扰建筑高的建筑的干扰影响。

（6）粗糙化地貌的高湍流度流场会对上游施扰建筑尾流的旋涡形成产生一定的抑制作用，因而在 D 类地貌下的干扰因子要远远小于 B 类地貌情况，从而干扰效应大大降低。但试验中在 D 类地貌下在典型折算风速时观察到的干扰因子对于基本三建筑配置仍有 1.67（顺风向）、1.83（横风向），而高度比为 1.5 的三建筑配置则有 3.18（顺风向）和 2.13（横风向）。

（7）对不同配置的包络干扰因子的相关分析表明，由于存在涡激共振问题，不同宽度比配置间包络干扰因子的相关性较差，而不同高度比间以及不同地貌间的包络干扰因子相关性较好，回归结果具有较高的可信度，故不同地貌下的包络干扰因子可以用简单的回归关系折算，不同高度比配置的包络干扰因子也可由基本配置情况和相应的回归关系推测得到。

3. 对于建筑结构表面脉动风压的干扰效应

由于基于结构表面风压分布的干扰效应问题的复杂性，本书主要分析受扰建筑的 3/4 高度处侧面迎风点风压变化情况。研究结果显示，不但并列布置时由于狭管效应会引起局部风压的升高，而且处于某些特殊排列位置的上游建筑会更显著地干扰并增大受扰建筑的风压系数。

（1）对于双建筑配置，位于上游的超高层建筑可以显著地增强下游建筑侧面的脉动风压，但干扰效应随地貌的粗糙化而减弱。在试验的模型移动范围内，B 类和 D 类地貌下测得的最大干扰因子分别为 1.93 和 1.31。显著干扰位置均处于远离受扰建筑 9～10 倍结构宽度的上游位置。在 B 类地貌下上游建筑的干扰因子甚至超过了并列布置时由于狭管效应所引起的干扰因子。

（2）两个施扰建筑的协同作用对受扰建筑产生的 IF 值会比单个施扰建筑的 IF 值高出 15% 左右，差别虽然没有整体的动力干扰效应大，但双建筑配置和三建筑配置显著干扰因子分布存在的最大差异是双建筑配置的显著干扰位置在上游处，而三建筑配置的显著干扰位置出现在当两个施扰建筑相距较近处且呈错开排列时。这和横风向动力干扰的临界位置类似，试验中在 B 类地貌测得的最大干扰因子可达 2.19，它所对应的排列方式在实际工程更具有普遍性，故应引起足够的关注。

（3）较宽的施扰建筑总体上产生更大的遮挡效应，即宽度比 B，越大，相应的干扰因子越小，且同时截面较小的施扰建筑由于对流场的扰动小干扰因子也越小,所以最终以等截面建筑结构所产生的干扰效应最强。

(4) 可以忽略高度显著比测点位置低的施扰建筑的影响。当施扰建筑的高度和测点高度大致相当且和受扰建筑构成串列布置时,由于顶部的三维绕流效应,会产生较其他配置显著的干扰效应。高度大于测点高度的不同施扰建筑的最大干扰效应相当,尤其在高湍流度的 D 类地貌下的最大干扰因子则更为接近,不同高度施扰建筑的显著干扰位置也基本一致。

(5) 相关分析结果显示不同配置在不同地貌类型下的脉动风压干扰因子存在较好的相关性,而在 B 类地貌下,高于受扰建筑的施扰建筑的干扰因子和其相应的基本配置情况具有较好的相关性,宽度和基本配置情况接近的配置的干扰因子和基本配置情况的干扰因子的相关性也较好。故根据基本地貌和基本配置的结果和得到相应的回归关系式,可以大致推测其他配置和地貌的干扰因子分布。

有很多的因素对建筑间的干扰影响产生直接的影响,这些因素包括上游地貌类型、建筑间的间距、截面相对大小和高度、折算风速、施扰建筑的个数等。在实施了大量的试验和进行详细分析的基础上,本书的第 9 章进行进一步的归纳,总结了这些因素的影响,并以最简洁数据形式统一描述各种不同参数的影响和典型配置的干扰因子分布,可作为工程应用参考和规范修订、补充时参考。

10.2 展　　望

本书通过详细的风洞试验,研究了群体超高层建筑之间的风致干扰效应,通过对试验采集的海量数据的分析和处理,得到了较为系统有参考价值的一系列结果。但研究过程中受于设备和其他条件的限制,还有一些原计划实施的试验没有得以进行。结合本书的研究现状并展望未来,可以进一步开展的研究内容包括:

(1) 对干扰建筑干扰机理方面的仔细研究还很不够,这是本书的一个欠缺。在设备允许的情况下,应开展流场显示的研究方有可能对干扰机理有更为深刻的认识。目前,计算流体动力学的方法和软件日趋成熟,计算机硬件设备的性能也有非常大的提高,采用所谓数值风洞的方法开展此项研究也是一个值得发展的课题。

(2) 对于顺风向和横风向的动力干扰问题,当施扰建筑的宽度小于受扰建筑的宽度时会在较低折算风速下产生尾流涡激共振问题,产生涡激共振时的干扰因子会比一般的尾流干扰的大,其规律性仍需进一步的试验分析和研究。

(3)本试验的干扰移动位置区域仍偏小。可能的情况下应该在更大的施扰建筑移动范围对群体建筑的干扰效应进行研究,以期得到更为全面的结论。当然这意味着更多的试验工况。

(4)不同高度比配置的干扰效应间的关系具有较好的规律性,但不同宽度比配置的干扰因子间的关系规律性欠佳,这还有待于进一步的分析和总结。另外尽管在 B 类和 D 类地貌下的干扰因子数据的关系显示出较好的规律性,但是本书主要只实施了这两种地貌情况的试验工作,对于其他地貌情况还有待于进一步的试验分析。

(5)神经网络方法在本书研究中发挥着非常重要的作用,但在应用过程中仍需要太多的人工干预。在本书中它仅仅是被作为一种工具使用,没有对其进行深入的分析和研究。事实上,应用中发现在对于网络类型、参数的选取、训练控制等多方面仍存在不少问题,应该对这些问题开展进一步的详细研究,使其能得到更好的应用。

(6)本书采用回归分析方法对不同结果进行分析的最主要目的是试图采用这种方式对复杂的高层建筑群体干扰效应的结果进行最大限度的简化,以便最终为工程上提供简单明了的荷载取值条文。由于不同影响因素的复杂性,有些变化因素的回归结果较好,有些则较差不够理想,在回归过程,大量本身是有用的信息被压缩掉了而产生了误差,应该寻求更加科学合理的处理方法。

(7)群体超高层建筑风振特性本身具有高度复杂性(注意到即使是孤立的单体情况,结构的动力荷载模型至今都没有一个公认的合理解决方案),并且随着干扰效应研究的深入,期望用少数几张简单图片和一些简单公式来描述干扰效应这种复杂的变化关系可能非常困难,甚至是不可能的。这个问题在本书中分析不同宽度比配置干扰因子变化规律中已有所体现,故应考虑一种全新的解决方案。可建立一个能利用所有试验结果并可以不断扩充的基于 Internet 的群体超高层风振分析系统网站(Website),它可以在利用先进的计算机软硬件技术对任意复杂的试验研究成果和资料进行管理的同时,又可实现远程异地对数据的访问,实现研究结果的快速共享。而目前高速发展且已完全成熟的 Internet 技术是实现这种设想的有效保证,这可能是解决本问题的最好途径,见图10-4。

采用这种方法的主要优点主要体现在这种方式可非常容易地以客户/服务器方式实现对非常复杂的试验结果数据的检索和利用;可以容易直接使用在研

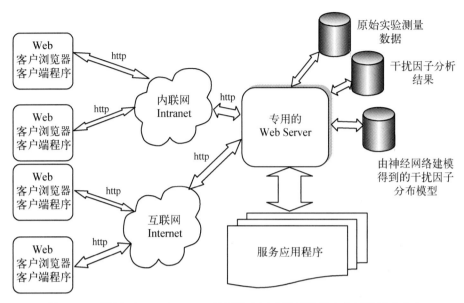

图 10－4 基于 Internet/Intranet 的群体高层建筑干扰效应分析的解决方案

究过程用神经网络方法所建立并作为对象保存起来的干扰因子分布模型,从而避免并可以走出以往采用神经网络方法"采用复杂数据建模训练→形成神经网络模型→用模型预测得到更多的数据"的怪圈,真正可以使这种先进的研究方法的结果得以直接的有效应用。任何地方的研究人员和相关的技术人员通过 Internet 均可非常方便地检索、使用已有的研究数据,研究同行可以对已有的研究结果进行评议,并进行在线讨论,还可以将其自己的研究结果数据通过上载方式扩充到以上的数据库中,实现基于 Internet 的群体超高层建筑风致干扰效应的网上协同研究,最终实现对本问题的彻底解决。

参考文献

[1] Stathopoulos T. Adverse wind load on low buildings due to buffeting[J]. J Struct. Engineering, ASCE, 1984, 110(10): 2374 - 2392.

[2] Khanduri A C, Stathopoulos T, Bédard C. Wind-induced interference effects on buildings — a review of the state-of-the-art[J]. Engineering Structures, 1998, 20 (7): 617 - 630.

[3] Harris C L. Influence of neighbouring structures on the wind pressure on tall buildings [J]. Burea of Standards, J. Res, 1934, 12: (Research Parer RP637) 103 - 118.

[4] Bailey A, Vincent N D G. Wind-pressure on buildings including effects of adjacent buildings[J]. J Inst. Civil Engrs. , 1943, 20: 243 - 475.

[5] Armitt J. Wind loading on cooling towers[J]. J Struct. Div. , ASCE, 1980, 106 (ST3): 623 - 641.

[6] Baines W D. Effect of velocity distribution on wind loads and flow patterns on buildings[C]// Int. Conf. Wind Effects on Buildings and Struct. (Symp, No. 16), National Physical Laboratories, Teddington, England, 1963, 1: 197 - 223.

[7] Ho T C E, Surry D, Davenport A G. The variability of low building wind loads due to surrounding obstructions [J]. Journal of Wind Engineering and Industrial Aerodynamics, 1990, 36: 161 - 170.

[8] Sanni R A, Surry D, Davenport A G. Wind loading on intermediate height buildings [J]. Canad. J. Civil Engng. , 1992, 19: 148 - 163.

[9] Zhang W J, Xu Y L, Kwok K C S. Interference effects on aeroelastic torsional response of structurally asymmetric tall buildings[J]. Journal of Wind Engineering and Industrial Aerodynamics, 1995, 57: 41 - 61.

[10] English E C. The interference index and its prediction using a neural network analysis of wind-tunnel data[J]. Journal of Wind Engineering and Industrial Aerodynamics, 1999, 83: 567 - 575.

[11] Blessmann J. Neighouring wind effects on two buildings[J]. Journal of Wind Engineering and Industrial Aerodynamics, 1992, 41 - 44: 1041 - 1052.

[12] Khanduri A C, Bédard C, Stathopoulos T. Neural network modeling of wind-Induced Interference effects[C]// Proceeding of the 9th international conference on wind engineering, New Delhi, India, 1995: 1341 - 1352.

[13] Blessmann J, Riera J D. Interaction effects in neighbouring tall buildings[C]// Proceeding of the 5th international conference on wind engineering, Fort Collins, USA, July, 1980, 1: 381 - 395, Pergamon.

[14] Khanduri A C, Bedard C, Stathopoulos T. Modelling wind-induced interference effects using backpropagation neural networks[J]. Journal of Wind Engineering and Industrial Aerodynamics, 1997, 72: 71 - 79.

[15] Blessmann J, Riera J D. Wind excitation of neighboring tall buildings[J]. Journal of Wind Engineering and Industrial Aerodynamics, 1985, 18: 91 - 103.

[16] Paterson D A, Papenfuss A T. Computation of wind flows around two tall buildings [J]. Journal of Wind Engineering and Industrial Aerodynamics, 1993, 50: 69 - 74.

[17] 陈素琴. 建筑群中建筑物间的相互气动干扰的数值研究[D]. 上海: 同济大学, 2000.

[18] Brika D, Laneville A. Wake interference between two circular cylinders[J]. Journal of Wind Engineering and Industrial Aerodynamics, 1997, 72: 61 - 70.

[19] 陈素琴, 顾明, 黄自萍. 两并列方柱绕流相互干扰的数值研究[J]. 应用力学和数学, 2000, 21(2): 126 - 146.

[20] Cermak J E. Applications of wind tunnels to investigations of wind-engineering problems[J]. AIAA, 1978, 78 - 812: 305 - 320.

[21] Thepmongkorn A, Wood G S, Kwok K C S. Interference effects on wind-induced coupled motion of a tall building[J]. Journal of Wind Engineering and Industrial Aerodynamics, 2002, 90: 1807 - 1815.

[22] Gu Z. On interference between two circular cylinders at supercritical reynolds number [J]. Journal of Wind Engineering and Industrial Aerodynamics, 1996, 62: 175 - 190.

[23] Cheong H F, Balendra T, Chew Y T, et al. An experimental technique for distribution of dynamic wind loads on tall buildings[J]. Journal of Wind Engineering and Industrial Aerodynamics, 1992, 40: 249 - 261.

[24] Sun T F, Gu Z F. Interference between wind loading on group of structures[J]. Journal of Wind Engineering and Industrial Aerodynamics, 1995, 54 - 55: 213 - 225.

[25] Cheung J C K, Melbourne W H. Building downwash of plumes and plume interactions [J]. Journal of Wind Engineering and Industrial Aerodynamics, 1995, 54 - 55: 543 - 548.

[26] 孙天风. 相邻冷却塔风压研究[C]//第三届全国风工程及工业空气动力学学术会议论

文集,1990.

[27] Dielen B, Ruscheweyh H. Mechanism of interference galloping of two identical circular cylinders in cross flow[J]. Journal of Wind Engineering and Industrial Aerodynamics, 1995, 54-55: 289-300.

[28] 孙天风. 小间距并列双圆柱在高雷诺数时的压力分布[C]//第四届全国风工程及工业空气动力学学术会议论文集,1994.

[29] 蒋洪平,张相庭. 三个相邻高层建筑间的风力干扰之试验研究[C]//第四届全国风工程及工业空气动力学学术会议论文集,1994.

[30] 黄鹏. 高层建筑风致干扰效应研究[D]. 上海:同济大学,2001.

[31] 顾明,周印. 用高频动态天平方法研究金茂大厦的动态风荷载和风振响应[J]. 建筑结构学报,2000,21(4):55-61.

[32] 陈钦豪,吴太成. 建筑群中建筑物间的相互气动干扰[C]//第五届全国风工程及工业空气动力学学术会议论文集,湖南张家界,1998.

[33] 黄鹏,顾明,张锋,等. 上海金茂大厦静风荷载研究[J]. 建筑结构学报,1999,20(6):63-68.

[34] 楼文娟,孙柄楠. 复杂体形高层建筑表面风压分布的特征[J]. 建筑结构学报,1995,6(16):38-44.

[35] Hayashida H, Iwasa Y. Aerodynamic shape effects of tall building for vortex induced vibration[J]. Journal of Wind Engineering and Industrial Aerodynamics, 1990, 33: 237-242.

[36] 谢壮宁,石碧青,倪振华. 尾流受扰下复杂断面建筑物的风压分布特性[C]//第九届全国结构风效应学术会议论文集,1999年10月,温州:220-225.

[37] 徐有恒. 姐妹楼双塔相互干扰的风洞实验研究[J]. 结构工程师,1998(S):46-51.

[38] 叶倩,朱江,方正昌,等. 群体效应对风压分布的影响[C]//第九届全国结构风效应学术会议论文集,温州,1999.

[39] Bailey P A, Kwok K C S. Dynamic interference and proximity effects between tall buildings[C]// Proceeding of the 3rd international conference on tall building, Hong Kong and Guangzhou, December, 1984.

[40] Islam M S, et al. Wind-induced response of structurally asymmetric high-rise buildings [J]. J. Struct. Div., ASCE, 1992, 118 (1): 207-222.

[41] Islam M S, Ellingwood B, Corotis R B. Dynamic response of tall buildings to stochastic wind load[J]. J. Struct. Div., ASCE, 1985, 116 (11): 2982-3002.

[42] Taniike Y. Interference mechanism for enhanced wind forces on neighbouring tall buildings[J]. Journal of Wind Engineering and Industrial Aerodynamics, 1992, 41: 1073-1083.

[43] Gowda B H L，Sitheeq M M. Interference effects on the wind pressure distribution on prismatic bodies in tandem arrangement[J]. Ind. J. Technol, 1993，31：161 - 170.

[44] Isyumov N，Fediw A A，Colaco J，et al. Performance of a tall building under wind action[J]. Journal of Wind Engineering and Industrial Aerodynamics，1992，41 - 44：1053 - 1064.

[45] Jozwiak R，Kacprzyk J，Zuranski J A. Wind tunnel investigations of interference effects on pressure distribution on a building[J]. Journal of Wind Engineering and Industrial Aerodynamics，1995，57：159 - 166.

[46] Sakamoto H，Haniu H. Aerodynamic forces acting on two square prisms placed vertically in a turbulent boundary layer[J]. Journal of Wind Engineering and Industrial Aerodynamics，1988，31：41 - 66.

[47] Kareem A. Lateral-torsional motion of tall buildings to wind loads[J]. J. Struct. Div. , ASCE，1985，111 (11)：2479 - 2496.

[48] 呼和敖德，孟向阳. 串列双方建筑物流体动力荷载研究[J]. 力学学报，1992，24(3)：529 -534 .

[49] Bailey P A，Kwok K C S. Interference excitation of twin tall buildings[J]. Journal of Wind Engineering and Industrial Aerodynamics，1985，21：323 - 338.

[50] Kareem A. Across-wind response of buildings[J]. J. Struct. Div. , ASCE，1982，108 (ST4)：869 - 887.

[51] Blessmann J. Buffeting effects of neighboring tall buildings[J]. Journal of Wind Engineering and Industrial Aerodynamics，1985，18：105 - 100.

[52] Kareem A. Dynamic response of high-rise buildings to stochastic wind loads[J]. Journal of wind engineering and industrial aerodynamics，1992，41 - 44：1101 - 1112.

[53] Kwok K C S. Interference effects on tall buildings[C]// Proceedings of the 2nd Asia-pacific symposium on wind engineering，Beijing，1989.

[54] Taniike Y. Turbulence effect on mutual interference of buildings[J]. Journal of engineering mechanics，ASCE，1991，117 (3)：443 - 456.

[55] Saunders J W，Melbourne W H. Buffeting effects of upstream buildings[C]// Proceeding of the 5thinternational conference on wind engineering，Fort Collins CO，Pergamon Press，Oxford，1979：593 - 605.

[56] English E C. Shielding factors from wind-tunnel studies of prismatic structures[J]. Journal of Wind Engineering and Industrial Aerodynamics，1990，36：611 - 619.

[57] Sykes D M. Interference effects on the response of a tall building model[J]. Journal of Wind Engineering and Industrial Aerodynamics，1983，11：365 - 380.

[58] 陈颖钊，倪振华，石碧青，等. 邻近高层建筑对大跨轻型屋面低矮房屋风荷载的影响研

究[C]//第八届全国结构风效应学术会议论文集,庐山,1997.

[59] Taniike Y, Inaoka H. Aeroelastic behaviour of a tall building in wakes[J]. Journal of Wind Engineering and Industrial Aerodynamics, 1988, 28: 317 - 327.

[60] Peterka J A, Cermak J E. Adverse wind loading induced by adjacent buildings[J]. J. struct. div. , ASCE, 1976, 102(ST3): 533 - 548.

[61] Thoroddsen S T, Cermak J E, Peterka J A. Mean and dynamic wind loading caused by an upwind structure[C]// Proceedings of the 5thU. S. national conference on wind engineering, Lubboch, USA, November 1985: 4A - 73 - 4A - 80.

[62] Kareem A, Kijewski T, Lu P C. Investigation of interference effects for a group of finite cylinders[J]. Journal of Wind Engineering and Industrial Aerodynamics, 1998, 77 - 78: 503 - 520.

[63] Lee B E. Wind loading on low-rise buildings[C]// Proceedings of the 2nd Asia-pacific symposium on wind engineering, Beijing, China, 1989, 1: 54 - 64.

[64] Kubo Y, Nakahara T, Kato K. Aerodynamic behavior of multiple elastic circular cylinders with vicinity arrangement[J]. Journal of Wind Engineering and Industrial Aerodynamics, 1995, 54 - 55: 227 - 237.

[65] Li Y, Kareem A. Recursive modeling of dynamic systems[J]. Journal of Engineering Mechanics, ASCE, 1990, 116(3).

[66] Luo S C, Gan T L, Chew Y T. Uniform flow past one (or two in tandem) finite length circular cylinder(s)[J]. Journal of Wind Engineering and Industrial Aerodynamics, 1996, 59: 69 - 93.

[67] Niemann H J, Kopper H D. Influence of adjacent buildings on wind effects on cooling towers[J]. Engineering structures, 1998, 20 (10): 874 - 880.

[68] Macdonald P A, Holmes J D, Kwok K C S. Wind loads on circular storage bins, silos and tanks, fluctuating and peak pressure distributions[J]. Journal of Wind Engineering and Industrial Aerodynamics, 1990, 72: 319 - 337.

[69] Sayers A T. Steady-state pressure and force coefficients for group of three equispaced square cylinders situated in a cross flow[J]. Journal of Wind Engineering and Industrial Aerodynamics, 1991, 37: 197 - 208.

[70] Sockel H. Vibrations of two circular cylinders due to wind-excited interference effects [J]. Journal of Wind Engineering and Industrial Aerodynamics, 1998, 74 - 76: 1029 - 1036.

[71] Pathak S K, Ahuja A K, Mir S A. Effects of interference between two tall prismatic buildings on wind loads[C]// Proceedings of the 2nd Asia-Pacific symposium on wind engineering, Beijing, June, 1989, 1: 454 - 459.

[72] English E C. Shielding factors for paired rectangular prisms: An analysis of along-wind mean response data from several sources[C]// Proceedings of the 7th U. S. national conference on wind engineering, University of California Los Angeles, CA 1993: 193 - 201.

[73] Miyashita K, Katagiri J, Nakamura O, et al. Wind-induced response of high-rise buildings[J]. Journal of Wind Engineering and Industrial Aerodynamics, 1993, 50: 319 - 328.

[74] Yahyai M, Kumar K, Krishna P, et al. Aerodynamic interference in tall rectangular buildings[J]. Journal of Wind Engineering and Industrial Aerodynamics, 1992, 41: 859 - 866.

[75] Kareem A. The effects of aerodynamic interference on the dynamic response of prismatic structures[J]. Journal of Wind Engineering and Industrial Aerodynamics, 1987, 25: 365 - 372.

[76] Murakami S, Mochida A, Sakamoto S. CFD analysis of wind-structure interaction for oscillating square cylinders [J]. Journal of Wind Engineering and Industrial Aerodynamics, 1997, 72: 33 - 46.

[77] Recommendations for calculating the effects of wind on constructions, ECCS - Technical Committee 12-Wind, European convention for constructional steelwork[Z]. 1987.

[78] 蒋洪平. 高层建筑气动力弹性模型设计及群体风力干扰试验研究[C]//结构风工程研究及进展. 第七届全国结构风效应学术会议论文, 1995.

[79] Minimum design loads on structures (SAA Loading Code), Part 2: Wind loads, AS 1170. 2[S]. Standards Association of Australia, 1989.

[80] Basis of design and actions on structures, Eurocode 1: Part 2. 4: Wind loads, ENV [S]. 1991 - 2 - 4.

[81] Minimum design loads for buildings and other structures (ASCE 7 - 98)[Z]. American society of civil engineers, 1998.

[82] 张相庭. 高层建筑抗风抗震设计计算[M]. 上海: 同济大学出版社, 1997.

[83] Ginger J D, Letchford C W. Wind loads on planar canopy roofs, Part II: fluctuating pressure distributions and correlations[J]. Journal of Wind Engineering and Industrial Aerodynamics, 1994, 51: 353 - 370.

[84] Ueda H. Multi-channel simultaneous fluctuating pressure measurement system and its applications[J]. Journal of Wind Engineering and Industrial Aerodynamics, 1994, 51: 93 - 104.

[85] Ruscheweyh H. Dynamic response of high rise buildings under wind action with

interference effects from surrounding buildings of similar size[C]// Proceedings of the 5th international conference on wind engineering, Fort Collins, USA, July, 1980, Vol. 2，725－734，Pergamon.

[86] 倪振华,姚伟军,谢壮宁. 高层建筑风致振动研究的瞬态风压积分方法[J]. 振动工程学报,2000,13(4)：544－551.

[87] 建筑结构荷载规范,GB50009－2001[M]. 北京：中国建筑工业出版社,2002.

[88] Sakamoto H, Haniu H, Obata Y. Fluctuating forces acting on two square prisms in a tandem arrangement[J]. Journal of Wind Engineering and Industrial Aerodynamics, 1987，26：85－103.

[89] Simiu E, Scanlan R H. 风对结构的作用—风工程导论[M]. 刘尚培,项海帆,等译. 上海：同济大学出版社,1992.

[90] Tschanz T, Davenpot A G. The base balance technique for the determination of dynamic wind loads[J]. Journal of wind engineering and industrial aerodynamics, 1983，13：429－439.

[91] Obasaju E D. Measurement of forces and base overturning moments on the CAARC tallbuilding model in a simulated atomospheric boundary layer[J]. Journal of Wind Engineering and Industrial Aerodynamics, 1992，40：103－126.

[92] Surry D, Djakovich D. Fluctuating pressures on models of tall buildings[J]. Journal of Wind Engineering and Industrial Aerodynamics, 1995，58：81－112.

[93] 顾志福,孙天风,等. 大湍流度高雷诺数时并列双圆柱的平均和脉动压力分布[J]. 力学学报,1992,24(3)：522－528.

[94] Yoshida M. Fluctuating wind pressure measured with tubing system[J]. Journal of Wind Engineering and Industrial Aerodynamics, 1992，41－44：987－998.

[95] Holmes J D, Lewis R E. Optimization of dynamic-pressure-measurement systems. I. Single point measurements [J]. Journal of Wind Engineering and Industrial Aerodynamics, 1987，25：249－273.

[96] Song C C S, He J. Computation of wind flow around a tall building and the large-scale vortex structure[J]. Journal of Wind Engineering and Industrial Aerodynamics, 1993, 46－47：219－228.

[97] Holmes J D, Lewis R E. Optimization of dynamic-pressure-measurement systems. II. Parallel tube-manifold systems [J]. Journal of Wind Engineering and Industrial Aerodynamics, 1987，25：275－290.

[98] Standards association of Australia, Minimum design loads on structures (SAA Loading Code). Part 2：Wind loads, AS 1170. 2[Z]. North Sydney, Australia, 1989.

[99] Boggs D W, Peterka J A. Aerodynamic model tests of tall buildings[J]. Journal of

Engineering Mechanics，1989，115（3）：618 - 634.

[100] Zhou Y, Gu M, Xiang H F. Along-wind static equivalent wind loads，II：Effects of mode shapes[J]. Journal of Wind Engineering and Industrial Aerodynamics，1999，79：151 -158.

[101] Surry D, Mallais W. Adverse local wind loads induced by adjacent buildings[J]. J. struct. engineering，ASCE，1983，109(3)：816 - 820.

[102] 蔡亦钢. 流体传输管道动力学[D]. 杭州：浙江大学出版社，1990.

[103] Letchford C W, Ginger J D. Frequency response requirements for fluctuating wind pressure measurements[J]. Journal of Wind Engineering and Industrial Aerodynamics，1992，40：263 - 276.

[104] Flood I, Kartam N. Neural networks in civil engineering I：principles and understanding and II：systems and applications[J]. J. Comput. Civil Engineering，ASCE，1994，8(2)：131 - 162.

[105] Suzuki M, et al. Prediction of the wind induced response of multi-story building-using simultaneous multi-channel measuring control system[J]. Journal of Wind Engineering and Industrial Aerodynamics，1993，50：341 - 350.

[106] 吴宗敏. 函数的径向基表示[J]. 数学进展，1998，27(3)：202 - 208.

[107] Tallin A, Ellingwood B. Wind induced lateral-torsional motion of buildings[J]. J. Struct. Div. , ASCE，1985，111(10)：2197 - 2213.

[108] 傅继阳，谢壮宁，倪振华. 大跨屋盖结构风压分布特性的模糊神经网络预测[J]. 建筑结构学报，2002，23(1)：62 - 67.

[109] Chen T, Chen H. Approximation capability to functions of several variables，nonlinear functions and operators by radial basis function neural net works[J]. IEEE Transaction on Neural Networks，1995，6 (4)：904 - 910.

[110] Blackmore P A. Effect of flow channelling on gable wall pressures[J]. Journal of Wind Engineering and Industrial Aerodynamics，1991，38：311 - 323.

[111] Melbourne W H. Comparison of measurement on the CAARC standard tall building model in simulated model wind flows[J]. Journal of Wind Engineering and Industrial Aerodynamics，1980，6：73 - 88.

[112] 王亚勇，张自平，贺军，等. 深圳地王大厦测振、测风试验研究[J]. 建筑结构学报，1998，19(3)：58 - 63.

[113] 全涌. 高层建筑横风向风荷载及其响应的研究[D]. 上海：同济大学，2002.

[114] Kwok K C S. Aerodynamics of the tall buildings, a state of the art in wind engineering[C]// Proceeding of the 9th international conference on wind engineering，New Delhi，India，1995，180 - 204.

[115] Becker S，Lienhart H，Durst F. Flow around three-dimensional obstacles in boundary layers[J]. Journal of Wind Engineering and Industrial Aerodynamics，2002，90：265 - 279.

[116] Tsutsui T，Igarashi T，Kamemoto K. Interactive flow around two circular cylinders of different diameters at close proximity. Experiment and numerical analysis by vortex method[J]. Journal of wind engineering and industrial aerodynamics，1997，69 - 71：279 - 291.

[117] Wind Tunnel Studies of Buildings and Structures，ASCE Manuals and Reports on Engineering Practice No. 67，Task Committee on Wind Tunnel Testing of Buildings and Structures，Aerodynamics Committee Aerospace Division[Z]. American Society of Civil Engineers，1999.

[118] Okuda Y. Pressure on buildings with a square section[D]. Osaka：Osaka City University，1994.

[119] Tsutsumi J，Katayama T，Nishida M. Wind tunnel tests of wind pressure on regularly aligned buildings［J］. Journal of Wind Engineering and Industrial Aerodynamics，1992，41 - 44：1799 - 1810.

[120] Wong P T Y，Ko N W M and Chiu A Y W. Flow characteristics around two parallel adjacent square cylinders of different sizes［J］. Journal of wind engineering and industrial aerodynamics，1995，54 - 55：263 - 275.

[121] Zhang W J，Kwok K C S，Xu Y L. Aeroelastic torsional behavior of tall buildings in wakes[J]. Journal of wind engineering and industrial aerodynamics，1994，51：229 - 248.

[122] 陈有力. 小间距比三圆柱绕流相互干扰的数值研究[C]//第四届全国风工程及工业空气动力学学术会议论文集，1994.

[123] 顾志福，孙天风. 三圆柱绕流的实验研究[C]//第五届全国风工程及工业空气动力学学术会议论文集，1998，湖南张家界：312 - 317.

[124] 国家建委建研院结构所综述. 建筑物的风力振动问题[M]//国外高层建筑抗风译文集. 上海：上海科学技术文献出版社，1979.

[125] 黄东群，马健，郭明昊. 群体效应对气动力荷载的影响[C]//第九届全国结构风效应学术会议论文集，1999，温州：238 - 243.

[126] 焦李成. 神经网络的应用与实现[M]. 西安：西安电子科技大学出版社，1993.

[127] 焦李成. 神经网络计算理论[M]. 西安：西安电子科技大学出版社，1993.

[128] 林荣生，等. 小间距串列二维双圆柱的绕流特性[C]//第四届全国风工程及工业空气动力学学术会议论文集，1994：344 - 349.

[129] 卢博坚，郑启明，吴坤徽. 相邻建筑物之间距对周围环境风场的影响[C]//第五届全国

风工程及工业空气动力学学术会议论文集,1998,湖南张家界:287-294.

[130] 莫乃榕.串列方柱的旋涡脱落[C]//第四届全国风工程及工业空气动力学学术会议论文集,1994:366-368.

[131] 孙天凤,林天胜,顾志福.作用在并列双矩形柱上的平均风荷载[J].北京大学学报,1991,27(3):308-316.

[132] 王道增,钟宝昌.近排列三圆柱绕流的频谱分析研究[C]//第四届全国风工程及工业空气动力学学术会议论文集,1994:360-365.

[133] 王凤元.用高频测力天平技术研究高层建筑的气动荷载与风效应[D].上海:同济大学,1998.

[134] 谢壮宁,倪振华,石碧青.脉动风压测压管路系统的动态特性分析[J].应用力学学报,2002,19(1):5-9.

[135] 谢壮宁,顾明.脉动风压测压系统的优化设计[J].同济大学学报,2002,30(2):127-133.

[136] 谢壮宁,石碧青,倪振华.尾流受扰下复杂体型高层建筑的风压分布特征[J].建筑结构学报,2002,23(4):27-31.

[137] 颜斌,等.冷却塔群及厂房对冷却塔风荷载的影响[C]//结构风工程研究及进展,第七届全国结构风效应学术会议论文[M].重庆:重庆大学出版社,1995.

[138] 张相庭.工程结构风荷载理论和抗风计算手册[M].上海:同济大学出版社,1990.

[139] 张相庭.结构风压和风振计算[M].上海:同济大学出版社,1990.

[140] 张相庭.群体建筑风力影响及增值系数计算的探讨[C]//第三届全国风工程及工业空气动力学学术会议论文集,1990.

[141] 张相庭.风力下不同地貌高层建筑群相互干扰影响及相应规范条文研究[C]//结构风工程研究及进展,第七届全国结构风效应学术会议论文,1995.

[142] 周印.高层建筑静力等效风荷载和响应的理论和实验研究[D].同济大学,1998.

后 记

    本书是在导师顾明教授的悉心指导下完成的。自从我开始攻读博士学位前的1997年到同济大学开始，和顾老师相识以来的近六年的时间里，虽然在职的关系，我大部分时间是在现单位工作，其间只有部分时间在同济大学，但平时数不清的长途电话和电子邮件联系弥补了不能面对面的诸多遗憾。数年来我深深感受到顾老师严谨的治学态度和精益求精的工作作风、令人钦佩的为师风范以及对我本人各方面的关心和指导，这对我今后的学习、工作产生深远的影响。值此书稿完成之际，谨向顾老师致以最衷心的感谢！

    感谢土木工程防灾国家重点实验室的黄鹏博士在本书开始资料收集阶段给予的很多帮助。本书的主要试验工作是在汕头大学风洞试验室完成的，我要感谢汕头大学风洞实验室的倪振华教授和其他老师们对本书的完成过程提供的很多帮助。石碧青和陈德江老师以及研究生徐安同学在本书试验过程中给予的帮助使本书得以顺利完成，在此致以衷心的谢意！

    感谢这几年来亲友们对我的支持，他们的期望和理解是我完成本书的最大动力；还要特别感谢妻子这几年来对我的默默支持和帮助，在我试验最繁忙的时候她甚至到极度闷热的实验室里帮助我做试验，在本书撰写过程以及数据处理后期的动画制作上均给予我很大的帮助！

谢壮宁